高等职业教育
大数据与人工智能专业群系列教材

Python 程序设计案例教程

微课版

主　编　石利平　田辉平　余以胜
副主编　黄华林　关晓颖　刘　浪

·北京·

内 容 提 要

Python 是一种开源编程语言,拥有大量的库,可以高效地开发各种应用程序,以其开放性、跨平台、简洁语法、丰富的库、易学易用和强大的功能而受到开发者的青睐。

本书以 Python 3.10.6 为开发环境,以简洁、通俗易懂的语言循序渐进地介绍 Python 编程语言。本书共有 8 个模块,主要包括 Python 基础知识、基本数据类型、列表和元组、字典和集合、流程控制、文件、函数和模块、面向对象基础。本书每个模块都有明确的学习目标,每个任务都按照"任务单→任务实施→相关知识→拓展任务→任务评价表"的顺序编写。每个任务都有丰富的案例,富含思政元素,方便读者学练结合,提升程序开发能力和职业素养。每个模块都有"匠心铸魂领航"专栏,展现不懈奋斗、勇攀高峰的榜样力量,带领读者领略信息技术行业的大国工匠和中国脊梁的风采。

本书可作为职业院校计算机相关专业的教材,也可作为 Python 爱好者的自学用书。

图书在版编目(CIP)数据

Python 程序设计案例教程:微课版 / 石利平,田辉平,余以胜主编. -- 北京:中国水利水电出版社,2024. 12. -- (高等职业教育大数据与人工智能专业群系列教材). -- ISBN 978-7-5226-3210-0

Ⅰ.TP312.8

中国国家版本馆 CIP 数据核字第 20255PE105 号

策划编辑:陈红华　责任编辑:张玉玲　加工编辑:黄振泽　封面设计:苏敏

书　名	高等职业教育大数据与人工智能专业群系列教材 Python 程序设计案例教程(微课版) Python CHENGXU SHEJI ANLI JIAOCHENG(WEIKE BAN)
作　者	主　编　石利平　田辉平　余以胜 副主编　黄华林　关晓颖　刘　浪
出版发行	中国水利水电出版社 (北京市海淀区玉渊潭南路 1 号 D 座　100038) 网址:www.waterpub.com.cn E-mail:mchannel@263.net(答疑) 　　　　sales@mwr.gov.cn 电话:(010)68545888(营销中心)、82562819(组稿)
经　售	北京科水图书销售有限公司 电话:(010)68545874、63202643 全国各地新华书店和相关出版物销售网点
排　版	北京万水电子信息有限公司
印　刷	三河市德贤弘印务有限公司
规　格	184mm×260mm　16 开本　15.25 印张　343 千字
版　次	2024 年 12 月第 1 版　2024 年 12 月第 1 次印刷
印　数	0001—2000 册
定　价	55.00 元

凡购买我社图书,如有缺页、倒页、脱页的,本社营销中心负责调换

版权所有·侵权必究

前　言

　　为贯彻落实党的二十大精神和党中央、国务院有关决策部署，按照《关于深化现代职业教育体系建设改革的意见》《国家职业教育改革实施方案》《职业教育产教融合赋能提升行动实施方案（2023—2025 年）》以及 2020 年中华人民共和国教育部关于印发《高等学校课程思政建设指导纲要》的通知的有关要求和精神，坚持以教促产、以产助教，为全面建设社会主义现代化国家提供强大人力资源支撑，我们认真总结多年教学经验，组织教学经验和编写教材经验丰富的一线教师和企业人员撰写了本书。

　　Python 是一种高级编程语言，是一种解释型的、面向对象、功能强大的编程语言，由吉多·罗苏姆（Guido Rossum）于 20 世纪 90 年代初创建。Python 以其简单易读的语法、丰富强大的库和强大的功能等特点广受欢迎。Python 广泛用于 Web 开发、数据分析、人工智能、科学计算、自动化任务等多个领域。

　　本书对读者的编程基础零要求。本书共有 8 个模块，主要包括 Python 基础知识、基本数据类型、列表和元组、字典和集合、流程控制、文件、函数和模块、面向对象基础。

　　本书主要特色如下：

　　一、盐融课程思政，突出立德树人

　　紧紧围绕《高等学校课程思政建设指导纲要》精神，以科技报国、为国争光为思政主线，采用"双轨浸润"思政融合。显性浸润：每个模块都有"匠心铸魂领航"专栏，展现不懈奋斗、勇攀高峰的榜样力量，带领读者领略信息技术行业的大国工匠和中国脊梁的风采。隐性浸润：将程序员的职业道德、文化自信、科技自信等思政元素巧妙地融入教材的素材、案例等内容中，润物细无声地开展思政教育，充分发挥教材协同育人的功能。

　　二、结合企业工单，再现工作场景

　　本书在秉承"以学生为中心"的教育理念，将"任务驱动、案例教学"的核心策略与企业实际需求紧密结合，通过精心筛选和改编真实的企业工单，为学习者打造了一个高度仿真的工作环境。每个教学任务都围绕一个具体、实用的企业任务进行设计，确保每个任务都有清晰、具体的学习目标，让读者在完成任务的过程中，深刻体会到编程技术在解决实际问题中的应用价值。

　　三、教学资源丰富，体现融合出版

　　本书配套提供了丰富的数字教学资源，旨在为读者打造一个立体化的学习环境。这些资源包括微课视频、在线测试题、电子课件 PPT 以及音频资料等。读者只需扫描书中的二维码，即可轻松访问这些教学视频或音频，享受随时随地学习的便利。同时，在学银在线官网搜索主编姓名"石利平"，可以找到相应的课程网站，获取更多深入学习的素材和拓展资源，完成课程学习将获得 MOOC 证书。

　　四、面向岗位应用，强化动手实践

　　本书内容设计紧密围绕岗位需求，着重培养学习者的动手能力和职业技能。在内容编排上，严格遵循了"任务单引领→任务实施实践→相关知识解析→拓展任务深化→任务评价表反馈"的逻辑顺序。这一流程的精心设计，旨在紧密贴合编程人才的学习认知规律，通过实践驱动理论学习，实现学习效率与效果的双重提升。

五、双元编写主体，适应企业需求

校企合作、兄弟院校合作编写，本书案例源于工作实际，本书内容与实际岗位需求无缝衔接，使学生能够更好地适应未来职业岗位需求。本书注重理论与实践相结合，通过真实工作项目、典型工作案例等为载体组织内容，可使读者在学习过程中获得实际编程经验，提升程序编写能力。

本书编写人员多元化，有两所高职院校教学经验丰富的一线教师，也有来自信息技术公司的技术人员。本书参编人员有石利平、田辉平、余以胜、黄华林、关晓颖、刘浪、韦妍。

因作者水平有限，书中难免有不足和疏漏之处，敬请各位专家和读者批评指正。

编 者

2024 年 12 月

目　录

前言

模块 1　Python 基础知识

任务 1-1　Python 编程环境搭建 001
 1.1.1　任务单 001
 1.1.2　任务实施 002
 1.1.3　相关知识 009
  1. 认识 Python 安装目录结构 009
  2. Python 编辑器 010
 1.1.4　拓展任务——搜集 Jupyter Notebook 的使用技巧 013
 1.1.5　任务评价表 013

任务 1-2　使用 IDLE 和 PyCharm 014
 1.2.1　任务单 014
 1.2.2　任务实施 015
 1.2.3　相关知识 018
  1. IDLE 使用方法 018
  2. Windows Powershell 窗口运行 py 程序 020
  3. Python 代码编写基本规范和规则 ... 021
  4. 使用 PyCharm 022
  5. 汉化 PyCharm 025
 1.2.4　拓展任务——深入学习 PyCharm 的使用 026
 1.2.5　任务评价表 026

任务 1-3　输出两首古诗 027
 1.3.1　任务单 027
 1.3.2　任务实施 028
 1.3.3　相关知识 029
  1. print() 函数 030
  2. input() 函数 031
  3. help() 函数 032
  4. dir() 函数 032
 1.3.4　拓展任务——接收与输出用户信息 033
 1.3.5　任务评价表 033

匠心铸魂领航——中国计算机的主奠基者华罗庚教授 034

练习题 034

模块 2　基本数据类型

任务 2-1　输出个人信息 036
 2.1.1　任务单 036
 2.1.2　任务实施 037
 2.1.3　相关知识 038
  1. 变量 038
  2. 常量 039
  3. 数据类型 039
  4. 赋值语句 040
 2.1.4　拓展任务——输出个人手机信息 041
 2.1.5　任务评价表 042

任务 2-2　求两个数的加减乘除 042
 2.2.1　任务单 043
 2.2.2　任务实施 043
 2.2.3　相关知识 044
  1. 数字（Digital） 044
  2. 运算符 046
  3. 运算符的优先级 048
  4. 数学模块 math 049
  5. 数据类型转换函数 049

 2.2.4　拓展任务——求圆的周长和面积 050
 2.2.5　任务评价表 050

任务 2-3　输出个人信息及向祖国表白信息 051
 2.3.1　任务单 052
 2.3.2　任务实施 052
 2.3.3　相关知识 054
  1. 字符串 054
  2. 字符串基本操作符 056
  3. 索引 056
  4. 常用字符串处理函数 057
  5. 常用字符串处理方法 058
 2.3.4　拓展任务——设计学生信息管理程序主界面 062
 2.3.5　任务评价表 062

任务 2-4　字符串切片和字符串格式化 ... 063
 2.4.1　任务单 064
 2.4.2　任务实施 064
 2.4.3　相关知识 065

1. 切片 065
　　2. 字符串格式化 066
　2.4.4 拓展任务——格式化输出整数 ...070
　2.4.5 任务评价表 070

匠心铸魂领航——追忆"最美奋斗者"
　　　　　　王选 071
练习题 072

模块 3　列表和元组

任务 3-1　创建与操作祖国名胜列表 074
　3.1.1 任务单 074
　3.1.2 任务实施 075
　3.1.3 相关知识 075
　　1. 创建列表 075
　　2. 访问和修改列表元素 076
　　3. 列表的基本运算 077
　　4. 列表推导式 077
　3.1.4 拓展任务——接收学生信息 ...078
　3.1.5 任务评价表 079

任务 3-2　创建与管理祖国名胜列表 080
　3.2.1 任务单 080
　3.2.2 任务实施 080
　3.2.3 相关知识 081
　　1. 添加列表元素 081
　　2. 删除列表元素 082
　　3. 检索列表元素 083
　　4. 统计某元素个数 084
　　5. 列表的复制 084
　　6. 按位置逆序排列列表元素 ...085
　3.2.4 拓展任务——增加学生信息
　　　　管理程序功能 085
　3.2.5 任务评价表 085

任务 3-3　遍历和排序学生列表 086
　3.3.1 任务单 086
　3.3.2 任务实施 087
　3.3.3 相关知识 087
　　1. 嵌套列表 087
　　2. 遍历列表 088
　　3. 列表排序 088
　3.3.4 拓展任务——排序学生信息 ...089
　3.3.5 任务评价表 089

任务 3-4　创建与使用祖国四大
　　　　　名山元组 090
　3.4.1 任务单 090
　3.4.2 任务实施 091
　3.4.3 相关知识 092
　　1. 创建元组 092
　　2. 访问元组元素 093
　3.3.4 拓展任务——使用元组存储
　　　　数据库配置信息 093
　3.4.5 任务评价表 094

匠心铸魂领航——王永民：五笔字型
　　　　　　之父 095
练习题 095

模块 4　字典和集合

任务 4-1　使用字典管理劳动之星
　　　　　选票数据 098
　4.1.1 任务单 098
　4.1.2 任务实施 099
　4.1.3 相关知识 100
　　1. 创建字典 100
　　2. 字典推导式 101
　　3. 访问字典中的值 102
　　4. 使用 get() 方法访问字典中的值 ...102
　　5. 添加或修改字典中的键值对 ...102
　　6. 删除字典元素 103
　　7. 获取字典中的键、值或键值对
　　　 的方法 104
　　8. 遍历字典中的键、值或键值对 ...105
　4.1.4 拓展任务——劳动之星选票
　　　　数据可视化 105

　4.1.5 任务评价表 106
任务 4-2　应用集合管理学习标兵
　　　　　和劳动之星名单 107
　4.2.1 任务单 107
　4.2.2 任务实施 108
　4.2.3 相关知识 108
　　1. 集合的创建 108
　　2. 集合推导式 109
　　3. 集合常用运算符 110
　　4. 集合常用方法 110
　4.2.4 拓展任务——统计文本文件
　　　　中独行的行数 111
　4.2.5 任务评价表 112

匠心铸魂领航——为了 0.1 秒，她努力了
　　　　　　13 年！ 113
练习题 113

模块 5 流程控制

任务 5-1 判定空气质量指数 115
  5.1.1 任务单 116
  5.1.2 任务实施 117
  5.1.3 相关知识 118
    1. 流程图 118
    2. 程序的基本结构 119
    3. 判断条件 120
    4. if 语句通用格式 122
    5. 单分支 if 语句 123
    6. 双分支 if-else 语句 124
    7. 多分支 if-elif-else 语句 124
    8. if 语句的嵌套 126
  5.1.4 拓展任务——计算 BMI 和完善学生信息管理程序 126
  5.1.5 任务评价表 128

任务 5-2 处理排行榜 129
  5.2.1 任务单 129
  5.2.2 任务实施 130
  5.2.3 相关知识 131
    1. for 循环 131
    2. range() 函数 133
    3. zip() 函数 134
    4. map() 函数 135
    5. pass 语句 135
    6. enumerate() 函数 135
  5.2.4 拓展任务——扩展学生信息管理程序功能 136
  5.2.5 任务评价表 137

任务 5-3 添加学生成绩信息 138
  5.3.1 任务单 138
  5.3.2 任务实施 138
  5.3.3 相关知识 140
    1. while 循环 140
    2. break 语句 141
    3. continue 语句 142
    4. 死循环 142
  5.3.4 拓展任务——水仙花数 142
  5.3.5 任务评价表 143

任务 5-4 输出学生信息 144
  5.4.1 任务单 144
  5.4.2 任务实施 144
  5.4.3 相关知识 145
    1. 双重循环 145
    2. 利用双重循环输出图案 146
  5.4.4 拓展任务——百钱买百鸡 147
  5.4.5 任务评价表 147

任务 5-5 异常处理 148
  5.5.1 任务单 148
  5.5.2 任务实施 148
  5.5.3 相关知识 149
    1. 程序的三种错误 149
    2. try 语句 150
  5.5.4 拓展任务——处理文件操作异常 152
  5.5.5 任务评价表 153

匠心铸魂领航——华为制裁事件 154
练习题 154

模块 6 文件

任务 6-1 操作与处理"劝学 .txt"文件 157
  6.1.1 任务单 157
  6.1.2 任务实施 158
  6.1.3 相关知识 160
    1. 文件的打开与关闭 160
    2. 读文件 161
    3. 移动文件指针的位置 162
    4. 遍历文件 162
    5. 写文件 163
  6.1.4 拓展任务——劳动之星选票统计 164
  6.1.5 任务评价表 164

任务 6-2 处理 "score.csv" 文件 165
  6.2.1 任务单 165
  6.2.2 任务实施 166
  6.2.3 相关知识 167
    1. CSV 文件 167
    2. 数据写入 CSV 文件 167
    3. 读取 CSV 文件数据 168
  6.2.4 拓展任务——学生数据存入 CSV 文件 169
  6.2.5 任务评价表 170

匠心铸魂领航——计算技术领域院士高庆狮 171
练习题 171

模块 7　函数和模块

任务 7-1　输出习近平总书记对青年的寄语 173
 7.1.1　任务单 173
 7.1.2　任务实施 174
 7.1.3　相关知识 175
  1. 函数的定义 175
  2. 函数的调用 176
  3. 形参 176
  4. 函数的返回值 177
  5. 变量的作用域 178
  6. __name__ 180
 7.1.4　拓展任务——使用函数显示学生信息管理程序主界面 181
 7.1.5　任务评价表 181

任务 7-2　输出手机相关信息 182
 7.2.1　任务单 183
 7.2.2　任务实施 184
 7.2.3　相关知识 184
  1. 位置实参 184
  2. 关键字实参 185
  3. 有默认值的参数 185
  4. 传递任意数量的位置实参 186
  5. 传递任意数量的关键字实参 186
  6. 解包裹传递 187
  7. 参数的混合传递 188
  8. 参数传递的两种模式 188
 7.2.4　拓展任务——利用函数判定水仙花数 189
 7.2.5　任务评价表 190

任务 7-3　排序学生成绩 191
 7.3.1　任务单 191
 7.3.2　任务实施 191
 7.3.3　相关知识 192
  1. 匿名函数 lambda 192
  2. 递归函数 193
 7.3.4　拓展任务——使用递归函数求解斐波那契数列 193
 7.3.5　任务评价表 194

任务 7-4　绘制政府报告词云图 195
 7.4.1　任务单 195
 7.4.2　任务实施 196
 7.4.3　相关知识 198
  1. 初识模块 198
  2. 导入模块 199
  3. pyinstaller 模块 200
  4. 中文分词模块 jieba 201
  5. 词云生成模块 Wordcloud 202
  6. 海龟绘图模块 turtle 203
  7. random 模块 211
  8. time 模块 213
 7.4.4　拓展任务——使用 turtle 绘制太极标志和太阳花 215
 7.4.5　任务评价表 216

匠心铸魂领航——让人工智能领域的中国声音愈发响亮！ 217
练习题 217

模块 8　面向对象基础

任务 8-1　创建与使用类 219
 8.1.1　任务单 219
 8.1.2　任务实施 220
 8.1.3　相关知识 221
  1. 面向对象相关基本概念 221
  2. 类的创建 221
  3. 对象的创建和使用 222
  4. 构造方法 222
  5. 析构方法 223
  6. 成员变量 224
  7. 实例方法 225
 8.1.4　拓展任务——完善类 MobilePhone 225
 8.1.5　任务评价表 225

任务 8-2　方法的创建与调用 226
 8.2.1　任务单 226
 8.2.2　任务实施 227
 8.2.3　相关知识 227
  1. 方法概述 227
  2. 类方法 228
  3. 静态方法 228
  4. 抽象方法 228
 8.2.4　拓展任务——创建与使用班级类 230
 8.2.5　任务评价表 230

匠心铸魂领航——信息技术从业人员职业道德规范 231
练习题 231

附录　PyCharm 中常用的快捷键

参考文献

模块 1 Python 基础知识

学习目标

★ 了解编程语言的分类,掌握 Python 语言的基本特点
★ 搭建 Python 开发环境,会汉化 PyCharm
★ 熟练使用 IDLE 及 PyCharm 集成开发环境
★ 掌握 Python 代码编写的基本规范
★ 掌握 Python 基本的输入/输出函数,会使用 Python 的帮助函数

任务 1-1 Python 编程环境搭建

1.1.1 任务单

学号及姓名		小组成员	
任务编号	1-1	任务名称	Python 编程环境搭建
指导教师		日期	
任务概述	想要开始 Python 编程之旅,首先要了解 Python 语言的相关基础知识,并搭建好 Python 编程环境。本次主要任务如下: (1)了解什么是计算机编程语言,以及编译型语言和解释型语言的区别; (2)了解什么是程序、什么是 Python,Python 语言的特点及其常见的 Python 解释器; (3)安装 Python; (4)安装 PyCharm		
任务要求	制作安装 Python 及 PyCharm 的说明文档,将安装 Python 过程及安装 PyCharm 的全过程截图,并添加简要说明。文档以 .docx 格式保存,文件名分别为"学号+姓名+Python 安装文档 .docx""学号+姓名+PyCharm 安装文档 .docx"		
心得与困惑			

1.1.2 任务实施

1. 编程语言概述

Python 编程环境搭建

计算机不能执行人类的语言。为了让人类可以和计算机沟通，让计算机执行人类的指令，需要使用计算机编程语言。计算机编程语言种类很多，基本上可以分为低级编程语言和高级编程语言两大类。低级编程语言主要包括机器语言和汇编语言，高级编程语言包括 Python、C、C++、Java、Perl、C# 等。计算机程序是一组使用计算机编程语言编写的计算机能识别和执行的指令集合，运行于电子计算机上，实现某种功能的信息化工具。

低级编程语言的执行效率较高，但开发难度较大，因为其语法结构与人类语言习惯相差较大。而高级编程语言其语法结构和人类的语法习惯较接近，因此易于开发、阅读、维护等。相对而言，高级编程语言执行效率稍低。

高级编程语言又分为编译型语言（Compiled Language）和解释型语言（Interpreted Language）。编译型语言编写的程序需要通过编译器将程序一次性编译为机器语言，然后才可以执行。C#、C 都是编译型语言。解释型语言需要一个解释器。解释型语言编写的程序执行时直接一行一行地由解释器翻译执行，其执行速度相对编译型语言慢一些。Python、Perl 都是解释型语言。

2. Python 语言简介

Python 是一种解释型的、面向对象的高级计算机编程语言，同时也是一种开源的脚本语言。它主要是用 C 语言开发的，1989 年由荷兰人吉多·罗苏姆（Guido Rossum）开始研发，于 1991 年公开发行。Python 功能强大，近几年很流行，被广泛应用于多个行业，如电影制作、游戏开发、动画设计及搜索引擎开发等。特别是在人工智能领域，Python 发挥着重要的作用。许多出名的网站和平台都是使用 Python 语言开发的，如 Douban 几乎所有的业务都是使用 Python 开发，谷歌的 Google.com、Google 爬虫等都广泛使用 Python，Facebook 的大量基本库使用 Python 实现，我国最大的 Q&A 社区——知乎也是使用 Python 开发的。

3. Python 语言的特点

（1）简洁易学。Python 语法简洁、结构简单，关键字相对较少，仅有 35 个，接近自然语言，容易上手，很适合作为编程的入门语言。

（2）可移植性好。可移植性即指软件的跨平台性。Python 语言编写的程序具有良好的跨平台性，可以在多种主流计算机操作系统上运行。也就是说在 Windows 系统中开发的 Python 程序，只要复制到 Linux 系统下，程序所需的环境搭建好了，程序就可以正常运行。

（3）免费开源扩展性强。Python 是免费开源软件，使用者可以修改 Python 源码。很多开发者不断完善 Python 的功能，还共享了很多第三方免费功能模块，这更有益于 Python 的发展。

（4）面向对象的脚本语言。脚本（Script）语言也称为动态语言，脚本语言程序执行需要解释器，边解释边执行，执行速度相对慢些。常见的脚本语言有 Python、VBScript、JavaScript、PHP 等。脚本语言是相对编译（Compile）语言而言的。编译语言程序需要编译器将全部语句都编译通过才能执行，编译生成可以执行的二进制代码，执行的是编译后的结果，执行速度相对快些。常见的编译语言有 C、C++、C# 等。Python 也是一种面向对象的编程语言，与其他面向对象的编程语言如 C++、Java 相比，Python 是以一种简单且非常强大的方式实现面向对象编程。它支持多态、操作符重载等面向对象的特征。

（5）丰富强大的标准库和第三方库。Python 有 200 多个标准库，还有很多免费的第三方库，如 Pandas 库（数据处理和数据清洗的专用库）、Numpy 库（数据分析库）、Sklearn 库（包含大量用于传统机器学习和数据挖掘相关的算法）、Matplotlib 库（数据可视化库）等。

（6）开发效率高。Python 语法简洁且类库丰富，使用 Python 开发程序时可以使用比较少的代码实现很多功能，提高程序开发效率。

4. Python 解释器种类

在 Python 官方网站上，用户可根据需要下载标准 Python 解释器（也称为 CPython），常见的 Python 解释器有以下种类：

（1）CPython。CPython 是标准 Python 解释器，目前版本分为两大类：2.X 和 3.X，截至作者写教材时，CPython 的最新版本是 3.10.6，本教材中的程序代码均基于该版本解释器调试。

（2）Jython。Jython 是使用 Java 语言开发的 Python 解释器，在 Java 虚拟机上运行，便于 Python 开发的程序与 Java 类库无缝连接。

（3）IronPython。IronPython 用 C# 开发的 Python 解释器。

（4）PyPy。PyPy 是由 Python 语言开发的 Python 解释器，是对 CPython 的优化，引入了编辑器的功能，执行效率更高，能够更好地执行 Hack Python 创建的项目。

5. 安装 Python

以 Windows 平台为例，学习 Python 的安装，安装过程如下：

（1）下载 Python 安装包。在官方网站下载 Python 3.10.6 安装包，如图 1-1 所示，这里下载 Windows installer(64-bit)（对应 64 位的 Windows 操作系统，文件名为 python-3.10.6-amd64.exe），如果 Windows 操作系统为 32 位则下载 Windows installer(32-bit)。

（2）双击已下载的 python-3.10.6-amd64.exe 程序，弹出安装对话框，如图 1-2 所示。勾选所有选项，单击 Customize installation 选项。

（3）进入 Optional Features 对话框，如图 1-3 所示，勾选所有选项，单击 Next 按钮。

（4）进入 Advanced Options 对话框，如图 1-4 所示，勾选所需选项，单击 Install 按钮。

注意：这里采用安装路径 D:\Python310，如果要修改安装路径。可以在文本框中直接输入路径也可以单击 Browse 按钮，选择要安装的位置。

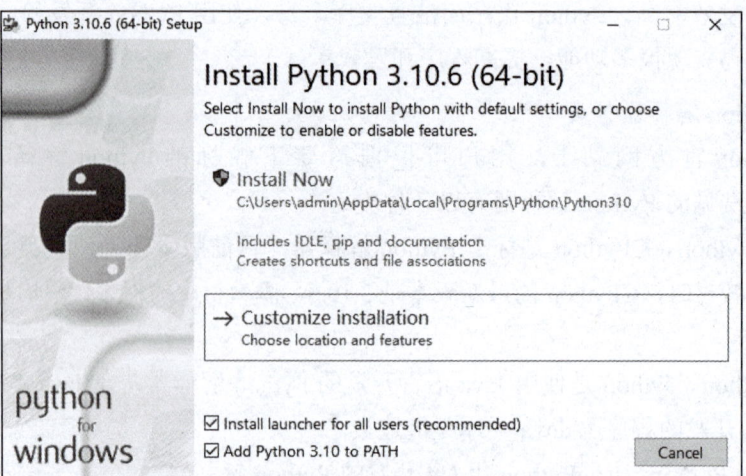

图 1-1　下载页面

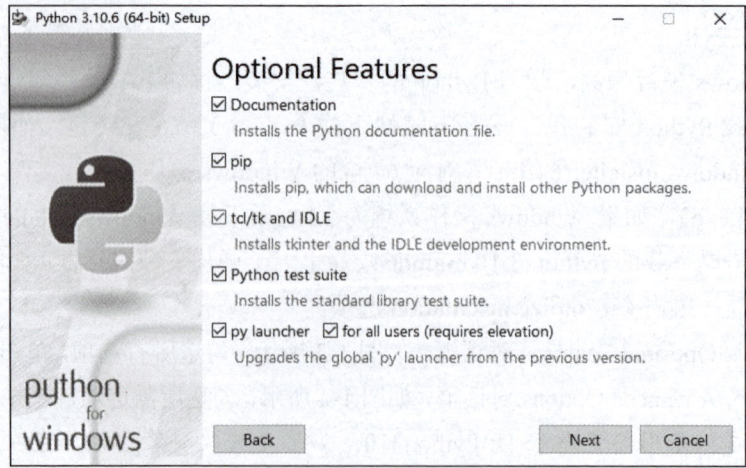

图 1-2　Install Python 3.10.6(64-bit) 对话框

图 1-3　Optional Features 对话框

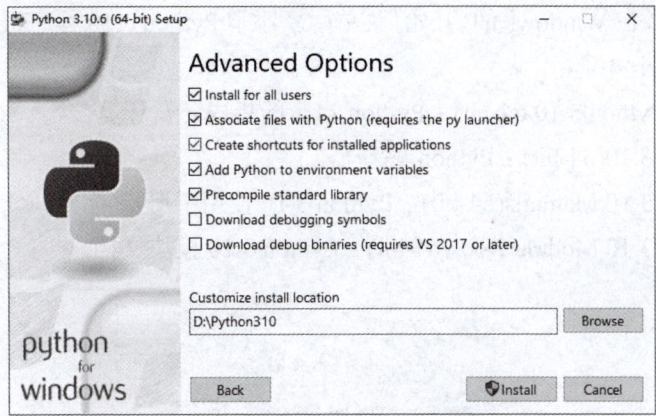

图 1-4　Advanced Options 对话框

（5）进入 Setup Progress 对话框，系统开始安装，如图 1-5 所示。

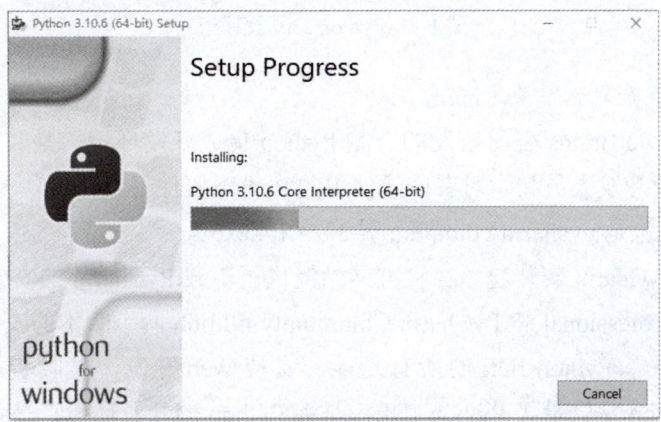

图 1-5　Setup Progress 对话框

（6）进入 Setup was successful 对话框，如图 1-6 所示，说明解释器安装完成，单击 Close 按钮，结束安装。

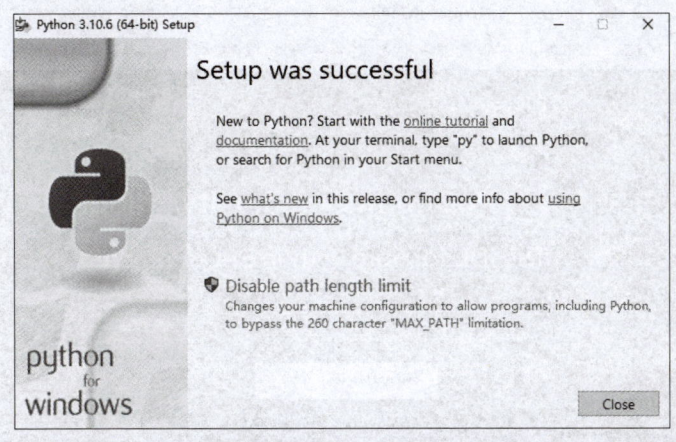

图 1-6　Setup was successful 对话框

安装完成后,在 Windows 的"开始"菜单中新添了 Python 3.10 程序组,如图 1-7 所示。该程序组共有以下 4 项:

(1) IDLE(Python 3.10 64-bit):Python 自带的集成开发环境。

(2) Python 3.10(64-bit):Python 解释器。

(3) Python 3.10 Manuals(64-bit):Python 3.10 使用手册。

(4) Python 3.10 Module Docs(64-bit):Python 3.10 模块文档。

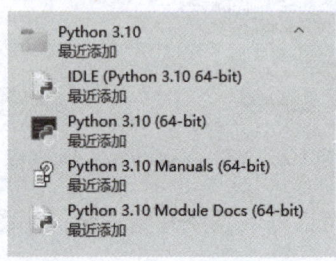

图 1-7　Python 3.10 程序组

6. 安装集成开发环境 PyCharm

PyCharm 是 JetBrains 公司研发的一款 Python 集成开发环境,是很多 Python 专业开发人员和学习者广泛使用的 Python 程序开发工具。本例使用的安装包是 pycharm-community- 2024.1.4.exe。

安装 PyCharm

(1) 下载 PyCharm 安装包。在官方网站提供了下载 PyCharm 的安装包,该页面中包括 PyCharm Professional 和 PyCharm Community Edition 两个版本的安装包。PyCharm Professional 提供了 Python IDE 的所有功能,支持 Web 开发,是收费软件;PyCharm Community Edition 是轻量级 Python IDE,是纯 Python 的开发环境,是免费、开源的软件,适合初学者使用。一般用户选择 .exe(Windows) 版,如果计算机 CPU 是 ARM64 架构的就选择 .exe(Windows) ARM64,如图 1-8 所示,然后单击 Download 按钮开始下载。

图 1-8　PyCharm 下载页面

安装包下载成功后,可以在所选的下载文件夹中看到安装程序 pycharm-community-2024.1.4.exe。(此名仅供参考,PyCharm Community Edition 的版本会不断更新,程序文件主名中的版本号也会随之变化。)

(2)安装 PyCharm。

1)双击安装程序 pycharm-community-2024.1.4.exe,运行该程序,弹出安装欢迎界面,如图 1-9 所示,单击"下一步"按钮。

图 1-9 欢迎界面

2)进入 PyCharm 选择安装路径界面,可以根据需要选择 PyCharm 的安装位置,这里选择安装在 D 盘,如图 1-10 所示,单击"下一步"按钮。

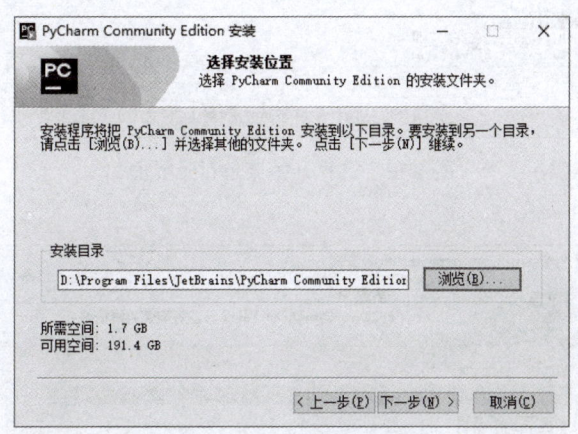

图 1-10 选择安装位置界面

3)进入安装选项界面,可根据需要勾选相应功能,也可以采用默认设置,如图 1-11 所示,单击"下一步"按钮。

4)进入 PyCharm 选择开始菜单目录界面,保持默认设置,如图 1-12 所示。然后单击"安装"按钮,开始 PyCharm 安装,进入安装中界面,如图 1-13 所示。

5)安装完成时,显示安装完成界面,如图 1-14 所示,单击"完成"按钮,完成 PyCharm 安装。

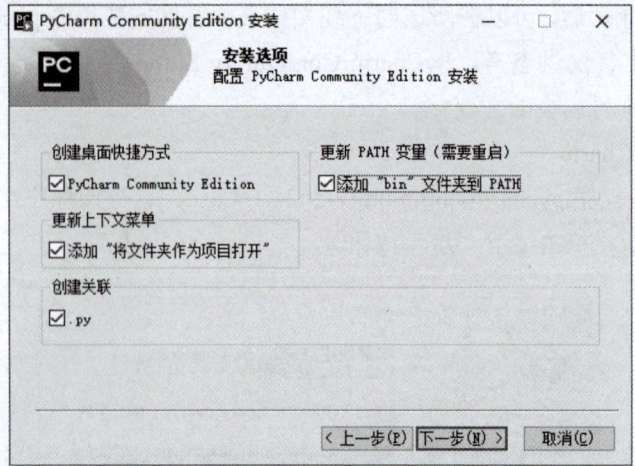

图 1-11　安装选项界面

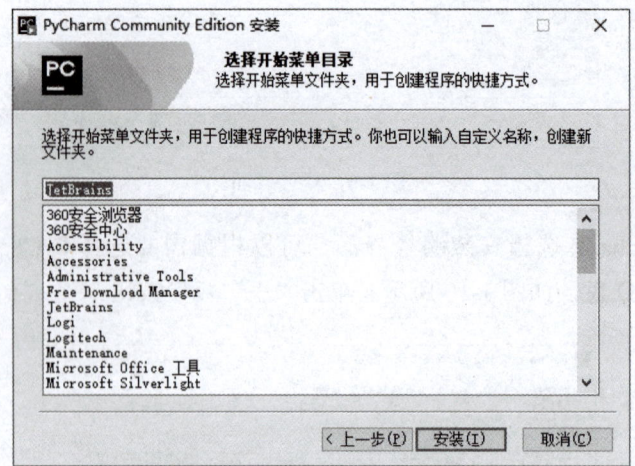

图 1-12　选择开始菜单目录界面

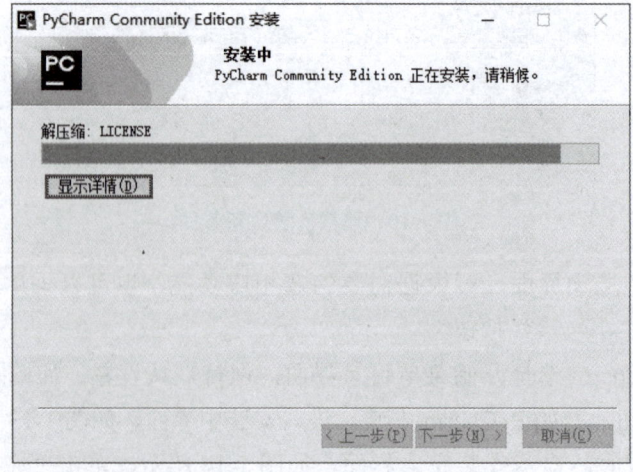

图 1-13　安装中界面

图 1-14　安装完成界面

1.1.3　相关知识

1. 认识 Python 安装目录结构

Python 安装目录结构如图 1-15 所示。目录中的 python.exe 即为 Python 解释器文件。双击运行该文件，即可启动 Python 解释器。解释器窗口上方显示 Python 版本信息、提示信息以及 Python 解释器提示符 >>>，如图 1-16 所示。这也说明 Python 安装成功。在 Python 提示符 >>> 右侧，输入 Python 代码然后按 Enter 键，Python 解释器就会解释并执行相应语句，这与 IDLE 的交互式模式下执行代码是一样的，如图 1-17 所示。 在提示符右侧输入 exit() 或者输入 quit()，或者按快捷键 Ctrl+Z，然后按 Enter 键，可退出 Python 解释器。

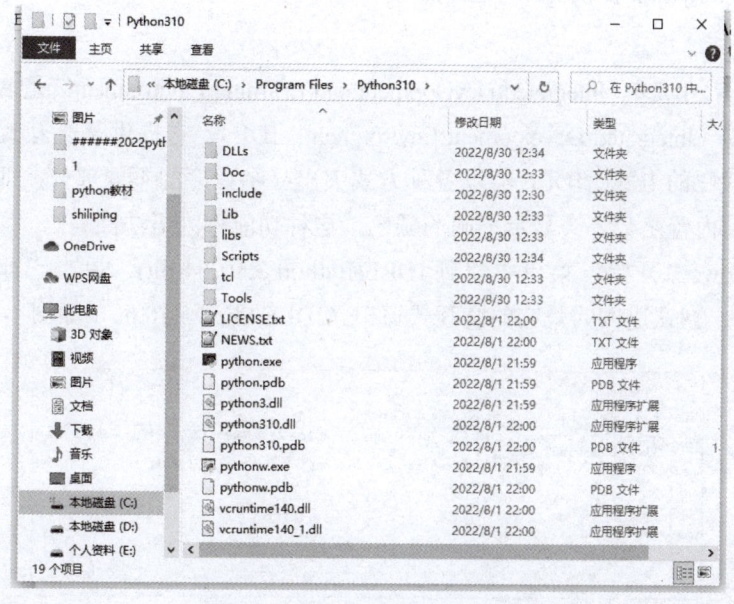

图 1-15　Python 安装目录结构

图 1-16　Python 解释器窗口

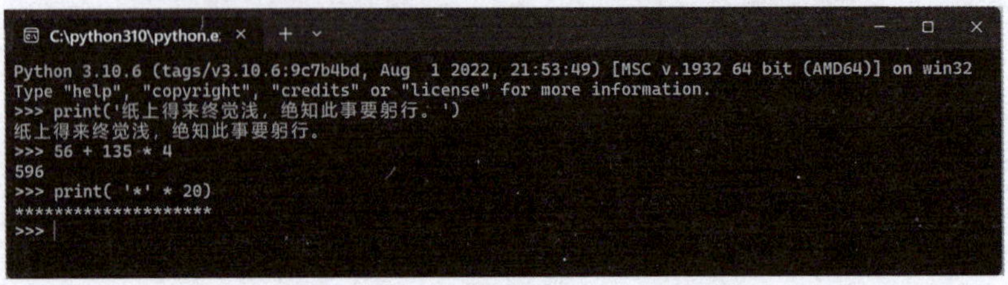

图 1-17　在 Python 解释器中执行语句

Python 安装目录中各目录简介如下：
- DLLs：Python 的一些动态模块文件（.pyd）和 Windows 动态链接库文件（.dll）。
- Doc：在 Windows 系统下，Doc 文件夹中只有一个 python3106.chm 文件，里面集成了 Python 的所有文档，双击即可打开该文档。
- Include：Python 提供的 C 语言接口头文件。
- Lib：Python 自己的标准库、包、测试套件等。
- libs：Python 的 C 语言接口库文件。
- Script：pip 可执行文件所在目录，使用 pip 工具可以安装 Python 的扩展包和库。
- tcl：桌面编程包文件。
- Tools：Python 提供的一些工具。

2. Python 编辑器

（1）IDLE。IDLE（Integrated Development and Learning Environment）是 Python 自带的集成开发环境（Integrated Development Environment，IDE），它提供了交互式编写代码和文件式编写代码的方式。IDLE 会以各种方式突出显示程序的不同部分，即不同的数据类型、语句、内置函数等会显示不同的颜色，这种功能称为语法高亮。

从 Windows "开始"菜单中找到 IDLE(Python 3.10 64-bit)，单击它即启动 IDLE。IDLE 启动后，默认进入的是它的交互式窗口（IDLE Shell 3.10.6），如图 1-18 所示。

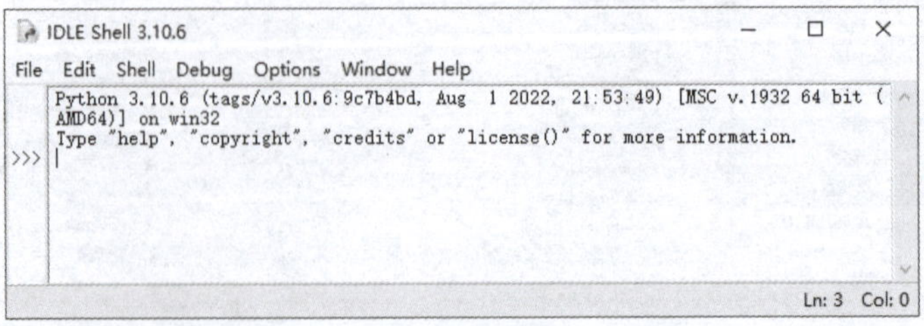

图 1-18　"IDLE Shell 3.10.6"窗口

"IDLE Shell 3.10.6"窗口左侧的三个大于号（或称右尖括号）称为提示符（prompt），表示可以在这里输入要运行的代码。例如输入一行代码 print('hello World!')，输完一行代码按 Enter 键，系统即执行该代码。如语句有结果，则在其下一行显示结果，如图 1-19 所示。

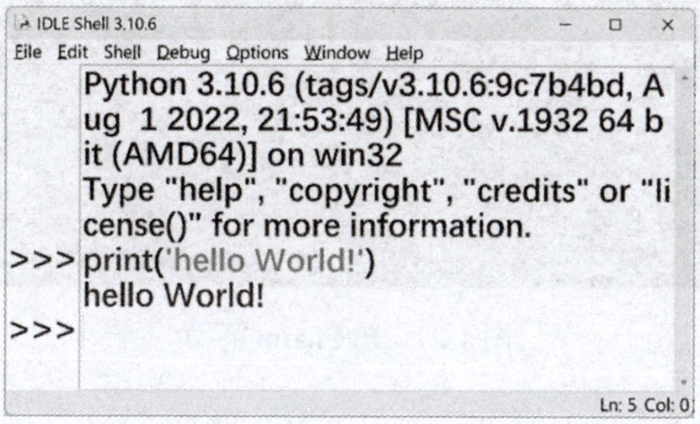

图 1-19　在"IDLE Shell 3.10.6"窗口执行 print 语句

IDLE 提供了两种编程环境：Edit Window 和 Shell Window。

IDLE 的交互式环境主要用于代码的测试、验证和简单程序的执行。交互式环境下程序代码不能保存。

代码若要以文件方式保存，则需使用 Edit Window 环境。单击 File 选项卡→ New File 命令，则进入 IDLE 的 Edit Window 环境，如图 1-20 所示。

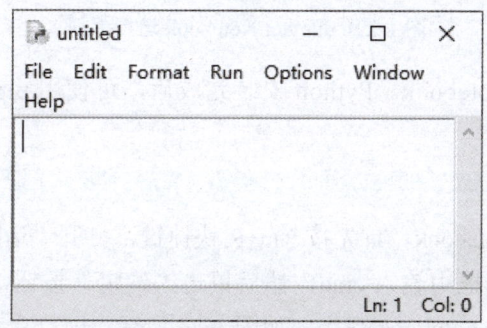

图 1-20　IDLE 文件编写代码窗口

（2）PyCharm。PyCharm 带有一整套可以帮助用户提高程序开发效率的工具，如调试、语法高亮、Project 管理、代码跳转、智能提示、单元测试、脚本控制等。PyCharm 也提供了一些高级功能，如支持 Django 框架下的专业 Web 开发、支持 Google APP Engine，也支持 IronPython。PyCharm 界面，如图 1-21 所示。

（3）Jupyter Notebook。Jupyter Notebook 是一种 Web 应用，是一款开放源代码的 Web 应用程序，它构建了一个交互式开发环境，是数据分析与机器学习的必备工具。它能将说明文本、数学方程、代码和可视化内容全部组合到一个易于共享的文档中。Jupyter Notebook 运行界面如图 1-22 所示。Jupyter 名字来源于要服务的三种语言的缩写：Julia、Python 和 R。目前它能够支持很多编程语言，包括 C、C++、C#，java、Go 等。

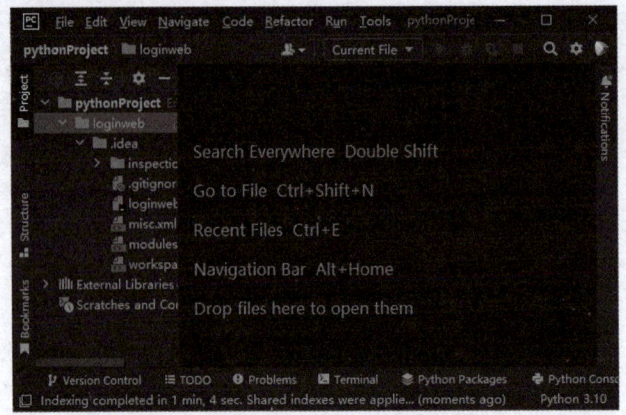

图 1-21　PyCharm 界面

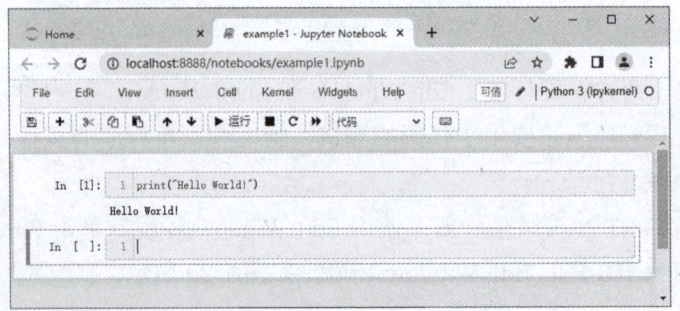

图 1-22　Jupyter Notebook 运行界面

1）安装 Jupyter Notebook。Python 安装完成后，可使用 pip 安装 Jupyter，安装命令如下：

pip install jupyter

2）启动 Jupyter Notebook。首先按 win+R 快捷键，打开"运行"对话框，如图 1-23 所示。在"打开"文本框中输入 cmd，然后单击"确定"按钮，进入 Windows 命令提示符窗口。执行 jupyter notebook 命令，如图 1-24 所示，即可启动 Jupyter Notebook。

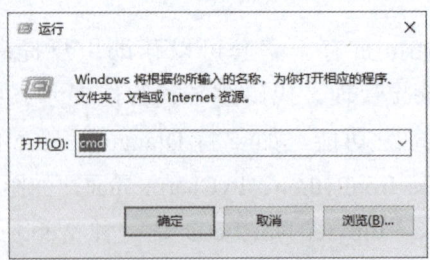

图 1-23　"运行"对话框

3）退出 Jupyter Notebook。直接关闭打开的 Jupyter Notebook 的页面，并没有退出 Jupyter Notebook。可在如图 1-24 所示的 Windows 命令窗口，按 Ctrl+C 快捷键退出 Jupyter Notebook。

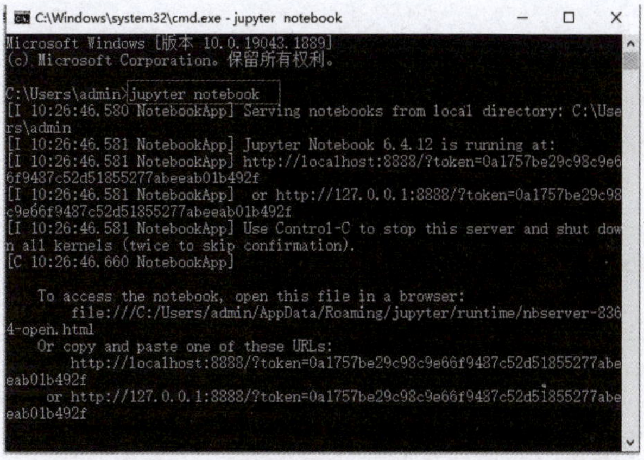

图 1-24 执行 jupyter notebook 命令

1.1.4 拓展任务——搜集 Jupyter Notebook 的使用技巧

Jupyter Notebook 便于创建并共享代码和文档。数据挖掘领域中最热门的比赛 Kaggle 里的资料都是 Jupyter 格式。在机器学习领域，Jupyter Notebook 很受欢迎。请大家搜集 Jupyter Notebook 的使用技巧，为今后学习机器学习的知识做好准备。

1.1.5 任务评价表

学号及姓名			日期		
任务编号	1-1		任务名称	Python 编程环境搭建	
项目			自评	小组评价	教师评价
课堂表现	学习态度（15%）				
	沟通合作（10%）				
	课堂参与（15%）				
技能操作	安装 Python（20%）				
	安装 PyCharm（20%）				
	安装文档（20%）				
	总分				
评价标准					
项目	90～100 分	75～89 分		60～74 分	0～59 分
学习态度	学习主动性、积极性、专注度和认真度优秀	学习主动性、积极性、专注度和认真度良好		学习主动性、积极性、专注度和认真度一般	学习主动性、积极性、专注度和认真度都需要加强
沟通合作	与同学、教师沟通能力优秀，有优秀的团队合作能力	与同学、教师沟通能力良好，有良好的团队合作能力		能与同学、教师沟通，参与团队活动	不能与同学、教师沟通，不参与团队活动

续表

课堂参与	积极提问，大胆表达自己的看法，回答问题准确	能提出自己不同的看法，回答问题基本正确	很少提问，很少表达自己的想法，能回答教师问题，但准确度需提升	不敢提问，不表达自己的想法，不回答教师的提问
安装 Python	能熟练完成下载和安装 Python	能较顺利完成下载和安装 Python	能在他人的帮助下完成下载和安装 Python	未能下载安装包，不能安装 Python
安装 PyCharm	能熟练完成下载和安装 PyCharm	能较顺利完成下载和安装 PyCharm	能在他人的帮助下完成下载和安装 PyCharm	未能下载安装包，不能安装 PyCharm
安装文档	安装文档图文并茂，步骤清晰完善	安装文档步骤完善，条理较清晰	安装文档基本完善	未能完成安装文档

任务 1-2　使用 IDLE 和 PyCharm

1.2.1　任务单

学号及姓名		小组成员	
任务编号	1-2	任务名称	使用 IDLE 和 PyCharm
指导教师		日期	
任务概述	分别使用 IDLE 的 Edit Window 和 Shell Window 模式，录入下列程序并调试运行。通过程序的编辑和调试，对比 Edit Window 和 Shell Window 两种模式的优缺点，掌握 IDLE 的基本使用方法，理解此程序各语句的功能。 行号　代码 1　　""" 程序名称：goodluck.py 2　　程序功能：接收用户输入的姓名，并输出向祖国问好的语句 """ 3　　# 接收用户的输入，并赋值给变量 name 4　　name = input(" 请输入你的姓名：") 5　　print(45 * '*')　　# 输出 45 个 * 6　　print()　　# 输出换行 7　　print(' 祖国您好！ ',' 我叫 %s' % name) 8　　print(' 我要好好学习程序设计，为祖国强大而努力学习！ ') 9　　print() 10　 print(45 * '*')		
任务要求	（1）理解代码含义； （2）记录程序调试中出现的错误及解决方法； （3）尝试更改 IDLE 的 Shell 和 Edit 窗口中的文本字体和字号； （4）尝试更改 PyCharm IDE 环境的配色方案		
心得与困惑			

1.2.2 任务实施

1. "向祖国问好"程序代码含义

第 1 行至第 2 行代码是对程序简单说明的注释语句，是三对双引号（程序代码中的双引号、单引号、逗号、左右圆括号、#号均为英文半角符号）引起来的注释内容，这时的注释内容可以是多行。

第 3 行是以 # 号开始的单行注释语句，是对第 4 行语句的注释。

第 4 行代码是使用 input() 函数接收用户的输入，并通过赋值运算符 "=" 将用户输入的内容赋值给变量 name。其中"请输入你的姓名："为 input() 函数的参数，起提示性作用。

第 5 行代码是使用 print() 函数输出 45 个 * 号。

第 6 行代码是利用 print() 函数输出一行空白行。

第 7 行代码利用 print() 函数输出"祖国您好，我叫某某某"。

第 8 行代码利用 print() 函数输出"我要好好学习程序设计，为祖国强大而努力学习！"这句话。

2. 录入与调试代码

IDLE 提供两种调试代码方式：Shell Window 和 Edit Window。

（1）使用 Shell Window。在 Windows "开始"菜单中，单击启动 IDLE，默认进入 IDLE Shell 模式（交互式模式，即 Shell Window），如图 1-18 所示。

在交互模式下，一次只能执行一条语句，如图 1-25 所示。在这种模式下，输入的代码不能保存，已执行的语句不能再修改和再次执行，只能重新输入。

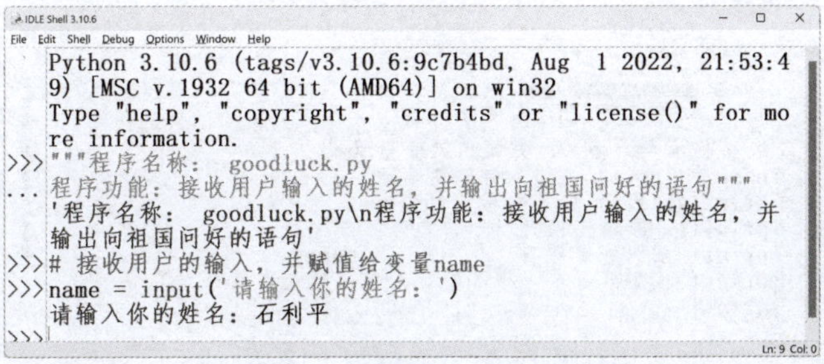

图 1-25 交互模式下执行代码

（2）使用 Edit Window。Edit Window 模式也称为文件模式，这种模式下，代码可以编辑、保存。代码以 .py 为扩展名保存。

在 IDLE Shell 模式下，执行 File 选项卡 → New File 命令，如图 1-26 所示。打开一个 untitled 文件窗口，如图 1-27 所示，即进入 Edit Window 模式。逐行录入代码，录入完成后，按快捷键 Ctlr+S 打开"另存为"对话框，如图 1-28 所示，以文件名 goodluck.py（Python 编程语言编写的程序代码文件扩展名为 .py，这里选择的保存位置为 D:\python。但也可根据自己需求，保存到合适位置。）

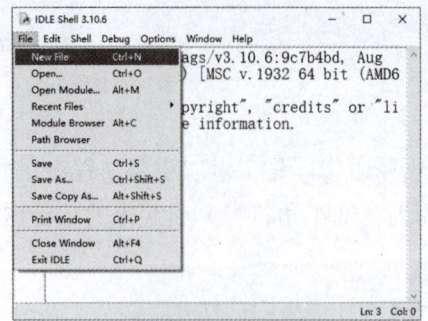

图1-26　IDLE编辑器

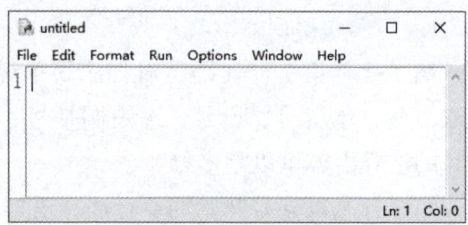

图1-27　untitled文件窗口

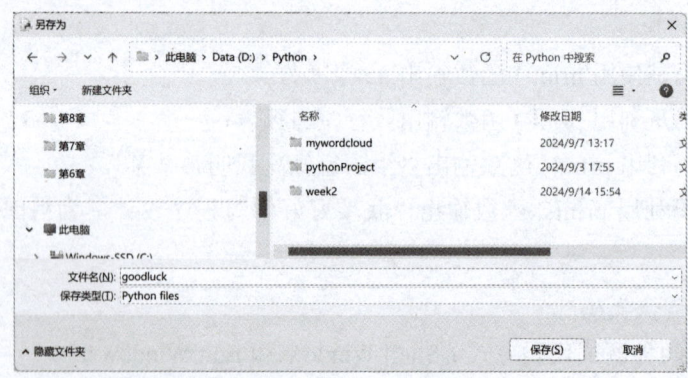

图1-28　"另存为"对话框

（3）执行代码。按功能键F5或单击Run选项卡→Run Module命令（图1-29）执行程序。如代码录入无误，系统弹出IDLE Shell 3.10.6窗口，如图1-30所示，等待用户输入姓名。这里输入自己的姓名，然后按Enter键，程序执行结果如图1-31所示。

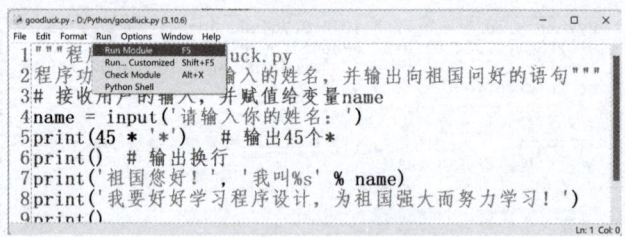

图1-29　Run Module命令

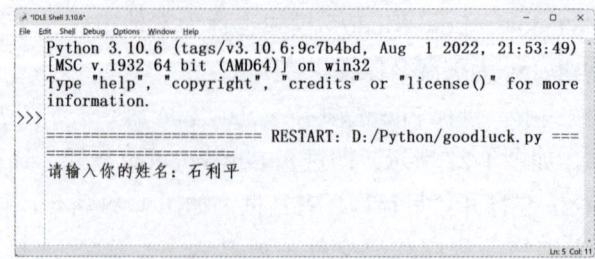

图1-30　输入姓名

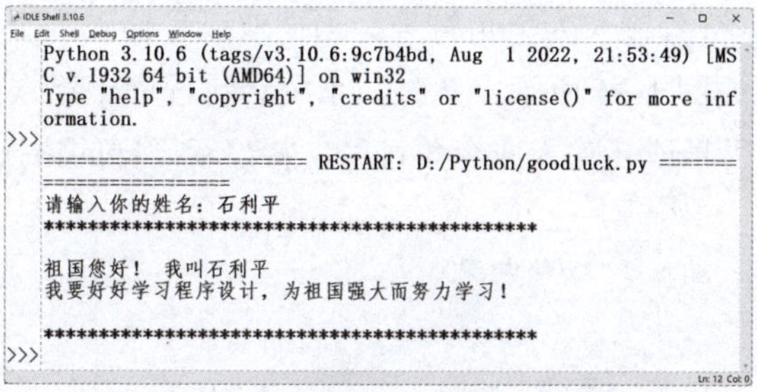

图1-31　运行结果

（4）程序常见错误。

1）缩进不正确。错误提示如图1-32所示，SyntaxError类型错误unexpected indent（意外缩进），原因是第5行代码前多了空格。系统弹出错误提示对话框时，会将错误缩进以红色突出显示。Python代码对缩进要求十分严格，不能随意在语句前添加空格。后面学习for、if、定义函数等语句时，会用到缩进。

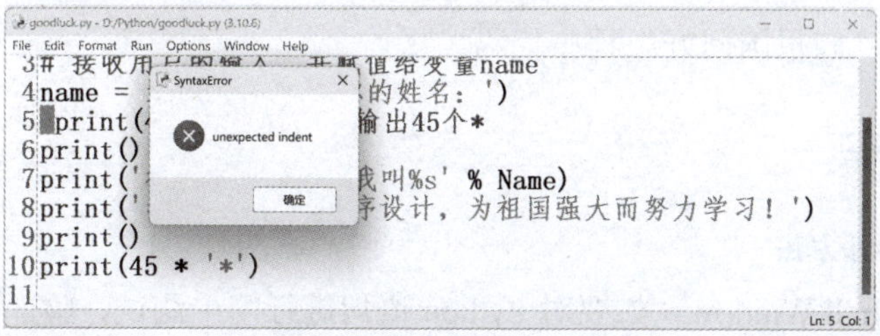

图1-32　意外缩进错误提示

2）变量前后不一致。Python语言区分大小写。Python中的变量一定要先赋值才能使用，即遵循"先定义，再使用"的原则。当程序中第7行代码不小心录入为Name，与第3行代码中的name不一致，程序执行时系统会出现NameError（名称错误）提示，如图1-33所示。

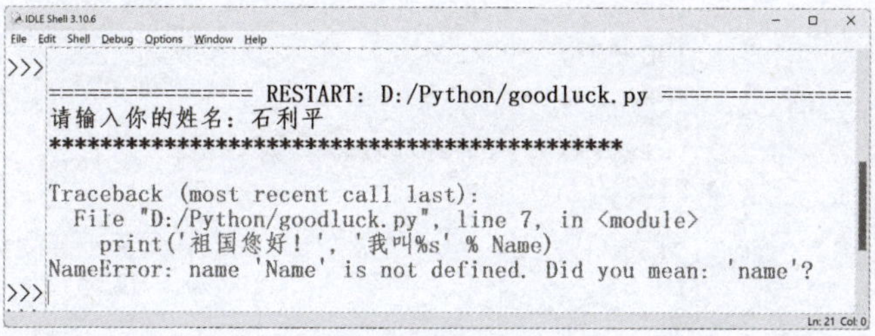

图1-33　变量错误

这里的错误提示信息以Traceback开始，有几处关键信息需要特别注意。一是提示信息第2行中列出出错文件为D:/Python/goodluck.py，出错位置在line 7（即行7）；二是提示信息第3行列出出错的代码；三是提示信息最后一行指出解释器发现的是什么样的错误。"NameError：name 'Name' is not defined. Did you mean: 'name'？"的含义为"名称错误：名称Name没有定义．你的意思是：name？"。

3）语句中的标点符号输入为全角符号。当把双引号输入为全角的双引号，会出现非法字符错误提示，如图1-34所示。此时，系统会将程序中错误的符号突出显示。同样，如果将逗号、单引号或#输入成全角符号，将显示同样的错误提示。

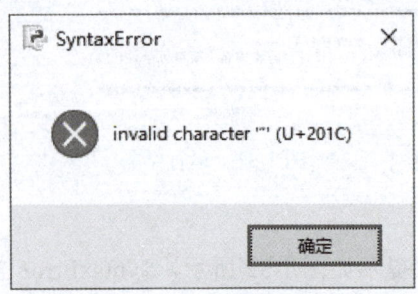

图1-34　错误提示

3. 使用 PyCharm 再来录入与调试"向祖国问好程序"代码

根据后文"相关知识"中"使用 PyCharm"的介绍，自主实现使用 PyCharm 开发环境录入与调试"向祖国问好"程序代码。

1.2.3　相关知识

1. IDLE 使用方法

IDLE 使用方法

（1）IDLE Shell Window。如要对 Python 语句进行简单测试、验证，可使用 IDLE 的交互式环境 IDLE Shell Window。

在 Windows "开始"菜单中找到 IDLE(Python 3.10 64-bit) 启动项，单击它即启动 IDLE，默认是进入 Shell Window。在 >>> 提示符右侧输入 Python 语句后，按 Enter 键，语句立即被执行。如语句无误，系统将执行语句；如语句有运行结果，系统将显示相应的执行结果；如语句有错误，系统将显示红色的错误信息。IDLE Shell Window 环境下的操作实例，如图1-35所示。

```
>>> 100+50
150
>>> 30*"*"
'******************************'
>>> 21%2
1
>>> 21/2
10.5
>>> 21//2
10
>>> 21//2.0
10.0
>>> 
10.0
>>> num1=100
>>> num2=200
>>> print(num1+num2)
300
```

图1-35　交互式环境下操作实例

"_"是 Python 交互式环境下的一个特殊变量，它保存交互式环境下的最后一个表达式的结果。上述例子中在使用"_"前，最后一个表达式是 21//2.0，所以"_"值为 10.0。

在交互模式下，如果输入以冒号结尾的语句，按 Enter 键后，下一行会显示三圆点提示"..."并向右自动缩进，提示用户输入被包含的语句。当被包含语句输入结束后，按两次 Enter 键，系统立即执行语句，如图 1-36 所示。

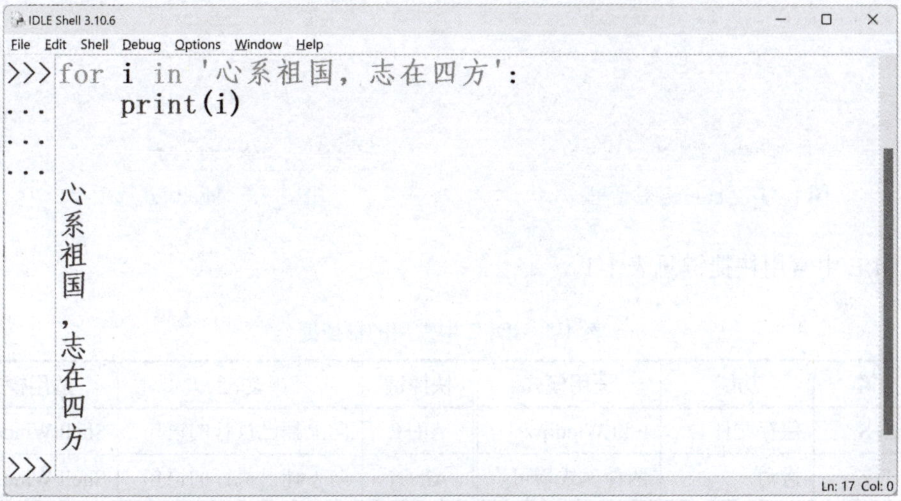

图 1-36　交互式环境下输入以冒号结尾的语句操作实例

在 IDLE 交互式方式下，如果要再次执行已经执行过的语句，可以使用 Alt+P 快捷键向上翻已经执行过的语句，使用 Alt+N 快捷键则向下翻已经执行过的语句。要特别注意在交互式环境下输入的程序代码是不能保存的。再次强调在交互式环境下代码不能保存。如果要保存代码可使用 IDLE 的 Edit Window。

（2）IDLE 的 Edit Window。启动 IDLE 后，执行 File 选项卡→ New File 命令，即进入 Edit Window。

在 Edit Window 环境下，按 Ctrl+S 快捷键可以保存文件，程序代码通常是以扩展名为 .py 的文件来保存的。

按功能键 F5，执行当前的文件代码。默认是先保存文件，再执行代码。代码执行后，结果显示在交互式模式窗口。执行 Run 选项卡→ Python Shell 菜单命令，可以从 Edit Window 切换到交互式模式窗口。

如需启动 IDLE 后，直接进入 Edit Window 窗口，可以执行 Options 选项卡→ Configure IDLE 命令，打开 IDLE 的 Settings 对话框。在 Windows 选项卡中 At Startup 选项中选择 Open Edit Window，如图 1-37 所示。在 Windows 选项卡中也可通过 Indent spaces(4 is standard) 选项更改 Python 代码缩进的空格数，默认缩进是 4 个空格。

如需在 Edit Window 窗口显示行号，可在 Settings 对话框的 Shell/Ed 选项卡中勾选 Show line numbers in new windows 选项，如图 1-38 所示。

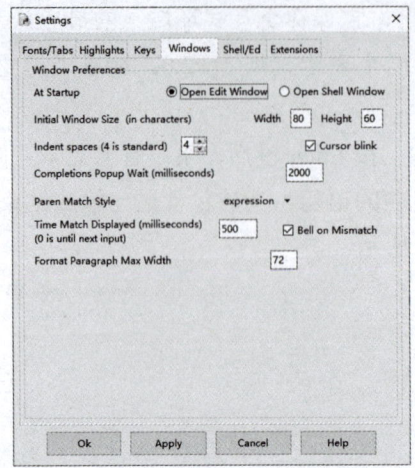

图 1-37　Settings 对话框

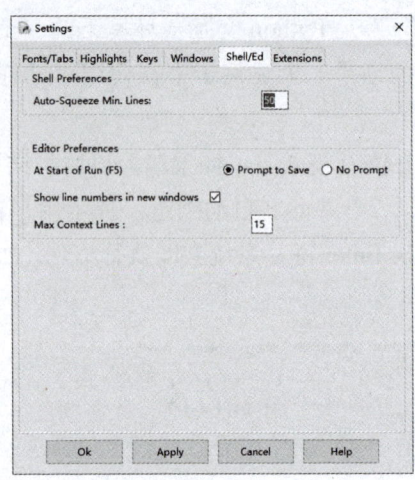

图 1-38　Shell/Ed 选项卡

IDLE 中常用快捷键见表 1-1。

表 1-1　IDLE 中常用的快捷键

快捷键	功能	适用模式	快捷键	功能	适用模式
Ctrl+S	保存文件	Edit Window	Alt+P	向上翻已执行的语句	Shell Window
Ctrl+Z	撤消	两种模式均可	Alt+N	向下翻已执行的语句	Shell Window
Ctrl+Shift+Z	恢复	两种模式均可	Ctrl+]	缩进语句块	两种模式均可
Ctrl+Q	退出 IDLE	两种模式均可	Ctrl+[	取消语句块缩进	两种模式均可
Ctrl+F6	重启 Shell	Shell Window	Alt+U	设置缩进量	两种模式均可

2. Windows Powershell 窗口运行 py 程序

在 Windows 操作系统中，在文件资源管理器窗口进入 py 文件所在文件夹中，按住 Shift 键的同时右击，在打开的快捷菜单（图 1-39）中单击 "在此处打开 Powershell 窗口"，显示 Windows Powershell 窗口。如果要执行当前目录下程序 example1-3-1.py，在命令行中输入 python example1-3-1.py，按 Enter 键即执行相应的 py 程序。

图 1-39　快捷菜单

3. Python 代码编写基本规范和规则

（1）Python 之禅。Python 之父吉多·罗苏姆为了倡导大家编写优美、简洁、易读、扩展性强的程序，而提出了 Python 之禅。大家编写程序时遵守 Python 之禅，这样便于学习交流。

Python 编程规则与规范

执行 import this 语句，Python 会显示出程序设计的基本原则，即 Python 之禅，如图 1-40 所示。

图 1-40　Python 之禅

（2）严格遵守 Python 的缩进。缩进是 Python 中一些语句之前的前导空格或制表符。缩进是一种语法，用于定义代码的结构和逻辑流程。

Python 对缩进要求十分严格，是通过缩进来表达语句间的包含关系，同一级的语句块缩进必须是一致的。默认每一级缩进是 4 个半角空格。在很多 Python 编辑器中也可使用 Tab 键添加缩进。

（3）注释的使用。

1）单行注释使用"#"开头。注释内容与"#"间隔一个空格。

2）语句尾加注释，以"#"开始，"#"与前面的语句至少间隔两个空格。

3）多行注释使用三对单引号或三对双引号。文档、模块、函数、类、方法的说明字符串一般使用三引号括号起来。

（4）空格及空行的使用。

1）操作符左右各加一个空格，如 age = 18。

2）逗号、冒号、分号前不加空格。

3）右括号前不加空格。

4）程序的各代码块间可以空两行，便于阅读。

5）一行就写一条语句，不要将多条语句写在同一行。

6）一行写一条语句，如果语句过长，则可以在行尾使用反斜杠（"\"）换行。

7）不要在程序中过多使用空行。

（5）标识符命名规则。模块名、函数名、类名、方法名、变量名都属于标识符。标识符命名要遵守以下规则和规范。

1）标识符可以使用字母、汉字、数字和下划线4种字符，但不能以数字开头。

2）变量名、函数名、模块名、包名中的英文字母一般小写。

3）类名首字母大写。

4）标识符要见名知意，以增加程序可读性。

5）尽量不使用易混淆的单个字符作为标识符，如1、l、o、0等。

6）不能使用系统关键字作为用户自定义的标识符。

7）以下划线开头的标识符有特殊意义，应避免使用。

合法的标识符有 name、student_id、Score1。

不合法的标识符有 8num、$num6、num1+n。

注意：Python 的标识符区分字母大小写。Student_id 与 student_id 是不同的标识符。

（6）下划线的特殊意义。

1）以单下划线开头的表示受保护的类属性，只可以被当前类及其子类访问，不能用 from × import * 导入，如 _width。

2）以双下线开头的标识符表示类的私有成员。如 __add。

3）以双下划线开头和结尾的是 Python 专用的标识符。如 __init__() 表示构造函数，__name__ 是 Python 中的一个特殊内置变量，用于表示当前模块的名称。

4. 使用 PyCharm

（1）双击桌面上的 PyCharm 快捷图标或"开始"菜单中 JetBrains 目录下的 Pycharm Community Edition 项，即启动 PyCharm。第一次启动 PyCharm 时，进入 PyCharm 导入配置界面，如图 1-41 所示（电脑环境不一样，界面显示内容也有差异）。这里选择第三项 Skip Import（跳过导入，也即不导入）。

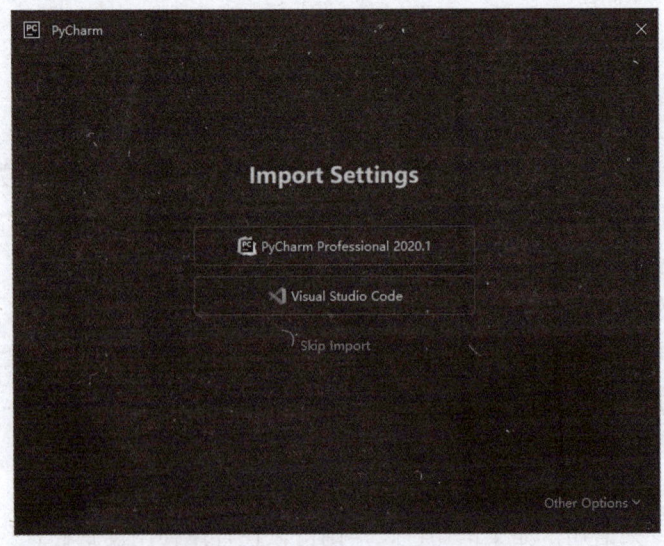

图 1-41　导入配置界面

（2）进入 Welcome to PyCharm 界面，如图 1-42 所示，单击 New Project（新项目）。

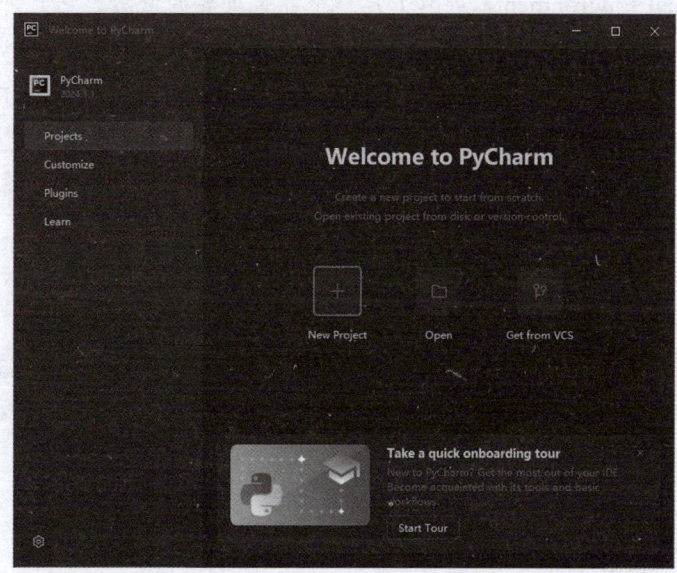

图 1-42　欢迎界面

（3）进入 New Project 界面，如图 1-43 所示。Name 项用来设置项目名称，系统会在指定的 Location 项下建立同名的文件夹来存储项目相关文件；Location 项用来设置项目创建的路径位置；Interpreter type 项用来设置 Python 解释器，这里选择的是 Custom environment（用户自定义环境）；Environment 项用来设置环境；Type 项用来设置项目类型，这里选择为 Python；Python path 项用来设置要使用的 Python 解释器，这是非常重要的步骤之一，它确保了项目能够使用正确的 Python 解释器和相关的库。各项设置好后，单击 Create 按钮，即创建相应的项目。

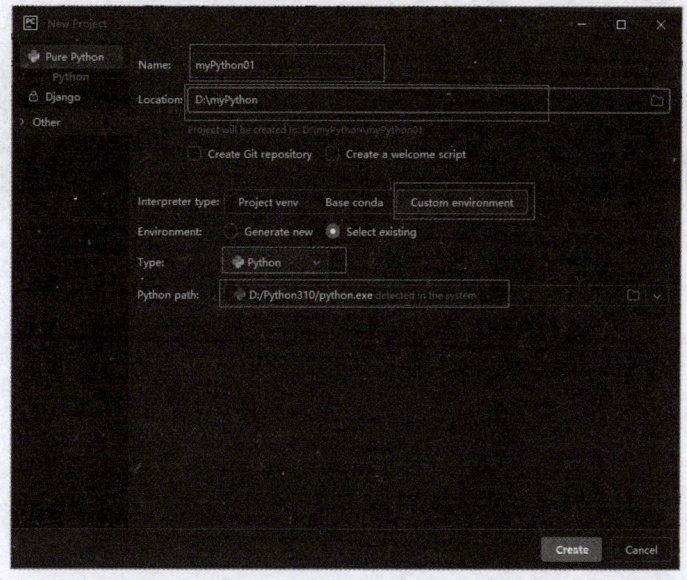

图 1-43　New Project（新项目）界面

说明： Project venv 可以理解为"项目虚拟环境"。在使用 PyCharm 进行项目开发时，虚拟环境（Virtual Environment，venv）是一个非常重要的概念。它允许你在同一个系统中为不同的项目创建独立的 Python 环境，每个环境可以有自己的 Python 解释器和安装的库（第三方包），而不会互相干扰，可避免不同项目之间的库和依赖冲突。Base conda 指的是使用 Anaconda 或 Miniconda 中带有的 Python 解释器所创建的基础（Base）环境。Conda 是一个开源的包、环境管理器，它允许用户在同一台机器上安装不同版本的软件包及其依赖，并能够在不同的环境之间轻松切换。

（4）项目创建成功后，进入 PyCharm 主窗口。在主窗口左侧，右击项目文件夹，在打开的快捷菜单中选择 New 下的 Python File 命令，如图 1-44 所示。系统弹出 New Python File 窗口，如图 1-45 所示，在 Name 处输入 py 文件主名 hello，然后按 Enter 键，即在当前项目文件夹中创建 hello.py 文件，且文件处于打开状态，在该文件中输入以下代码：

行号	代码
1	""" 程序名：hello.py """
2	print('hello World!')
3	print('I like Python!')

按 Ctrl+S 快捷键保存程序。

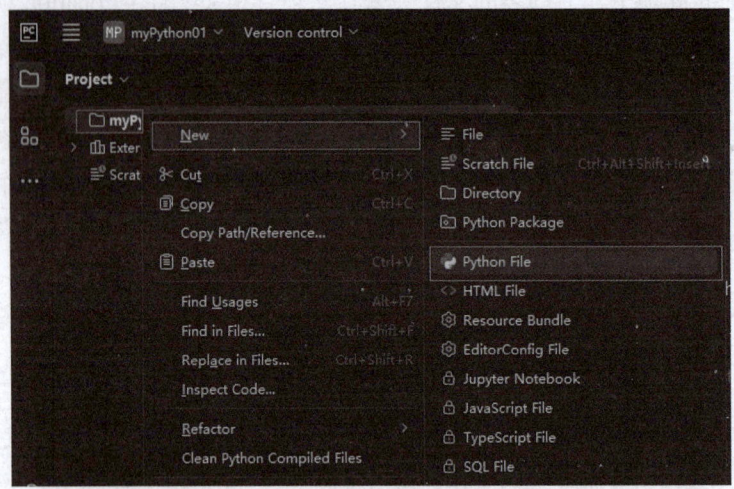

图 1-44　创建 Python File

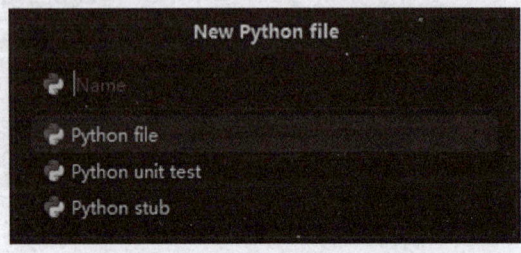

图 1-45　创建 New Python File

（5）单击窗口标题栏上的运行按钮▶，或按快捷键 Shift+F10，或在代码编辑区右击，在打开的快捷菜单中单击 Run hello 命令都可以运行该程序。程序的运行结果显示在 PyCharm 窗口下方的输出区，如图 1-46 所示。

```
Run    hello ×

D:\Python310\python.exe D:\myPython\myPython01\hello.py
hello World!
I like Python!

Process finished with exit code 0
```

图 1-46　程序运行结果

如需对 PyCharm 进行个性化设置，可以单击标题栏上的主菜单☰按钮，显示 File 菜单。在 File 菜单中选择 Settings 命令；也可按快捷键 Ctrl+Alt+S，打开 Settings 窗口。

初学者也可以选择 Help 菜单中的 Learn IDE Features 命令，如图 1-47 所示，进入 PyCharm 教程，学习 PyCharm 集成环境的使用。

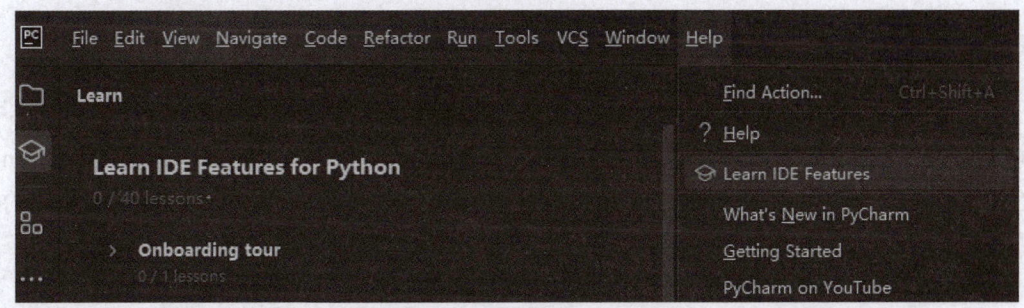

图 1-47　Learn IDE Features 命令

5. 汉化 PyCharm

如需将 PyCharm 汉化，可以安装插件 Chinese(Simplified) Language Pack（中文语言包）。

在 PyCharm 窗口单击主菜单☰或 File 菜单，在菜单中单击 Settings 命令，打开 Settings 窗口。在 Settings 窗口左侧单击 Plugins，在右侧显示的 Plugins 列表中单击 Chinese(Simplified) Language Pack 插件右侧的 Install 按钮，如图 1-48 所示。开始安装插件，安装完成后，原来的 Install 按钮变为 Restart IDE 按钮，单击该按钮重启 PyCharm，新的 PyCharm 即为汉化的 PyCharm。

图 1-48　Settings 窗口

1.2.4　拓展任务——深入学习 PyCharm 的使用

为提高大家编辑和调试 Python 程序的能力和效率，请学习 PyCharm 集成开发环境的使用，熟练掌握常用的一些快捷键。在 PyCharm 中，选择 Help 菜单中的 Learn IDE Features 命令，进入 PyCharm 集成开发环境学习教程，学习 PyCharm 集成环境的使用。

1.2.5　任务评价表

学号及姓名			日期		
任务编号	1-2		任务名称	使用 IDLE 和 PyCharm	
项目			自评	小组评价	教师评价
课堂表现	学习态度（15%）				
	沟通合作（10%）				
	课堂参与（15%）				
技能操作	使用 IDLE（20%）				
	使用 Pycharm（20%）				
	更改配置（20%）				
总分					

续表

项目	评价标准			
	90～100分	75～89分	60～74分	0～59分
学习态度	学习主动性、积极性、专注度和认真度优秀	学习主动性、积极性、专注度和认真度良好	学习主动性、积极性、专注度和认真度一般	学习主动性、积极性、专注度和认真度都需要加强
沟通合作	与同学、教师沟通能力优秀，有优秀的团队合作能力	与同学、教师沟通能力良好，有良好的团队合作能力	能与同学、教师沟通，参与团队活动	不能与同学、教师沟通，不参与团队活动
课堂参与	积极提问，大胆表达自己的看法，回答问题准确	能提出自己不同的看法，回答问题基本正确	很少提问，很少表达自己的想法，能回答教师的问题，但准确度需提升	不敢提问，不表达自己的想法，不回答教师的提问
使用IDLE	能熟练使用IDLE的交互环境和Edit Window	能较熟练使用IDLE的交互环境和Edit Window	基本会使用IDLE的交互环境和Edit Window	不会使用IDLE的交互环境和Edit Window
使用PyCharm	能熟练使用PyCharm创建项目和程序文件	能较顺利使用PyCharm创建项目和程序文件	能在他人的帮助下使用PyCharm创建项目和程序文件	不会使用PyCharm创建项目和程序文件
更改配置	能熟练更改IDLE和PyCharm常用的环境配置	能较顺利更改IDLE和PyCharm常用的环境配置	能在他人的帮助下学会更改IDLE和PyCharm常用的环境配置	不会更改IDLE和PyCharm常用的环境配置

任务1-3　输出两首古诗

1.3.1　任务单

学号及姓名		小组成员	
任务编号	1-3	任务名称	输出两首古诗
指导教师		日期	
任务概述	分别使用IDLE的Edit Window模式和PyCharm，录入下列程序，以文件名poem.py保存程序。在程序语句行数不变情况下，修改并调试程序，使程序运行结果分别如图1-49和图1-50所示。 """ 程序功能：输出两首古诗 程序名称：poem.py """ print(' 劝学 ') print(' 唐朝：颜真卿 ') print(' 三更灯火五更鸡 ')		

续表

任务概述	`print(' 正是男儿读书时 ')`
	`print(' 黑发不知勤学早 ')`
	`print(' 白首方悔读书迟 ')`
	`print()`
	`print('*' * 48)`
	
	`print(' 悯农 ')`
	`print(' 唐：李绅 ')`
	`print(' 锄禾日当午，', ' 汗滴禾下土。', ' 谁知盘中餐，', ' 粒粒皆辛苦。')`
	
	劝学
	唐朝：颜真卿
	三更灯火五更鸡，正是男儿读书时。黑发不知勤学早，白首方悔读书迟。
	**
	悯农
	唐：李绅
	锄禾日当午， 汗滴禾下土。 谁知盘中餐， 粒粒皆辛苦。
	
	图 1-49　运行结果 1
	
	劝学
	唐朝：颜真卿
	三更灯火五更鸡，正是男儿读书时。
	黑发不知勤学早，白首方悔读书迟。
	**
	悯农
	唐：李绅
	锄禾日当午，
	汗滴禾下土。
	谁知盘中餐，
	粒粒皆辛苦。
	
	图 1-50　运行结果 2

任务要求	（1）理解代码含义； （2）记录程序调试中出现的错误及解决方法； （3）熟知 print() 函数的 end 参数与 sep 参数的区别； （4）尝试更改 PyCharm IDE 环境的配色方案
心得与困惑	

1.3.2　任务实施

1．录入程序并调试

启动 IDLE，执行 File 选项卡→ New File 命令，进入 Edit Window 模式。录入程序，调试并执行程序，程序的运行结果如下：

```
悯农
唐：李绅
锄禾日当午
汗滴禾下土
谁知盘中餐
粒粒皆辛苦
```

2．修改程序并调试

将上述程序修改如下：

```
""" 程序功能：输出两首古诗
程序名称：poem.py """
print(' 劝学 ')
print(' 唐朝：颜真卿 ')
print(' 三更灯火五更鸡 ', end=', ')
print(' 正是男儿读书时 ', end='。')
print(' 黑发不知勤学早 ', end=', ')
print(' 白首方悔读书迟 ', end='。')
print()
print('*' * 50)

print(' 悯农 ')
print(' 唐：李绅 ')
print(' 锄禾日当午 ', ', ', ' 汗滴禾下土。', ' 谁知盘中餐 ', ', ', ' 粒粒皆辛苦。', sep='')
```

参数 end 是设置 print() 函数每行输出以什么结尾。默认值是换行符 \n，可以换成其他字符串。上述程序语句后 4 行分别设置每行输出的结尾字符为逗号或句号。参数 sep 用来设置各输出项间的间隔符，默认是一个半角的空格。注意 sep='' 中的 '' 是一对单引号（半角）。此时程序的运行结果与图 1-49 一致。

再修改程序如下：

```
""" 程序功能：输出两首古诗
程序名称：poem.py """
print(' 劝学 ')
print(' 唐朝：颜真卿 ')
print(' 三更灯火五更鸡 ', end=', ')
print(' 正是男儿读书时。')
print(' 黑发不知勤学早 ', end=', ')
print(' 白首方悔读书迟。')
print()
print('*' * 50)

print(' 悯农 ')
print(' 唐：李绅 ')
print(' 锄禾日当午 ', ', ', ' 汗滴禾下土。', ' 谁知盘中餐 ', ', ', ' 粒粒皆辛苦。', sep='\n')
```

上述最后一行语句中的 \n 是转义字符，表示换行。

此时程序再运行，其运行结果与图 1-50 一致。

Python 基本输入输出

1.3.3 相关知识

编写的程序一般都是来处理数据的，基本遵循输入数据、处理数据和输出数据这个流程，这就形成了基本的程序设计模式——IPO 模型。

（1）I 即 Input（输入）。程序一般是首先获取数据。程序获取数据称为数据的输入。根据数据来源不同，获取数据常见有以下几种方式：

1）内部变量输入。程序编写时，声明变量并赋值，这些变量作为输入数据。

2）随机数据输入。程序调用随机数函数或特定的随机数生成程序生成随机数，这些随机数作为输入数据。

3）控制台输入。通过控制台执行程序，可以使用编程语言提供的接收用户从控制台输入数据的语句或函数等。接收用户的输入数据，一般都会有输入数据的提示信息。在 Python 编程中，可以使用 input() 函数接收用户从控制台输入的数据。

4）文件输入。程序读取文件内容，将文件存储的内容作为输入数据。

5）网络输入。程序从网络接口中获取数据，作为程序的输入数据。

6）可视化窗口界面。通过程序创建的窗体界面获取用户的输入或选择等，作为程序的输入数据。

（2）P 即 Process（处理）。处理即程序对输入数据的处理逻辑，实现程序的功能，是程序的核心部分，也称为程序的算法。

（3）O 即 Output（输出）。输出是程序对数据处理后的结果进行显示或反馈给用户，常有以下几种方式：

1）系统内部变量输出。将程序处理后的数据保存到系统的内部变量，如线程、管道等。

2）控制台输出。程序通过输出语句将结果显示在显示器上，如在 Python 中可以使用 print() 函数将结果输出到显示器。

3）文件输出。程序将数据写入已有文件或生成新文件保存数据。

4）网络输出。程序通过访问网络接口，将数据传输到网络上。

5）图形输出。根据程序处理后的数据，以图形方式展示给用户。

下文介绍几个常见的函数。

1. print() 函数

print() 函数用于打印输出，是很常用的一个函数。该函数语法如下：

print(value, ... , sep=' ', end='\n', file=sys.stdout, flush=False)

- value：要输出的对象。输出多个对象时，各对象间用半角的逗号（,）分隔。
- sep：用来间隔多个输出对象，默认值是一个空格。
- end：用来设定输出行以什么结尾。默认值是换行符 \n，可以换成其他字符串。
- file：设置输出内容要写入的文件对象，默认为系统标准输出。系统标准输出是输出到屏幕。
- flush：用于控制是否立即刷新缓冲区数据到输出设备。在默认情况下（即 flush=False），只有当 print() 函数遇到换行符或者缓冲区满时，输出信息才会被发送到输出设备。如果设置 flush 值为 True，执行 print() 函数时，不等到缓冲区满或是否遇到换行符，输出信息都会立即输出到输出设备上。

参数 sep、end、file、flush 必须以关键字参数的形式传递实际参数（简称实参），示例如下：

>>> print(100, 200, 300, ' 好好学习，天天向上 ')
　　100 200 300 好好学习，天天向上
>>> print(100, 200, 300, ' 好好学习，天天向上 ', sep = '; ')   # 设置输出对象的间隔为；

```
    100;200;300; 好好学习，天天向上
>>> print(100, 200, sep=';', end='@@@'); print(300, sep='***')
    100;200@@@300
```

如果一行要输入多条代码语句（一般不建议这样输入），各语句间用分号间隔。上面最后一行代码 print(300, sep='***') 中的 sep='***' 没起作用，是因为这条 print() 函数中的输出项就一个。

下列几行代码的作用是将 print() 函数的输出写入 d:\lianxi.txt 文件中。

```
>>> f = open('d:\\lianxi.txt', 'w+')     # open() 函数是打开文件，w+ 表示打开文件模式
>>> print(100, 200, 300, sep='; ', end='***', file=f)    # 设置分隔符为;，行结束符为***
>>> print(' 好好学习，天天向上！', file=f)              # 设置输出内容写入文件
>>> print(' 少壮不努力，', file=f)
>>> print(' 老大徒伤悲！', file=f)
>>> f.close()     # 关闭文件
```

上述代码执行后，在 D 盘根目录下生成文件 lianxi.txt，该文件内容如图 1-51 所示。

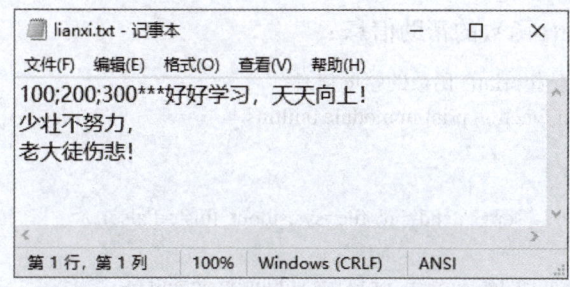

图 1-51   lianxi.txt 文件内容

注意：本书中代码前如有 >>> 提示符，表示该代码是在交互式模式下执行的。

2. input() 函数

input() 函数用于接收用户的输入，默认接收的是键盘输入。它的返回值是用户输入的内容（不包括最后按的 Enter 键），其返回值类型为字符串。该函数语法如下：

```
input([prompt])
```

prompt 为提示性内容，默认值为 None。

input() 函数在编写交互式程序时非常有用，因为程序在执行该语句时会暂停执行，显示提示性内容并等待用户输入。用户输入内容后，按 Enter 键表示输入结束，然后程序继续执行后面的语句。示例如下：

```
>>> num = input(' 请输入一个数：')
    请输入一个数：180
>>> num     # 查看 num 的值
    '180'
>>> type(num)     # type() 查看对象的数据类型
    <class 'str'>
>>> name = input(' 请输入你的姓名：')
    请输入你的姓名：李利
```

```
>>> print(name, num)
李利 180
```

3. help() 函数

help() 函数用于查看数据类型、函数或模块用途的详细说明。该函数语法如下：

```
help([object])
```

object 为可选参数，指定要获取帮助信息的对象。如果不传递任何参数，则会启动交互式帮助模式，允许用户浏览和搜索 Python 文档。

如在命令提示符右侧输入 help(str)，然后按 Enter 键，如图 1-52 所示，可查看 str 数据类型的帮助信息。

```
>>> help(str)
    Squeezed text (444 lines).
>>> Double-click to expand, right-click for more options.
```

图 1-52　查看 str 数据类型的帮助信息

例如，查看 print() 函数的帮助信息：

```
>>> help(print)   # 查看 print() 函数的帮助信息
Help on built-in function print in module builtins:

print(...)
    print(value, ..., sep=' ', end='\n', file=sys.stdout, flush=False)

    Prints the values to a stream, or to sys.stdout by default.
    Optional keyword arguments:
    file:  a file-like object (stream); defaults to the current sys.stdout.
    sep:   string inserted between values, default a space.
    end:   string appended after the last value, default a newline.
    flush: whether to forcibly flush the stream.
```

4. dir() 函数

dir() 函数不带参数时，返回当前范围内的变量、方法和定义的类型列表；带参数时，返回参数的属性、方法列表。

```
dir([object])
```

object 为可选参数，指定要获取帮助信息的对象。

```
>>> dir(str)  # 查看字符串类型的属性和方法
['__add__', '__class__', '__contains__', '__delattr__', '__dir__', '__doc__', '__eq__', '__format__',
'__ge__', '__getattribute__', '__getitem__', '__getnewargs__', '__gt__', '__hash__', '__init__', '__init_
subclass__', '__iter__', '__le__', '__len__', '__lt__', '__mod__', '__mul__', '__ne__', '__new__', '__
reduce__', '__reduce_ex__', '__repr__', '__rmod__', '__rmul__', '__setattr__', '__sizeof__', '__str__', '__
subclasshook__', 'capitalize', 'casefold', 'center', 'count', 'encode', 'endswith', 'expandtabs', 'find', 'format',
'format_map', 'index', 'isalnum', 'isalpha', 'isascii', 'isdecimal', 'isdigit', 'isidentifier', 'islower', 'isnumeric',
'isprintable', 'isspace', 'istitle', 'isupper', 'join', 'ljust', 'lower', 'lstrip', 'maketrans', 'partition', 'removeprefix',
'removesuffix', 'replace', 'rfind', 'rindex', 'rjust', 'rpartition', 'rsplit', 'rstrip', 'split', 'splitlines', 'startswith', 'strip',
'swapcase', 'title', 'translate', 'upper', 'zfill']
```

1.3.4 拓展任务——接收与输出用户信息

试编写程序接收用户输入的姓名及年龄，然后将姓名及年龄输出。

1.3.5 任务评价表

学号及姓名			日期		
任务编号	1-3		任务名称	输出两首古诗	
	项目		自评	小组评价	教师评价
课堂表现	学习态度（15%）				
	沟通合作（10%）				
	课堂参与（15%）				
技能操作	程序录入（20%）				
	程序调试（20%）				
	程序修改（20%）				
	总分				
评价标准					
项目	A		B	C	D
学习态度	学习主动性、积极性、专注度和认真度优秀		学习主动性、积极性、专注度和认真度良好	学习主动性、积极性、专注度和认真度一般	学习主动性、积极性、专注度和认真度都需要加强
沟通合作	与同学、教师沟通能力优秀，有优秀的团队合作能力		与同学、教师沟通能力良好，有良好的团队合作能力	能与同学、教师沟通，参与团队活动	不能与同学、教师沟通，不参与团队活动
课堂参与	积极提问，大胆表达自己的看法，回答问题准确		能提出自己不同的看法，回答问题基本正确	很少提问，很少表达自己的想法，能回答教师的问题，但准确度需提升	不敢提问，不表达自己的想法，不回答教师的提问
程序录入	能熟练创建项目和程序，录入程序速度快		能较熟练创建项目和程序，录入程序较顺利	会创建项目和程序，录入程序较慢	创建程序与录入程序不熟练
程序调试	能顺利调试程序，能熟练使用互联网查找帮助		能较顺利调试程序，能较熟练使用互联网查找帮助	能在他人的帮助下调试程序和查找帮助	不会调试程序，不会查找帮助
程序修改	能顺利完成程序修改		能较顺利地完成程序修改	能在他人的帮助下完成程序修改	不会按要求完成程序修改

匠心铸魂领航——中国计算机的主奠基者华罗庚教授

新中国成立后，华罗庚毅然放弃美国优厚待遇，毅然归国，途中他曾写了一封致留美学生的公开信，其中说："为了抉择真理，我们应当回去；为了国家民族，我们应当回去；为了服务人民，我们应当回去；就是为了个人出路，也应当早日回去，建立我们工作的基础，为我们伟大祖国的建设和发展而奋斗。"华罗庚归国的最大志愿就是发展中国科技。当时的计算机在世界范围内兴起，有一次，华罗庚得到机会，参观了计算机之父冯·诺依曼（Von Neumann）的实验室。这让他大受触动，立志一定要搞出中国自己的电子计算机。

匠心铸魂领航——中国计算机的主奠基者

1952年，华罗庚教授从清华大学电机系选拔了闵乃大、夏培肃和王传英三位优秀科研人员，在中国科学院应用数学研究所创建了中国首个电子计算机科研小组，为中国计算机事业的起步奠定了坚实基础。1956年，中国科学院为进一步发展计算机技术，决定筹建计算技术研究机构。华罗庚再次勇挑重担，担任筹备委员会主任。在他的卓越领导下，科研团队面对重重挑战，不断攻坚克难，取得了一系列重要突破，为中国计算机事业的蓬勃发展奠定了基础。

练 习 题

一、简答题

1. 脚本语言与编译语言的主要区别是什么？常见的脚本语言和编译语言有哪些？
2. Python 语言主要特点是什么？Python 语言主要用于哪些领域？
3. 请简述 IDLE 提供的两种编程环境及它们的区别。
4. 在 IDLE 交互环境下，输入并执行下列语句，思考分析语句结果。

行号	代码
1	' 一份辛劳，一份收获 '
2	print(' 一份辛劳，一份收获 ')
3	9 / 5
4	9 // 5
5	9.0 // 5
6	9 // 5.0
7	9.0 % 5
8	9 % 5
9	age = input(' 年龄：')
10	age
11	print(100, 500, 600, age, sep='@')
12	print(age * 5)
13	print(10 * 5)
14	print('@@@' * 5)

二、单项选择题

1. Python 语言编写的程序代码源文件的扩展名是（　　）。
   A．.py　　　　　B．.jpg　　　　　C．.txt　　　　　D．.exe

2. 下列关于 Python 程序格式的描述中，错误的是（　　）。
   A．缩进表达了所属关系和代码块的所属范围
   B．注释可以在一行中的任意位置开始，这一行都会作为注释不被执行
   C．进行赋值操作时，在运算符两边各加上一个空格可以使代码更加清晰明了
   D．文档注释的开始和结尾使用了三重单引号或三重双引号

3. 下列关于 Python 缩进的描述中，错误的是（　　）。
   A．判断、循环、函数等语法形式能够通过缩进包含一批 Python 代码，进而表达对应的语义
   B．Python 语言中采用严格的缩进来表明程序代码不可嵌套
   C．单层缩进代码属于之前最邻近的一行非缩进代码，多层缩进代码根据缩进关系决定所属范围
   D．缩进指每行代码前面的留白部分，用来表示代码之间的层次关系

4. 如果 Python 程序执行时产生了 unexpected indent 错误，其原因可能是（　　）。
   A．代码使用了错误的保留字　　　　B．代码缩进不正确
   C．代码中有变量未赋初值　　　　　D．代码进入了死循环状态

5. 下列符合 Python 语言标识符命名规则的是（　　）。
   A．!TOM　　　　B．turtle　　　　C．15_2　　　　D．(ABC)

6. 下列关于 Python 语言技术特点的描述中，错误的是（　　）。
   A．对需要更高执行速度的功能，如数值计算和动画，Python 语言可调用 C 语言编写的底层代码
   B．Python 语言是解释执行的，因此执行速度比编译型语言慢
   C．Python 比大部分编程语言具有更高的软件开发产量和简洁性
   D．Python 是脚本语言，主要用作系统编程和 Web 访问的开发语言

7. 下列不是 Python 保留字的是（　　）。
   A．continue　　　B．True　　　　C．none　　　　D．in

8. 下列不是 Python 语言特点的是（　　）。
   A．语法简洁　　　B．执行速度快　　C．支持中文　　　D．生态丰富

9. 下列关于 Python 的缩进的描述中，正确的是（　　）。
   A．缩进是非强制的，仅为了提高代码可读性
   B．缩进统一为 4 个空格
   C．缩进可以用在任何语句之后，表示语句间的包含关系
   D．缩进在程序中长度统一且强制使用

10. 下列代码的输出结果是（　　）。
    print(100, 200, sep=';')
    A．100 200　　　B．100;200　　　C．100200　　　D．100;200;

模块 2 基本数据类型

学习目标

★ 掌握 Python 数据类型的分类，认识基本的数据类型
★ 知道什么是变量和常量
★ 掌握赋值语句
★ 掌握数字类型，熟练使用运算符实现常见的数值运算
★ 会定义字符串，熟练使用字符串常用方法和函数
★ 会格式化字符串，会使用字符串切片

任务 2-1 输出个人信息

2.1.1 任务单

学号及姓名		小组成员	
任务编号	2-1	任务名称	输出个人信息
指导教师		日期	
任务概述	编写"输出个人信息"的程序，程序名为 example211.py，程序编写要求如下： （1）为程序添加合适的注释信息； （2）定义与个人信息相关的变量，如姓名、性别、年龄、身高等； （3）输出个人信息，参考格式如图 2-1 所示 　　*******输出个人信息******* 　　姓名：张建国 　　年龄：18 　　性别：男　　身高：178 　　　　　图 2-1　程序运行结果		
任务要求	（1）理解代码含义； （2）记录程序调试中出现的错误及解决方法； （3）尝试修改程序，实现使用 input() 函数接收用户输入的个人信息		
心得与困惑			

2.1.2 任务实施

1. 编程分析

根据编程的 IPO 方法，可以将程序思路描述如下：

（1）输入数据。本任务中的输入数据是在程序中直接给各变量赋值。

（2）处理数据。本任务中不需要对数据特别处理。

（3）输出数据。将处理后的数据使用 print() 函数输出到控制台。

2. 程序代码

```
行号    代码
1      """ 程序名：example211.py；功能：输出个人信息 """
2      name = ' 张建国 '                              # 给变量 name 赋值为 ' 张建国 '
3      age = 18                                      # 给变量 age 赋值为 18
4      sex = ' 男 '
5      height = 1.78
6      print('{:*^20}'.format(' 输出个人信息 '))        # 使用 format 方法来格式化输出
7      print()                                        # 输出换行
8      print(f' 姓名：{name}')                         # 使用简洁格式输出姓名
9      print(F' 年龄：{age}')
10     print(' 性别：{0:^4} 身高：{1:<6}'.format(sex, height))
```

3. 代码解释

第 2、3、4、5 行均是赋值语句，是使用赋值运算符分别给变量 name、age、sex 和 height 赋值。name 和 sex 为字符串类型，age 和 height 为数字类型；age 为整数，height 为浮点型。

第 6 行代码是使用 print() 函数来输出字符串 ' 输出个人信息 '，使用了 format 方法格式化字符串。

第 7 行代码 print() 的功能是输出换行。

第 8 行使用 f（也可是 F）引领的字符串格式化，字符串中使用 {} 标明被格式化的变量，语句将会以变量的值或表达式的值替换相应 {} 内的变量或表达式。"f' 姓名：{name}'" 这段字符串的运行结果是 ' 姓名：张建国 '，然后 print() 函数会将该结果输出。

第 10 行使用 format 方法格式化字符串，然后用 print() 函数输出。

注意：方法的调用格式为"对象.方法(参数)"。对象与方法间的圆点不能少，圆点是半角符号，不能写成别的符号。

4. 程序常见错误

（1）invalid syntax 错误。invalid syntax 中文含义为无效语法，如图 2-2 所示。此处错误是 format 方法前少输入了圆点（.）。

（2）NameError 错误。从图 2-3 第 2 行的提示中可以看出错误位置在 line 9，即代码中的第 9 行。错误提示的第 3 行显示出错的代码为"print(F' 年龄：{agr}')"。第 4 行显示出错的原因"NameError: name 'agr' is not defined"，其对应中文含义为"名称错误：

名称 'agr' 没有声明"，很明显是变量名 agr 写错了，应改为 age。

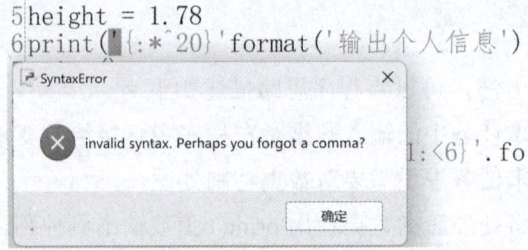

图 2-2　错误提示

```
Traceback (most recent call last):
  File "D:/Python2024/example211.py", line 9, in <module>
    print(F'年龄：{agr}')
NameError: name 'agr' is not defined. Did you mean: 'age'?
```

图 2-3　NameError 错误提示

2.1.3　相关知识

1. 变量

编写程序时，常需要用到一些临时数据。程序运行时，这些临时数据是保存在计算机内存中，为了方便访问这些内存中的数据，编程语言都提供了变量。变量是占用内存空间的数据存储区域。

Python 中的变量与 Java、C 和 C# 等语言不同，Python 中的变量是通过赋值运算来创建的，不需要先声明变量名及类型。Python 中的变量类型是可以改变的，变量类型是由变量的值决定的。Python 中的变量存储的是数据的内存地址或引用，而不是直接存储数据。例如赋值语句 "age = 10" 的执行过程：首先在内存中为数据 10 分配存储空间（假如地址为 2158797351504），然后创建变量 age 指向这个地址 2158797351504。

函数 id(变量名) 可以返回变量所指向的地址值。示例如下：

```
>>> age =10
>>> print(id(age))
2158797351504
```

说明：上述显示的地址值会因数据存储位置不同而不同。

变量的命名一定要遵守 Python 的标识符的命名规则，除此之外还要注意以下事项：

（1）变量名区别大小写字母。如 Age 与 age 是不同的变量名。

（2）变量要简短且有描述性，如 student_age 比 s_a 好。

（3）变量名中最好不要使用中文。

（4）变量名不能与 Python 内置的保留字相同。

（5）变量名中不能有空格，可以使用下划线来分隔变量名中的单词，如 student_name。

在编程语言中有特殊含义的英文单词称为"保留字"，也称为"关键字"。执行下列两条命令，可以显示 Python 全部的保留字。

>>> import keyword   # 导入 keyword 库
>>> keyword.kwlist
　　['False', 'None', 'True', 'and', 'as', 'assert', 'async', 'await', 'break', 'class', 'continue', 'def', 'del', 'elif', 'else', 'except', 'finally', 'for', 'from', 'global', 'if', 'import', 'in', 'is', 'lambda', 'nonlocal', 'not', 'or', 'pass', 'raise', 'return', 'try', 'while', 'with', 'yield']

上述的保留字共有 35 个，除了前三个 False、None 和 True 的第一个字母大写，其他关键字全为小写。

2. 常量

常量即在编程时，使用它字面意义上的值或内容。如 59, 100 就表示它字面上的意义，它的值是不能改变的；如"Life is short，use python"是一个字符串常量；如 False、True 是 Python 中 bool 类型的常量，分别表示假和真，不可以改变。

在本任务的代码中张建国、男、18、1.78 都是常量。

3. 数据类型

现实中的数据是有明显的分类，如银行存款利率是有限小数，数学中的 π 是无限不循环小数，年龄是非负整数，姓名一般是文本等。为了表示和区分这些各种各样的数据，编程语言对数据进行了分类，设计出各种各样的数据类型。

Python 中的数据类型，根据数据存储形式划分为简单数据类型（数字类型和字符串 str）和相对复杂的组合类型。数字类型（number）分为 int（整型）、float（浮点型）、bool（布尔类型）、complex（复数）。组合类型分为 list（列表）、tuple（元组）、dict（字典）和 set（集合）。

Python 中的变量可以接收任何类型的数据。Python 的变量类型指的是该变量所指向的内存存储的数据的类型。使用 type() 函数可以查看数据的类型，使用格式如下：

type(object)

type() 函数的功能为查看对象 object 的数据类型。示例如下：

```
>>> x = 90 ; y=89.67
>>> type(x)
    <class 'int'>
>>> type(y)
    <class 'float'>
>>> type(False)
    <class 'bool'>
>>> type(" 数学：100")
    <class 'str'>
>>> type([10, 20, 30])
```

```
              <class 'list'>
>>> type({10, 20, 30})
              <class 'set'>
>>> type({"name": " 张华 ", "score": 95})
              <class 'dict'>
```

4. 赋值语句

赋值语句格式如下：

变量名 = 表达式

赋值语句

= 为赋值运算符，变量名在 = 的左侧，表达式在 = 的右侧。

赋值语句将执行两个动作：一是将表达式值存储在内存单元中；二是将变量指向该内存单元。

表达式是用圆括号、数字、字符串、变量、函数和各类运算符号等组合在一起的式子，其目的是计算并返回一个值如"45 + 100 * 2""a >= b"等。

例如给变量 score 赋值 98，其对应的赋值语句如下：

score = 89

赋值语句的形式有多种，如下所示：

（1）整体赋值。示例如下：

```
>>> age = 18
>>> name = ' 李明 '
>>> lt = [100, 200, ' 李明 ']
```

（2）序列分解赋值。示例如下：

```
>>> age, name = 18, 'tom'
>>> print(age, name)
    18 tom
>>> age, name = (18, 'tom')
>>> print(age, name)
    18 tom
>>> (age, name) = (18, 'tom')           # 元组分解赋值，赋值号两端元组的项数要一致，否则会错
>>> print(age, name)
    18 tom
>>> (a, b, c) = (10, 30, 30, 50)
    Traceback (most recent call last):
      File "<pyshell#0>", line 1, in <module>
        (a, b, c) = (10, 30, 30, 50)
    ValueError: too many values to unpack (expected 3)
>>> (a, b, *c) = (10, 20, 30, 50)       # 变量名前加上一个 *，该变量就可以收集多余的元素
>>> c                                    # c 值为一个列表
    [30, 50]
>>> m, n = [90, 80]
```

```
>>> print(m, n)
    90 80
>>> a, b, c = '李光明'
>>> print(a, b, c , sep = '@')        # 输出 a、b、c 变量的值，各值间的间隔符为 @
    李 @ 光 @ 明
>>> a, b = b, a                       # 利用分解赋值可以交换两个变量的值
>>> print(a, b)
    光 李
```

（3）链式赋值。链式赋值也称为多重赋值，是指在一行语句中给多个变量赋相同的值。这时多个变量指向同一个数据存储的位置，语句执行时从右向左执行。

```
>>> num1 = num2 = 56    # 等价于 num2 = 56 和 num1 = num2 两条语句
```

（4）增强赋值。增强赋值常用的运算符：+=、-=、*=、/=、//=、%=、**=、^=、&=、|=、<<=、>>=。

```
>>> num1 = num2 = 20
>>> num1 += 10              # 等价于 num1 = num1+10
>>> num1
    30
>>> num2 *= num1 + 10       # 等价于 num2 = num2 * (num1 + 10)
>>> num2
    800
>>> num2 //= 15 + num1      # 等价于 num2 = num2 // (15 + num1)
>>> num2
    17
```

（5）扩展解包赋值。扩展解包赋值允许在赋值时使用星号（*）来收集多余的元素到列表中，或使用双星号（**）来收集关键字参数到字典中。使用双星号收集只能在函数调用时使用，这一点会在后文函数参数传递中学习。

```
>>> *x, y = 100, 200, 300, 400
>>> x
    [100, 200, 300]
>>> y
    400
>>> s1, *s2, s3 = '君子以自强不息'
>>> print(s1, s2, s3, sep='***')
    君 ***[' 子 ',' 以 ',' 自 ',' 强 ',' 不 ']*** 息
```

2.1.4 拓展任务——输出个人手机信息

编写程序输出个人手机相关信息，如手机品牌、手机尺寸、手机型号、内存容量等信息。

2.1.5 任务评价表

学号及姓名			日期	
任务编号	2-1		任务名称	输出个人信息
	项目	自评	小组评价	教师评价
课堂表现	学习态度（15%）			
	沟通合作（10%）			
	课堂参与（15%）			
技能操作	程序创建（20%）			
	程序编写（20%）			
	程序调试（20%）			
	总分			
评价标准				
项目	90～100分	75～89分	60～74分	0～59分
学习态度	学习主动性、积极性、专注度和认真度优秀	学习主动性、积极性、专注度和认真度良好	学习主动性、积极性、专注度和认真度一般	学习主动性、积极性、专注度和认真度都需要加强
沟通合作	与同学、教师沟通能力优秀，有优秀的团队合作能力	与同学、教师沟通能力良好，有良好的团队合作能力	能与同学、教师沟通，参与团队活动	不能与同学、教师沟通，不参与团队活动
课堂参与	积极提问，大胆表达自己的看法，回答问题准确	敢于提问，能提出自己不同的看法，回答问题基本正确	很少提问，很少表达自己的想法，能回答教师的问题，但准确度需提升	不敢提问，不表达自己的想法，不回答教师的提问
程序创建	能熟练创建项目和程序，录入程序速度快，能熟练使用赋值语句	能较熟练创建项目和程序，录入程序较顺利，能较灵活使用赋值语句	会创建项目和程序，录入程序较慢，基本会使用赋值语句	创建项目、程序与录入程序不熟练
程序编写	能熟练完成代码编写	能较好完成代码编写	能在他人的帮助下基本完成代码编写	不能完成程序代码编写
程序调试	能顺利调试程序，能熟练使用互联网查找帮助	能较顺利调试程序，能较熟练使用互联网查找帮助	能在他人的帮助下调试程序和查找帮助	不会调试程序，不会查找帮助

任务 2-2　求两个数的加减乘除

数字类型是 Python 编程中基本数据类型，它主要包括整数、浮点数、复数和布尔类型。

2.2.1 任务单

学号及姓名		小组成员	
任务编号	2-2	任务名称	求两个数的加减乘除
指导教师		日期	
任务概述	编程实现：接收用户输入的两个数，并将其分别保存在变量 num1、num2 中，然后求出这两个数和、差、积、商、商的整数部分及余数、num1 的 3 次幂并输出，比较两个数的大小并输出结果。请使用字符串格式化来美化程序输出，程序输出结果要清晰、美观，程序命名为 calculate.py		
任务要求	（1）为程序语句适当添加注释； （2）记录程序调试中出现的错误及解决方法； （3）程序代码要符合 Python 代码编写基本规范和规则		
心得与困惑			

2.2.2 任务实施

1. 编程分析

根据编程的 IPO 方法，可以将程序思路描述如下：

（1）输入数据。首先使用 input() 函数接收用户输入的两个数据。因为 input() 函数的返回值是字符串类型，而程序中所需要的数据是数值型，所以先要将接收的数据转换为数值型，才可以进行相应的计算。可使用 eval() 函数将 input() 函数的返回值首尾两端的引号去掉。

（2）处理数据。本任务中对数据的处理主要包括求出两个数的和、差、积、商、商的整数部分及余数，可以分别使用运算符 +、-、*（乘号）、/、//（整除）、%（求余）来实现。num1 的 3 次幂使用 **（幂运算）运算符，比较两个数的大小使用比较运算符来实现。

（3）输出数据。将处理后的数据使用 print() 函数输出到控制台。

2. 程序代码

行号	代码
1	# 程序功能：计算两个数的 +、-、*、/ 等运算，程序名称：calculate.py
2	print(' 程序功能：计算两个数的 +、-*、/ 等运算 ')
3	num1 = eval(input(' 请输入第一个数 : '))
4	num2 = eval(input(' 请输入第二个数 : '))
5	print(num1, '+', num2, '=', num1 + num2) # 这种写法较烦琐，最好使用字符串格式化
6	num3 = num1 - num2 # 求出 num1 减去 num2 的值并赋值给 num3
7	print(f'{num1}-{num2}={num3}')
8	num3 = num1 * num2 # 求出 num1 乘 num2 的值并赋值给 num3
9	print(F'{num1}*{num2}={num3}')

```
10    num3 = num1 / num2
11    print('%-4d/%-4d = %-4f' % (num1, num2, num3))
12    num3 = num1 // num2
13    print("{}//{}={}".format(num1, num2, num3))
14    print("{0:<4d} % {1:<4d} = {2:^4d}".format(num1, num2, num1 % num2))
15    print("{:<4d} 的三次幂 ={:<4d}".format(num1, num1**3))
16    print("100>33 值为 ", 100 > 33)
```

3. 程序运行结果

以文件名 calculate.py 保存程序，然后按 F5 键运行程序。这里输入第一个数是 100，第二个数为 30，执行结果如下：

```
程序功能：计算两个数的 +、-*、/ 等运算
请输入第一个数 : 100
请输入第二个数 : 33
100 + 33 = 133
100-33=67
100*33=3300
100 /33   = 3.030303
100//33=3
100 ％ 33   = 1
100 的三次幂 =1000000
100>33 值为 True
```

可以再次执行程序，输入其他的数据试试。

2.2.3 相关知识

1. 数字（Digital）

在编程中，常会用到数字。Python 语言中的数字分为 int（整数）、float（浮点数）、complex（复数）和 bool（布尔类型）。

（1）int（整数）。

Python 中的整数常量有多种表现形式。当数很大时，可使用下划线来将数中的数字分组。整数也可以用十进制、二进制、八进制、十六进制来表示，默认数都是十进制数，其他进制可以加前缀来区分，见表 2-1。

表 2-1　整数的 4 种进制表示方法

进制种类	前缀	举例
十进制	无	100，-390
二进制	0b 或 0B	0b1101，0B1011
八进制	0o 或 0O	0o273，0O120
十六进制	0x 或 0X	0x102A，0X12EF

Python 中不同的进制的整数之间进行运算或比较，运算结果是以十进制方式显示，比较结果为 False 或 True。整数的使用举例如下：

```
>>> num1 = 134
>>> num2 = 0b1101        # 给变量 num2 赋值一个二进制数 1101
>>> num3 = 0x2A          # 给变量 num3 赋值一个十六进制数 2A
>>> print(F"num1={num1}, num2={num2}, num3={num3}, num1+num2 = {num1 + num2} ")
    num1=134, num2=13, num3=42, num1+num2 = 147
>>> num4 = 12_000_000    # 数很大可使用下划线来将数中的数字分组
>>> print(num4)          # 输出有下划线定义的数时，下划线不会输出
    12000000
>>> num1 > num2
    True
>>> num4 < num1
    False
```

（2）float（浮点数）。

浮点数是带有小数的数值，与数学中的实数概念一样。Python 中的浮点数有两种表示形式：十进制小数形式和科学计数法形式。科学计数法是以字母（e 或 E）表示以 10 为底的指数，e 左边为小数部分，e 右侧为指数部分，指数必须为整数，如 2.35E4、1.58e-10，分别表示 2.35×10^4、1.58×10^{-10}。

在任何算术运算中，只要有一个操作数是浮点数，结果一定是浮点数。两个整数相除时，即使两个数能整除，结果也总是浮点数。

注意：算术运算结果如果是浮点数，其小数位可能是不确定的。

```
>>> 0.1 + 0.2
    0.30000000000000004
>>> 10/5
    2.0
>>> print(23.4E-2)
    0.234
>>> print(0.3 == 0.1 + 0.2)
    False
```

（3）Complex（复数）。

复数与数学中的虚数概念一致，是由实部和虚部组成的数。虚部是必须的，虚部的后缀为 j 或 J，例如 10+2.3j、10-4.5J。复数也可以进行四则运算，复数的运算结果仍为复数。

可以使用复数的属性 real、imag 分别查看实部和虚部。也可以使用 complex() 函数来构造复数。complex() 函数调用格式如下：

```
complex(real=0, imag=0)
```

real 指定复数的实部，imag 指定复数的虚部，两个参数的默认值都是 0。

```
>>> c1 = complex(10.3, 2)
>>> print(c1, c1.real, c1.imag)
```

```
    (10.3+2j) 10.3 2.0
>>> c2 = 2.5 - 3.5j
>>> print(c1 + c2)
    (12.8-1.5j)
```

（4）bool（布尔类型）。

bool 类型仅有两个值：True 和 False，用于描述逻辑判断和关系运算的结果。布尔表达式常作为分支语句和循环语句的测试条件来使用。在 Python 中 True 对应的数值为 1，False 对应的数值为 0。在 Python 中，True 和 False 也被视为整数的子类。

```
>>> 100 > 98.78
    True
>>> 100 > 78 and 56 > 90
    False
>>> (100 > 78) + ( 56 > 90 )
    1
```

Python 内置的 bool() 函数用于将给定的参数转换为布尔类型。

bool([x])

当 x 省略时该函数值为 False。当 x 为非 0 数值、非空数据对象时，函数值为 True；当 x 为 0、空数据对象、None 时，函数值为 False。

```
>>> bool(100)
    True
>>> bool(None)
    False
>>> print(bool(), bool(""), bool(' '), bool([]))    # " 是一对单引号，' ' 是一对单引号引一个空格
    False False True False
```

2．运算符

编程中常用到表达式。Python 中的表达式是用圆括号、数字、字符串、变量和各类运算符号综合在一起的式子，计算可以得到一个值，如 100+(a+b)**2+b//a。表达式中用到的运算符有算术运算符（表 2-2）、关系运算符（表 2-3）、逻辑运算符（表 2-4）和测试运算符（表 2-5）等。

表 2-2　常用算术运算符

运算符	描述	举例（a=20,b=30）
+	加，两个操作数相加，也可作为正号 列表、字符串、元组和集合都可以进行 + 操作	a + b 的值为 50
-	减，两个操作数相减，也可作为负号	a – b 的值为 -10
*	乘，两个操作数相乘	a * b 的值为 600
**	幂运算，a**b 即为 a 的 b 次幂	a**3 的值为 8000
%	取模，即求余数	b % a 的值为 10
//	整除，即取商的整数部分，与 floor() 函数功能一样	b // a 的值为 1

表 2-3　常用关系运算符（或比较运算符）

运算符	描述	举例（a=20, b=30）
==	判断两个操作数是否相等	a == b 的值为 False
!=	判断两个操作数是否不相等	a != b 的值为 True
<、<=	小于、小于等于	a < b 的值为 True，a <= b 的值为 True
>、>=	大于、大于等于	a > b 的值为 False，a >= b 的值为 False

关系运算符使用示例如下：

```
>>> a, b = 20, 30
>>> x = 90
>>> print(a <= x <= b)
    False
>>> a <= 25 <= b
    True
>>> a != b
    True
```

注意：在很多编程语言中，不可以使用 a <= x <= b 这样的表达式来判断 x 是否在 [a, b] 这个区间中，但在 Python 语句中是可以这样使用的。

表 2-4　常用逻辑运算符

运算符	描述	举例（a=True, b=False）
and	逻辑与，x and y，若 x 为 False，返回 x，否则返回 y 即哪个操作数决定表达式的值，则返回这个操作数的值	a and b 的值为 b 的值
or	逻辑或，x or y，若 x 为 True，返回 x，否则返回 y 即哪个操作数决定表达式的值，则返回这个操作数的值	a or b 的值为 a 的值
not	逻辑非，not x，若 x 为 True，返回 False，否则返回 True	a < b 的值为 True，a <= b 的值为 True

逻辑运算符的使用示例如下：

```
>>> a, b =100, 230   #这是分解赋值，a 赋值 100，b 赋值 230
>>> x = a and b
>>> x
    230
>>> x = a or b
>>> x
    100
>>> x = False or b
>>> x
    230
>>> x = True or b
>>> x
    True
```

表2-5 常用测试运算符

运算符	描述	举例（a='C', b='China'）
in	在指定的序列中找到相应的值，找到则返回 True，否则返回 False	a in b 的值为 True
not in	在指定的序列中没有找到相应的值，则返回 True，否则返回 False	a not in b 的值为 False
is	对象一致性测试，一致则返回 True，否则返回 False	a is b 的值为 False
is not	对象不一致性测试，不一致则返回 True，否则返回 False	a is not b 的值为 True

测试运算符使用示例如下：

```
>>> a , b = 'C', 'China'    # 分解赋值，a 赋值为 'C'，b 赋值为 'China'
>>> a in b
True
>>> s1 = 'C'
>>> a is s1
True
>>> 'c' is not s1
True
>>> 'c' not in b
True
```

3. 运算符的优先级

在使用表达式时，要注意各运算符的运算顺序。表达式的运算顺序受圆括号、运算符的结合方式、运算符的优先级的影响。

一般情况下，Python 的表达式运算与数学上的算术表达式运算类同。圆括号优先，运算符一般是从左向右结合，但特别注意赋值运算符（=）是先计算其右边的表达式，如 num1=num2=10+2*15，Python 解释器先计算 10+2*15，然后将值 40 赋值给 num2，再将 num2 的值赋值给 num1。

编程中常用的运算符有算术运算符、关系运算符和逻辑运算符。这三种运算符运算优先级由高到低：算术运算符、关系运算符、逻辑运算符。Python 中常用的各种运算符的优先级由高到低见表 2-6 所示。

表2-6 运算符优先级（由高到低）

序号	运算符	举例
1	单目运算（或一元运算）+，−	+10　−20
2	**	num **3　10**−2
3	*，/，%，//	100 // 9 / 3
4	<，>，==，!=，<=，>=	100 − 90 > 3 的值为 True
5	not	not 100 − 90 > 3 的值为 False
6	is，is not	num1 is num2
7	in，not in	'good' in 'hi,go good' 的值为 True
8	and	10 **−2 and 3 > 5 − 4 的值为 True
9	or	60 < 30 or 5 + 10 的值为 15

4. 数学模块 math

在编程中，如需进行复杂的数学运算，例如求平方根、求对数、求三角函数等，可使用 Python 提供的数学模块 math。要使用 math 模块，需先导入该模块，语句如下：

```
import math
```

math 模块中提供的几个数学常数和一些常用的函数，分别见表 2-7 和表 2-8。

表 2-7 math 模块中的数学常数

数学常数	数学符号	说明
pi	π	圆周率
e	e	自然对数
inf	∞	正无穷大，负无穷大为 -math.inf
nan		nan，即 not a number，在 Python 中被用作浮点数的一种特殊值。它的主要作用是表示一个无法表示为数字的数字值，例如除 0 操作导致的结果

math 模块中常用常数使用示例如下：

```
>>> import math
>>> print('pi={:<20},e={:<20}'.format(math.pi, math.e))
    pi=3.141592653589793 ,e=2.718281828459045
>>> print(math.inf, -math.inf, math.nan)
    inf -inf nan
```

表 2-8 math 模块中常用的函数

函数	功能	举例
ceil(x)	将 x 向上取整，返回不小于 x 的最小整数	ceil(8.128) 的值为 9
fabs(x)	返回 x 的绝对值	fabs(-89.6) 的值为 89.6
floor(x)	将 x 向下取整，返回不大于 x 的最大整数	floor(8.128) 的值为 8
pow(x, y)	返回 x 的 y 次幂	pow(2, 3) 的值为 8.0
sqrt(x)	返回 x 的平方根	sqrt(9) 的值是 3.0
modf(x)	以元组形式返回 x 的小数及整数部分	modf(10/4) 的值为 (0.5, 2.0)
trunc(x)	返回 x 的整数部分	trunc(10/4) 的值为 2

math 模块中常用函数使用示例如下：

```
>>> import math
>>> print(math.ceil(10/3), math.floor(10/3), round(10/3,2), sep=' ')
    4 3 3.33
>>> print(math.modf(10/3), math.trunc(10/3))
    (0.3333333333333335, 3.0) 3
>>> print(math.pow(2, 3), math.sqrt(9), math.modf(10/4))
    8.0 3.0 (0.5, 2.0)
```

5. 数据类型转换函数

有时编程需要将数据的类型进行转换，如需要将字符串 '100' 作为整数 100 来使用，这时可使用类型转换函数来实现。常用的类型转换函数见表 2-9。

表 2-9 类型转换函数

函数	功能	举例
int(x)	将参数 x 的值转换为整数作为函数的返回值 x 可以是浮点数，也可以是只有整数的字符串	int(8.828) 的值为 8 int('100') 的值为 100 int('100.89') 的这个会出错，因这个字符串中的数不是整数 int(100.89) 的值为 100
float(x)	将参数 x 的值转换为浮点数，作为函数的返回值 x 可以是数字类型，也可以是只有数字的字符串	float(100) 的值为 100.0 float ('100.89') 的值为 100.89
str(x)	将参数 x 的值转换为字符串，作为函数的返回值	str(100) 的值为 '100' str(7/2) 的值为 '3.5'

2.2.4 拓展任务——求圆的周长和面积

求圆的周长和面积

任务 1：编写程序实现可以接收用户输入的圆的半径，计算出圆的周长和圆的面积。

程序代码参考如下：

行号	代码
1	# 程序名：circle.py
2	import math
3	print('*' * 30)
4	r = eval(input(" 请输入圆的半径："))
5	s = math.pi * math.pow(r, 2)
6	c = math.pi * 2 * r
7	print(' 圆的周长：{:<6.2f}'.format(c))
8	print(' 圆的面积：{:<8.2f}'.format(s))

任务 2：编程实现可以接收用户输入的摄氏温度（或华氏温度），转换为对应的华氏温度（或摄氏温度）。

2.2.5 任务评价表

学号及姓名			日期		
任务编号		2-2	任务名称	求两个数的加减乘除	
	项目		自评	小组评价	教师评价
课堂表现	学习态度（15%）				
	沟通合作（10%）				
	课堂参与（15%）				

续表

技能操作	程序创建（20%）			
	程序编写（20%）			
	程序调试（20%）			
总分				

	评价标准			
项目	90～100分	75～89分	60～74分	0～59分
学习态度	学习主动性、积极性、专注度和认真度优秀	学习主动性、积极性、专注度和认真度良好	学习主动性、积极性、专注度和认真度一般	学习主动性、积极性、专注度和认真度都需要加强
沟通合作	与同学、教师沟通能力优秀，有优秀的团队合作能力	与同学、教师沟通能力良好，有良好的团队合作能力	能与同学、教师沟通，参与团队活动	不能与同学、教师沟通，不参与团队活动
课堂参与	积极提问，大胆表达自己的看法，回答问题准确	敢于提问，能提出自己不同的看法，回答问题基本正确	很少提问，很少表达自己的想法，能回答教师的问题，但准确度需提升	不敢提问，不表达自己的想法，不回答教师的提问
程序创建	能熟练创建项目和程序，录入程序速度快	能较熟练创建项目和程序，录入程序较顺利	会创建项目和程序，录入程序较慢	创建项目、程序与录入程序不熟练
程序编写	能熟练运用数字类型及运算符，能熟练完成代码编写	能较好运用数字类型及运算符，能较好完成代码编写	基本会运用数字类型及常用运算符，能在他人的帮助下基本完成代码编写	不理解数字类型，不能完成程序代码编写
程序调试	能顺利调试程序，能熟练使用互联网查找帮助	能较顺利调试程序，能较熟练使用互联网查找帮助	能在他人的帮助下调试程序和查找帮助	不会调试程序，不会查找帮助

任务 2-3　输出个人信息及向祖国表白信息

字符串是序列类型，也是一种不可改变的数据类型，即创建字符串后，不可以原地改变字符串的内容，但可以整体改变。在 Python 中，不可改变的数据类型（immutable data）指的是那些一旦创建后，其值就不能被修改的数据类型。从 Python 3 开始，字符串内容都是 Unicode 字符串，每个中文字符和英文字符都是一个字符。列表、元组也都是序列类型，序列类型即它们中的元素是按顺序排列的，可以使用下标索引或切片取值。序列类型有一些通用的操作，如索引、切片、序列加（+）、成员资格运算 in 等，也有一些通用的函数，如 len()、max() 和 min() 等。

2.3.1 任务单

学号及姓名		小组成员	
任务编号	2-3	任务名称	输出个人信息及向祖国表白信息
指导教师		日期	
任务概述	\(1\)接收用户输入的姓名、年龄、喜欢的编程语言及对祖国的表白（中文和英文两种）； （2）根据用户输入信息，如用户输入姓名是张华，年龄为18，编程语言是Python，则在屏幕输出"张华今年18岁，张华喜欢的编程语言是Python!"； （3）将用户对祖国的英文表白分别以全部大写、全部小写、每个单词首字母大写、语句的第一个字母大写输出显示； （4）将用户对祖国的中文表白各字符号以一个*号拼接输出，例如"祖*国*我*爱*您*！"； （5）判断"中国"是否在用户的中文表白中； （6）输出用户的两种表白文本长度		
任务要求	（1）为程序语句适当添加注释； （2）记录程序调试中出现的错误及解决方法； （3）程序代码编写要符合 Python 代码编写基本规范和规则		
心得与困惑			

2.3.2 任务实施

1. 编程分析

根据编程的 IPO 方法，可以将程序思路描述如下：

（1）输入数据。使用 input() 函数，接收用户的姓名、编程语言及对祖国的中英文表白。
（2）处理数据。利用字符串的相关处理函数、方法等，对接收的数据按要求处理。
（3）输出数据。将处理后的数据使用 print() 函数输出到控制台。

2. 程序代码

行号	代码
1	""" 字符串练习 """
2	# 程序名： example231.py
3	name = input(' 请输入姓名： ') # 接收用户输入的姓名并赋值给变量 name
4	age = input(' 请输入年龄： ')
5	language = input(' 请输入你喜欢的编程语言： ')
6	express1 = input(' 请输入你对祖国的表白（中文）： ')
7	express2 = input(' 请输入你对祖国的表白（英文）： ')
8	print(f'{name} 今年 {age},{name} 喜欢的编程语言是 {language}!')
9	print(express2.upper()) # upper() 方法是将字符串中的所有字母转换为大写

```
10      print(express2.lower())      # lower() 方法是将字符串中所有字母转换为小写
11      print(express2.title())      # title() 方法是将字符串中每个单词的第一个字母大写
12      print(express2.capitalize())
13      express3 = '*' . join(express1)
14      print(express3)
15      print(' 中国是否在中文表白中：', ' 中国 ' in express1)
16      n1 = len(express1)
17      n2 = len(express2)
18      print(F"'{express1}' 长度：{n1}; '{express2}' 长度：{n2}")
```

3. 代码解释

第 3、4、5、6、7 行均是赋值语句，将 input() 函数的返回值分别赋值给变量 name、age、language、express1 和 express2。

第 8 行代码中有以 f（也可以是 F）引领的字符串格式化方法，字符串中使用 {} 标明需被格式化的变量。解释器将以相应变量的值替换花括号及其中的变量。这段字符串格式化的结果是 ' 张华今年 18 岁，张华喜欢的编程语言是 python! '。

第 9 行，upper() 方法是将字符串中的所有字母转换为大写。

要特别注意该方法的调用格式：对象 . 方法 (参数)，对象与方法间的圆点不能少，也不能写成别的符号。

第 10 行，lower() 方法是将字符串中所有字母转换为小写。

第 11 行，title() 方法是将字符串中每个单词的第一个字母大写。

第 12 行，capitalize() 方法是将字符串中的首字母大写。

第 13 行，'*' . join(express1) 是使用 * 字符拼接 express1 值中的每个元素，然后通过赋值运算符（=）将拼接结果赋给变量 express3。

第 15 行，成员运算符 in 用于测试一个字符串是否在另一个字符串中出现，出现则返回 True，没出现则返回 False。

第 16、17 行，分别计算 express1 和 express2 变量的长度，并分别赋值给变量 n1 和 n2。

注意：字符串是不可改变的数据类型，字符串方法都会生成新的字符串，不会直接修改原来的字符串。

4. 代码运行结果

```
请输入姓名：张华
请输入你喜欢的编程语言：Python
请输入你对祖国的表白（中文）：我爱中国!
请输入你对祖国的表白（英文）：I love China!
张华今年 18 岁，张华喜欢的编程语言是 python!
I LOVE CHINA!
i love china!
I Love China!
I love china!
我 * 爱 * 中 * 国 * !
中国是否在中文表白中 : True
' 我爱中国! ' 长度：5; 'I love China! ' 长度：13
```

5. 程序常见错误

（1）EOL while scanning string literal 错误。如果将第 3 行改为 name = input(' 请输入姓名："），程序运行时会弹出如图 2-4 所示的错误提示。这是因为字符串前后的引号不一致。如果字符串前后的引号缺少或是字符串出现 Python 不允许的非法字符时也会出现该提示。

图 2-4　语法错误

（2）invalid syntax 错误。如果将第 18 行语句 print(F"'{express1}' 长度：{n1}; '{express2}' 长度：{n2}") 改为 print(F"{express1}' 长度：{n1}; '{express2}' 长度：{n2}')，程序执行时系统会弹出如图 2-5 所示的错误。invalid syntax（无效语法）错误，即在单引号括起来的字符串中，再使用单引号，引起 SyntaxError 语法错误。这是因为 Python 将字符串左侧开始的第一个单引号与字符串中出现的第一个单引号视为字符串开始和结束标识符了，其余的字符认为是 Python 代码，从而导致错误。同样在双引号引起来的字符串中，再使用双引号，也会引起类同的语法错误。

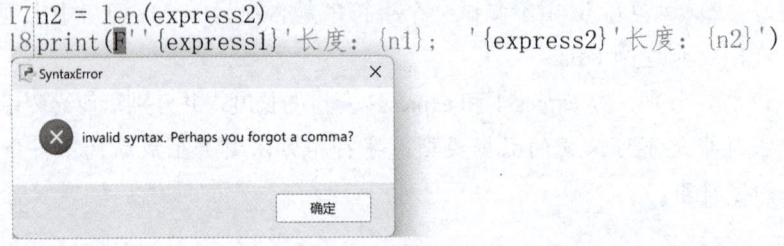

图 2-5　语法错误

2.3.3　相关知识

字符串类型

1. 字符串

字符串是由 0 个或多个字符组成，使用引号（一对单引号、一对双引号，三对单引号或三对双引号）引起来的一串序列类型对象。

如果字符串内容中要包含引号（单引号或双引号），则可使用另一种引号将其引起来，如果字符串内容中两种引号都包含，则使用三对引号。如果字符串内容是多行的，则必须使用三对引号引起来。示例如下：

```
>>> '李光明'
    '李光明'
>>> " 一份辛劳，一份收获！"
    '一份辛劳，一份收获！'
>>> w = 'Chaplin said:"You have to believe in yourself. That is the secret of success."'
>>> w
    'Chaplin said:"You have to believe in yourself. That is the secret of success."'
>>> w = "Chaplin said:\"You have to believe in yourself. That is the secret of success.\""
>>> w
    'Chaplin said:"You have to believe in yourself. That is the secret of success."'
>>> word = '''She said "This is my father's glory. "'''
>>> word
    'She said "This is my father\'s glory. "'
>>> print(word)
    She said "This is my father's glory. "
>>> m='''    劝学诗
        唐·颜真卿
    三更灯火五更鸡，正是男儿读书时。
    黑发不知勤学早，白首方悔读书迟。'''
>>> print(m)
        劝学诗
        唐·颜真卿
    三更灯火五更鸡，正是男儿读书时。
    黑发不知勤学早，白首方悔读书迟。
```

注意：序列类型对象的元素是有序存放的，其每一个元素都有一个位置索引号，通过这个位置索引号可以访问该序列元素。

从 Python 3 开始，字符串都采用 Unicode 编码，一个英文字符和一个中文字符都是一个字符，长度均为 1。

计算机中的文本字符分为可打印字符和不可打印字符两大类：可打印字符用于显示在输出设备上，例如显示器或者打印纸上；不可打印字符主要指控制字符。控制字符是向计算机发出的一些特殊指令，例如换页、换行等。控制字符中使用转义符来表示，转义符以"\"开始，常见的转义字符见表 2-10。

表 2-10　常见转义字符

转义字符	含义	转义字符	含义
\a	响铃	\'	单引号（'）
\b	退格	\"	双引号（"）
\f	换页	\\	反斜杠
\n	换行	\t	水平制表符
\r	回车	\v	垂直制表符

利用 string 模块的 printable 属性可以输出计算机中的可打印字符，语句如图 2-6 所示。

```
>>> import string
>>> print(string.printable)
0123456789abcdefghijklmnopqrstuvwxyzABCDEFGHIJKLMNOPQRSTUVWXYZ!"#$%&'()*+,-./:;<=>?@[\]^_`{|}~
```

图 2-6　输出可打印字符

2. 字符串基本操作符

（1）字符串拼接操作符（+）。+ 运算符实现两个字符串的拼接，序列类型都可以进行 + 操作。示例如下：

```
>>> str1 = '现代工匠精神的内涵：'
>>> str2 = '执着专注，精益求精，一丝不苟，追求卓越。'
>>> print(str1 + str2)
    现代工匠精神的内涵：执着专注，精益求精，一丝不苟，追求卓越。
>>> print([1, 2] + [4, 3])   # 利用 + 运算对列表进行拼接
    [1, 2, 4, 3]
```

（2）字符串复制操作符（*）。* 运算符实现复制字符串 n 次，其他序列类型也可以进行该复制操作。示例如下：

```
>>> print('读书百遍，其义自见。' * 3)
    读书百遍，其义自见。读书百遍，其义自见。读书百遍，其义自见。
>>> print([1,2] * 3)
    [1, 2, 1, 2, 1, 2]
```

（3）字符串成员测试符。in 测试字符串是否存在某个子串，not in 测试字符串中是否不存在某个子串，结果为 True 或 False。示例如下：

```
>>> str1 = 'Happy every day'; str2 = "every"
>>> print(str2 in str1, 'hello' not in str1, 'Day' in str1)
    True True False
```

（4）R/r 原始字符串控制符号。在字符串前加上 R 或 r，表示字符串原来的含义，转义字符不起作用。示例如下：

```
>>> print('D:\backup\name.txt')
    D:ackup
    ame.txt
>>> print(r"D:\backup\name.txt")
    D:\backup\name.txt
```

3. 索引

序列类型对象中的每个元素都对应有位置编号，这个位置编号称为索引或下标。列表、字符串、元组都是序列类型。索引有正向索引和反向索引：正向索引自左到右，从 0 开始依次增加 1；反向索引自右到左，从 -1 开始依次递减 1。示例如下：

字符串索引

```
motherland = 'China'
```

索引示例见表 2-11。

表 2-11　字符串索引

字符串	C	h	i	n	a
正向索引（自左到右）	0	1	2	3	4
反向索引（自右到左）	-5	-4	-3	-2	-1

利用索引可以访问序列对象指定位置的元素，字符串、列表、元组等序列对象都可以使用索引访问其元素。语句格式如下：

序列对象 [索引]

索引必须是整数。示例如下：

```
>>> motherland = 'China'
>>> motherland[0]
    'C'
>>> motherland[5 - 7]    # 5-7 的值为 -2，即变量 motherland 索引值为 -2 的元素
    'n'
>>> motherland[5]
    Traceback (most recent call last):
      File "<pyshell#14>", line 1, in <module>
        motherland[5]
    IndexError: string index out of range
```

注意：当索引值超界时，程序会报 IndexError 异常。

4. 常用字符串处理函数

Python 提供了很多内置函数可对字符串进行处理。常用字符串处理函数及其功能见表 2-12。

字符串常用处理函数

表 2-12　常用字符串处理函数

函数	功能
len(x)	返回字符串 x 的元素个数，x 也可以是其他组合数据类型
ord(char)	返回单个字符 char 的 Unicode 编码
str(x)	返回任何类型数据 x 对应的字符串形式
eval(string)	eval() 函数是去掉参数字符串最外层的引号，并以 Python 表达式方式执行去掉引号后的字符串。 该函数常与 input() 函数一起使用，用来获取用户输入的数字。 例如：num = eval(input(' 请输入成绩：'))
max(string)	返回字符串 string 中 Unicode 编码值最大的字符
min(string)	返回字符串 string 中 Unicode 编码值最小的字符

上表中的 len()、max() 和 min() 函数对其他序列类型数据也是通用的，如列表、元组等。

常用字符串处理函数使用示例如下：

```
>>> word, str1 = ' 学而不思则罔，思而不学则殆。', 'hello world!'
>>> print(len(word), len(str1))
    14 12
>>> str1 = str(50 + 300)
>>> print((" 字母 p 的 Unicode 值：%d , 字符串 '%s' 的长度：%d") % (ord("p"), str1, len(str1)))
    字母 p 的 Unicode 值：112 , 字符串 '350' 的长度：3
>>> m, a, b = 100, '300', '500'
>>> print(eval('300+m'))
    400
>>> print(eval('300+m') + eval(a + b))
    300900
>>> max(30, 540, 89,100)
    540
>>> max('China')
    'n'
```

注意：示例中系统执行 eval(a + b) 时，先计算 a + b，a、b 均为字符串，a + b 为字符串拼接，结果为 '300500'，eval('300500') 结果为 300500。

5. 常用字符串处理方法

Python 中还提供了不少字符串处理的方法。方法与函数的调用方式不同，函数是直接以 "函数名（实参）" 形式调用，而方法的调用是使用点的方法的调用。方法通过调用格式如下：

字符串常用处理方法

<对象>.方法名(参数)

注意：字符串是不可改变的数据类型，使用字符串处理方法不会改变原来的字符串。如果字符串方法的返回值是字符串，则将生成新的字符串，原字符串不会改变。

（1）连接字符串。join() 连接字符串方法，使用格式如下：

sep.join(__interable)

其功能是以指定的字符串 sep 连接可迭代对象 __interable 的各元素（各元素必须是字符串类型），生成一个新的字符串作为函数的返回值。在数据分析和爬取时，如果需要将字符型数据存入逗号分隔值（Comma-separated Values，CSV）文件时，常需要先使用 join() 方法将字符串数据用英文逗号连接起来，然后存入 CSV 文件。join() 方法使用示例如下：

```
>>> '*' . join(' 我爱伟大的祖国 ')              # 使用 * 连接字符串的各元素
    ' 我 * 爱 * 伟 * 大 * 的 * 祖 * 国 '
>>> ',' . join([' 广东 ',' 广西 ',' 河南 ',' 河北 '])    # 使用 , 连接列表的各元素
    ' 广东 , 广西 , 河南 , 河北 '
>>> '@' . join(('10', '20', '30', '40', '50'))    # 使用 @ 连接元组的各字符串元素
    '10@20@30@40@50'
>>> '\\'.join(('home', 'user', 'documents', 'project', 'data.csv'))
    'home\\user\\documents\\project\\data.csv'
```

（2）分割字符串。split() 方法是分割字符串，使用格式如下：

string.split(sep[, maxsplit])

其功能是以指定的字符 sep 来分割字符串 string 生成的字符串列表。各参数含义如下：

1）string。string 指定要被分割的字符串。

2）sep。sep 指定的分隔符，如果缺省则表示是空字符。Python 中的空字符包括空格、换行符（\n）、水平制表符（\t）、垂直制表符（\t）、回车符（\r）和换页符（\f）等。

3）maxsplit。maxsplit 指定分割的次数，不指定，则以最大限度分割。

在数据分析和爬取中，常会使用 split() 方法来分割字符串。如从 CSV 文件中读取一行数据，可以使用 split() 方法指定分隔符为逗号来分隔数据。split() 方法的应用示例如下：

```
>>> words = "I LOVE CHINA"
>>> words.split()   # split() 方法没有指定分隔符，则表示分隔符是空字符
    ['I', 'LOVE', 'CHINA']
>>> words.split(' ', 1)   # 分隔符是空字符，指定分割次数为 1
    ['I', 'LOVE CHINA']
>>>' 广东 , 广西 , 河南 , 河北 '.split(',')   # 指定分隔符为逗号，
    [' 广东 ', ' 广西 ', ' 河南 ', ' 河北 ']
```

例如，编程从下面网址中获取最右侧的文件名：

https://www.gdfs.edu.cn/_mediafile/zhuwangzhan/2017/10/11/3cu4om9ri4.jpg

行号	代码
1	""" 获取网址最右侧的文件名，程序名：get_filename.py"""
2	url = 'https://www.gdfs.edu.cn/_mediafile/zhuwangzhan/2017/10/11/3cu4om9ri4.jpg'
3	ls = url.split('/')
4	print(ls)
5	print(ls[-1])

程序的运行结果如下：

```
['https:', '', 'www.gdfs.edu.cn', '_mediafile', 'zhuwangzhan', '2017', '10', '11', '3cu4om9ri4.jpg']
3cu4om9ri4.jpg
```

（3）查找和替换。Python 提供的字符串查换和替换方法有多种，见表 2-13。

表 2-13　字符串查换和替换方法

方法	功能
str.count(x)	返回字符串 x 在字符串 str 中出现的次数
str.find(sub[, start[, end]])	从左向右在字符串 str 中查找子字符串 sub，如果找到，则返回字符串 sub 的第一个字符在字符串 str 中的位置索引，否则返回 -1；start 表示查找开始的索引位置，end 指定查找结束索的引位置
str.rfind(sub[, start[, end]])	该方法与 find() 方法类同，但是其从右向左查找
str.index(sub[, start[, end]])	在字符串 str 中查找子字符串 sub，如果找到，则返回字符串 sub 的第一个字符在字符串 str 中的位置索引，否则返回异常错误"ValueError: substring not found"
str.replace(old, new, count=-1)	将字符串 str 中的 old 字符串使用 new 字符串取代生成新的字符串，作为方法的返回值 count 设置替换的次数，默认值为 -1 表示全部替换

示例如下：

```
>>> words = " 我爱我的祖国，为了祖国美好的未来我要努力学习。"
>>> print(words.find(' 祖国 '))
    4
>>> print(words.rfind(' 祖国 '))
    9
>>> print(words.count(' 祖国 '))
    2
>>> print(words.replace(' 我 ',' 张华 ')) # replace 方法不会改变原字符串，将生成新字符串
    张华爱张华的祖国，为了祖国美好的未来张华要努力学习。
>>> print(words.index(' 我 '))
    0
```

（4）判断字符串中字符的类型。Python 的字符串可以包含字母、数字、各种符号、中文以及特殊字符。编程时，如果想要对字符串的内容进行判断，可以使用 Python 提供的字符串判断方法，常见的字符串判断方法见表 2-14。

表 2-14 字符串判断方法

方法	功能
str.isdecimal()	判断字符串 str 是否只包含十进制数字（包括 Unicode 数字、单字节数字、双字节全角数字，不包括罗马数字、汉字数字、小数），是则返回 True，否则返回 False
str.isdigit()	判断字符串 str 是否为数字字符（包括 Unicode 数字，单字节数字，双字节全角数字，不包括罗马数字、汉字数字、小数），是则返回 True，否则返回 False
str.isnumeric()	判断字符串 str 中的所有字符是否均为数值字符（包括 Unicode 数字、双字节全角数字、罗马数字、汉字数字，不包括小数），是则返回 True，否则返回 False
str.isalpha()	判断字符串 str 中的所有字符是否都是字母，是则返回 True，否则返回 False
str.isalnum()	判断字符串 str 中的所有字符是否都是字母或数字，是则返回 True，否则返回 False

示例如下：

```
>>> print('123.56'.isdecimal(),' １ ２ ３ '.isdecimal()) # １ ２ ３ 是全角数字
    False True
>>> print('123.56'.isdigit(),' １ ２ ３ '.isdigit())
    False True
>>> print(' 壹 123'.isdigit(), ' 壹 123'.isnumeric())
    False True
>>> print('asdGHj'.isalpha(), 'China100'.isalpha(), 'China100'.isalnum())
    True False True
```

（5）字母大小写转换方法。Python 提供有字母大小写转换，见表 2-15。

表 2-15 字母大小写转换方法

方法	功能
str.lower()	将字符串 str 的内容全部小写，并将转换后的新字符串作为返回值
str.upper()	将字符串 str 的内容全部大写，并将转换后的新字符串作为返回值

续表

方法	功能
str.swapcase()	将字符串 str 的内容大小写字母互换,并将转换后的新字符串作为返回值
str.capitalize()	将字符串 str 的内容转换为首字母大写其他字母小写的字符串,并将转换后的新字符串作为返回值
str.title()	将字符串 str 的内容中每个单词的首字大写,并将转换后的新字符串作为返回值

示例如下:

```
>>> str = 'There are 56 ethnic groups in China'
>>> print(str.lower(), '***', str)
    there are 56 ethnic groups in china *** There are 56 ethnic groups in China
>>> print(str.upper(),'***', str.swapcase())
    THERE ARE 56 ETHNIC GROUPS IN CHINA *** tHERE ARE 56 ETHNIC GROUPS IN cHINA
>>> print(str.capitalize(), str.title())
    There are 56 ethnic groups in china There Are 56 Ethnic Groups In China
```

(6)填充字符串方法。利用 Python 提供的填充字符串方法,可以使字符串输出时美观且按一定的方式对齐。填充字符串是用指定的字符来填充字符串到指定的长度,并指定原字符串的对齐方式。填充字符默认为空。填充字符串方法见表 2-16。

表 2-16 填充字符串方法

方法	功能
str.center(width, fillchar=None)	将字符串 str 内容按指定 width 宽度居中对齐,两侧填充指定的 fillchar 使其长度变为 width
str.ljust(width, fillchar=None)	将字符串 str 内容按指定 width 宽度左对齐,右侧填充指定的 fillchar 使其长度变为 width
str.rjust(width, fillchar=None)	将字符串 str 内容按指定 width 宽度右对齐,左侧填充指定的 fillchar 使其长度变为 width

示例如下:

```
>>> str = ' 功能菜单 '
>>> print(str.center(16, '*'))
    ****** 功能菜单 ******
>>> print(str.ljust(16, '*'))
    功能菜单 ************
>>> print(str.rjust(16, '*'))
    ************ 功能菜单
>>> print(str.center(16))
    功能菜单
```

(7)移除字符串中指定的字符。利用 Python 提供 strip()、lstrip() 和 rstrip() 方法可以移除字符串中指定的 1 个字符或多个连续的字符。移除字符串中指定字符的方法见表 2-17。

表 2-17　移除字符串中指定字符的方法

方法	功能
str.strip(chars=None)	移除字符串 str 首尾指定的字符 chars，chars 默认值为空字符
str.lstrip(chars=None)	移除字符串 str 开头指定的字符 chars，chars 默认值为空字符
str.rstrip(chars=None)	移除字符串 str 尾部指定的字符 chars，chars 默认值为空字符

示例如下：

```
>>> str = ' 一寸光阴一寸金，寸金难买寸光阴 \n'
>>> s1 = str.strip(); s2 = str.lstrip(); s3 = str.rstrip()
>>> s1; s2; s3
    '一寸光阴一寸金，寸金难买寸光阴'
    '一寸光阴一寸金，寸金难买寸光阴 \n'
    ' 一寸光阴一寸金，寸金难买寸光阴'
>>> '** 我学习 ** 我快乐 **'.strip('**')
    ' 我学习 ** 我快乐 '
```

2.3.4　拓展任务——设计学生信息管理程序主界面

请编程设计如图 2-7 所示的学生信息管理程序主界面，程序名为 students.py。

```
            学生信息管理程序
===============功能菜单===============
1 添加学生信息
2 查看所有学生信息
3 根据姓名修改学生的成绩
4 根据姓名删除学生信息
5 保存学生信息到 student.csv 文件中
0 退出系统
=====================================
说明：通过数字键选择菜单
```

图 2-7　程序主界面

2.3.5　任务评价表

学号及姓名			日期		
任务编号	2-3		任务名称	输出个人信息及向祖国表白信息	
	项目		自评	小组评价	教师评价
课堂表现	学习态度（15%）				
	沟通合作（10%）				
	课堂参与（15%）				

续表

技能操作	程序创建（20%）			
	程序编写（20%）			
	程序调试（20%）			
总分				
评价标准				
项目	90~100分	75~89分	60~74分	0~59分
学习态度	学习主动性、积极性、专注度和认真度优秀	学习主动性、积极性、专注度和认真度良好	学习主动性、积极性、专注度和认真度一般	学习主动性、积极性、专注度和认真度都需要加强
沟通合作	与同学、教师沟通能力优秀，有优秀的团队合作能力	与同学、教师沟通能力良好，有良好的团队合作能力	能与同学、教师沟通，参与团队活动	不能与同学、教师沟通，不参与团队活动
课堂参与	积极提问，大胆表达自己的看法，回答问题准确	敢于提问，能提出自己不同的看法，回答问题基本正确	很少提问，很少表达自己的想法，能回答教师的问题，但准确度需提升	不敢提问，不表达自己的想法，不回答教师的提问
程序创建	能熟练创建项目和程序，录入程序速度快	能较熟练创建项目和程序，录入程序较顺利	会创建项目和程序，录入程序较慢	创建项目、程序与录入程序不熟练
程序编写	能熟练运用字符串类型及常用字符串方法、字符串函数和索引，能熟练完成代码编写	能较好运用字符串类型及常用字符串方法、字符串函数和索引，能较好完成代码编写	基本会运用字符串类型及常用字符串方法、字符串函数、索引，能在他人的帮助下基本完成代码编写	不理解字符串类型，不能完成程序代码编写
程序调试	能顺利调试程序，能熟练使用互联网查找帮助	能较顺利调试程序，能较熟练使用互联网查找帮助	能在他人的帮助下调试程序和查找帮助	不会调试程序，不会查找帮助

任务 2-4　字符串切片和字符串格式化

利用字符串切片可读取字符串中部分内容。利用字符串格式化可以使字符串的输出格式更美观、易读。

2.4.1 任务单

学号及姓名		小组成员	
任务编号	2-4	任务名称	字符串切片和字符串格式化
指导教师		日期	
任务概述	录入并调试下列代码，结合相关知识，理解各语句的含义，掌握字符串格式化常用的方法。 行号　代码 1　""" 字符串格式化及切片练习 """ 2　# 程序名： famous.py 3　year, month, day = 2025, 8, 9　　# 给变量 year、month、day 赋值 4　name = input(' 姓名：') 5　age = eval(input(' 年龄：')) 6　famous = input(' 请输入你喜欢的名人：') 7　word = input(' 请输入你喜欢的名言：') 8　print('%4d-%2d-%2d' % (year, month, day)) 9　print('%-4d-%-2d-%-2d' % (year, month, day)) 10　print('%04d-%02d-%02d' % (year, month, day)) 11　print('{0:4s} 今年 {1:>4d} 岁 '.format(name, age)) 12　print(' 你喜欢的名人是： {:*^10s}'.format(famous)) 13　print(' 你喜欢的名言是： {:*<20s}'.format(word)) 14　print(f' 你喜欢的名人是：{famous}，喜欢的名言是：{word}') 15　print(name[::-1], word[2:6], word[6: 2:-1], sep='----')		
任务要求	（1）理解程序语句功能，为程序语句添加注释； （2）记录程序调试中出现的错误及解决方法； （3）程序代码编写要符合 Python 代码编写的基本规范和规则		
心得与困惑			

2.4.2 任务实施

1. 编程分析

该程序的主要功能是接收用户输入的姓名、年龄、喜欢的名人及名言，然后使用字符串格式化输出。

2. 代码解释

第 8 ～ 10 行是使用传统字符串格式符 % 来控制字符串输出格式。%4d 中的 4 表示输出占 4 列，d 表示输出是带符号的十进制数；%02d 表示输出占两列，不足两列在数字左边补 0。%-2d 则负号表示输出靠左对齐，默认是右对齐。

第 11 ～ 13 行是使用 format() 方法实现字符串格式化。{0:4s} 表示为要输出的参数预留位置，其中冒号前的数字表示要替换目标在 format() 方法参数中的位置编号，0

对应第 1 个参数。当冒号前的数字省略时，则 {} 将被 format() 中的参数值按顺序一一替换。: 为引导符，4 表示输出占 4 列，s 表示输出的内容是字符串类型；{:*^10s} 和 {:*<20s}' 中的 * 是填充字符，当输出数据长度不足指定的列数时会使用填充字符来填充；^ 和 < 为对齐方式，^ 为居中对齐，< 为左对齐，> 为右对齐。

第 14 行是使用 f 字符串形式实现字符串格式化，f 也可以大写。

第 15 行使用了字符串的切片操作。name[::-1] 表示是 name 的逆序；word[2:6] 表示从字符串 word 的值中第 3 个字符取起，取到第 5 个，切片步长省略则表示步长值为 1；word[6:2:-1] 表示从字符串 word 中从右向左截取索引号 6 到索引号 2（不包括此索引号）间的字符；步长 -1 表示从右向左切片，索引增量是 -1。

3. 代码执行结果

姓名：张华华
年龄：20
请输入你喜欢的名人：周恩来
请输入你喜欢的名言：为中华之崛起而读书
2025- 8- 9
2025-8 -9
2025-08-09
张华华 今年 20 岁
你喜欢的名人是：*** 周恩来 ****
你喜欢的名言是：为中华之崛起而读书 ***********
你喜欢的名人是：周恩来，喜欢的名言是：为中华之崛起而读书
华华张 ---- 华之崛起 ---- 而起崛之

4. 常见错误

下面的错误信息是告知用户程序 famous.py 中的第 8 行出错了，并显示出错语句为 print ('%4d-%2d-%2d'%(year, month))，是 TypeError 错误。not enough arguments for format string 意思是格式化字符串少了参数，可以看出语句缺少了 day 参数。

Traceback (most recent call last):
　　File "E:/pythonExample/famous.py", line 8, in <module>
　　　　print('%4d-%2d-%2d'%(year, month))
TypeError: not enough arguments for format string

2.4.3 相关知识

1. 切片

利用切片可以截取序列对象中的一部分内容，语句格式如下：

序列对象 [start: end: step]

切片

切片起始索引 start、切片结束索引 end 和切片步长（即切片索引增量）step 均可以省略，步长默认值为 1，遵循左闭右开原则。如 'Python'[0:3]，表示从索引号 0 开始截取，取到索引为 3 的前一个即取到索引号为 2 的位置，即为 'Pyt'。

当步长值大于 0 时，从左向右截取起始索引号到结束索引号之间的元素，但不包括结束索引号元素。这时如果省略起始索引号，则表示起始位置为最左边元素位置索引；如果省略结束索引号，则表示截取到最右边元素。

当步长值小于 0 时，从右向左截取起始索引号到结束索引号之间的元素，但不包括结束索引号元素。这时如果省略起始索引号,则表示起始位置为最右边元素位置索引，如果省略结束索引号，则表示截取到最左边元素。

```
>>> motherland = 'China'
>>> print(motherland[::], '****', motherland[2:5:2])
    China **** ia
>>> motherland[:3:]  # 从左向右，截取 China 的左侧第一个字符到索引号为 2 的位置，步长值为 1
    'Chi'
>>> motherland[2::2] #从左向右，截取索引号为 2 的字符至最后一个字符，步长值为 2，即隔一个取一个
    'ia'
>>> motherland[::-1]  # 将字符串逆序
    'anihC'
>>> print(motherland[:-3:-1]) #从字符串右侧第一个字符取起，步长值为 1，取到索引号为 -2 的字符
    'an'
>>> motherland[-2::-2]
    'nh'
```

str[::-1] 将字符串 str 逆序。str[::] 和 str[:] 均表示复制整个字符串 str。

例如，已知有字符串 '../info/1029/13145.htm' 和字符串 'https://www.gdfs.edu.cn/'，编程利用两个给定的字符串构建新的字符串 'https://www.gdfs.edu.cn/info/1029/13145.htm'。

```
行号    代码
1       """ 程序名：build_url.py"""
2       s1 = '../info/1029/13145.htm '
3       s2 = 'https://www.gdfs.edu.cn/'
4       n = s1.index('i')    # 获取字符 i 在字符串 s1 中的索引号
5       s3 = s2 + s1[n:]     # s1[n:] 功能是从左到右截取字符串 s1 中从字符 i 开始到最后一个字符
6       print(s3)
```

2. 字符串格式化

程序中的数据输出时，为了美观易读，常会按照一定的格式输出。在 Python 中，可以使用字符串格式化的方法来实现按指定的格式输出数据。

字符串格式化

（1）格式化操作符 %。使用 % 格式化字符串时，共有三部分组成：模板字符串（即要输出的字符串）、% 和一个包含要替换的值的元组。语句格式如下：

<模板字符串 >%(元素 1, 元素 2, ..., 元素 n)

模板字符串常包含固定的输出内容和 % 引导的格式符（至少一个），% 引导的格式符是为相应的各元素预留位置。语句执行时，各元素的值将依次插入到模板字符串中对应的预留位置处。示例如下：

```
>>> ' 我叫 %s，今年 %d 岁，我喜欢 %s。' %(' 张华 ', 18, 'Python')
```

```
'我叫张华,今年 18 岁,我喜欢 Python。'
>>> name = '李明'
>>> '%s 学习很努力' % name    # 当元组中只有一个元素时,可以省略元组左右的括号
'李明学习很努力'
```

% 格式化操作符的基本格式如下:

% [(name)][flag][width][.precision]typecode

[] 括起来的参数是可以省略的。各参数说明见表 2-18。

表 2-18　各参数说明

参数		含义
name		用于选择指定的 key,即字典中的 key
flag	+	右对齐,正数前加正号,负数前加负号
	-	左对齐,正数前无符号,负数前加负号
	空格	右对齐,正数前加空格,负数前加负号
	0	右对齐,正数前无符号,负数前加负号,0 填充空白处
width		输出数据占的宽度
.precision		precision 表示小数点后保留的位数
typecode	d	将 int 和 float 数据以十进制整数输出
	s	以字符串形式输出,使用 str() 转换任何对象为字符串
	r	以字符串形式输出,使用 repr() 转换任何对象为字符串
	F 或 f	将 int 和 float 数据以十进制浮点数输出
	E 或 e	将 int 和 float 数据以科学计数法形式输出
	G 或 g	自动调整 int、float 的输出形式。当整数及浮点数的整数部分超过 6 位时,以科学计数法形式输出
	%	%% 则输出一个百分号
	X 或 x	将整数转换为十六进制数输出
	O 或 o	将整数转换为八进制数输出
	c	将十进制整数转换为其对应的 Unicode 字符输出

% 格式符使用示例如下:

```
>>> name, price, weight = '苹果', 7.89, 6
>>> print('%s 单价:%.2f 元 / 斤,重量:%.2f 斤,总金额:%.1f 元' % (name, price, weight, price * weight))
    苹果单价:7.89 元 / 斤,重量:6.00 斤,总金额:47.3 元
>>> print(('%06d;%-5d;%5d,%x;%4c') % (100, -98, -98, 17, 100))
    000100;-98  ; -98,11;   d
>>> print('%.2e ; %E ; %d%% ' % (890.67, 890.67, 0.89 * 100))
    8.91e+02 ; 8.906700E+02 ; 89%
>>> print('%(name)s:%(price).2f 元 / 斤 ' % {'name': 'Apple', 'price': 7.98})
```

```
        Apple:7.98 元 / 斤
>>> print(('%06d;%-5d;%5d,%x;%4c') % (100, -98, -98, 17, 100))
    000100;-98  ;  -98,11;   d
>>> print('%.2e ; %E ; %d%% ' % (890.67, 890.67, 0.89 * 100))
    8.91e+02 ; 8.906700E+02 ; 89%
```

（2）format() 方法。使用 format() 方法格式化字符串是很常用的方法。format() 方法基本使用格式如下：

< 模板字符串 >.format(*args, **kwargs)

模板字符串包含固定的输出内容和 {} 括起来的格式符，{} 为 format 方法中相应的参数预留位置。当语句执行时，format() 方法中参数的值将依次插入到模板字符串中对应的 {} 预留位置处，从而生成新的字符串。args 为位置参数，kwargs 为关键字参数。

模板字符串中的 {} 可包括参数序号、格式控制符等，其语法格式如下：

{[参数序号或关键字名称]: [fillchar][align][sign][#][width][,][.precision][typecode]}

冒号右侧的统称为格式控制符，{} 中的内容都可以省略。

{} 的各参数及格式控制符说明见表 2-19。

表 2-19　各参数序号及格式控制符说明

参数序号及格式控制符		含义
参数序号或关键字名称		参数序号即为 format() 方法中要传入的参数的位置序号，可以省略。如果有序号，将 format() 括号中的相应位置序号的参数值传入相应的 {} 参数序号位置并按冒号后的格式符时行格式化。注意位置序号从左向右依次增加 1，第一个位置序号是 0 关键字名称即为 format() 括号中对应的关键字参数进行匹配 如果参数序号或关键字名称都省略，则按照 format() 括号中的参数的默认的先后顺序依次进行字符串格式化
fillchar		填充字符，只能是一个字符
align	>	右对齐，是默认值
	<	左对齐
	=	右对齐，只对数字类型有效，如果是负数，负号将显示在最左侧
	^	居中对齐
sign	+	正数显示正号，负数显示负号
	-	正数不显示正号，负数显示负号
	空格	正数前显示空格，负数显示负号
#		二进制、八进制、十六进制，分别会显示 0b/0o/0x
width		输出数据占的宽度
,		为数据添加千位分隔符
.precision		precision 表示小数点后保留的位数

续表

参数序号及格式控制符		含义
typecode	d	十进制整数
	s	字符串类型数据
	F 或 f	将 int 和 float 数据以十进制浮点数输出
	E 或 e	将 int 和 float 数据以科学计数法形式输出
	G 或 g	自动调整 int、float 的输出形式。当整数及浮点数的整数部分超过 6 位时，以科学计数法形式输出
	b	将十进制整数转换为二进制数输出
	O 或 o	将整数转换为八进制数输出
	X 或 x	将整数转换为十六进制数输出
	c	将十进制整数转换为其对应的 Unicode 字符输出
	%	将数据以百分比形式输出

示例如下：

```
>>> name, age = ' 张华 ', 18
>>> s1 = ' 我叫 {}, 我今年 {} 岁。'.format(name, age)
>>> s1
    ' 我叫张华 , 我今年 18 岁。'
>>> s1 = ' 我叫 {1}, 我今年 {0} 岁。'.format(name, age)
>>> s1
    ' 我叫 18, 我今年张华岁。'
>>> s2 = ' 我叫 {name}, 我今年 {age} 岁。'.format(name=' 李红 ', age=20)
>>> s2
    ' 我叫李红 , 我今年 20 岁。'
>>> print('{0:=10d}***{0:10d}'.format(-99))
    '-       99***       -99'
>>> str = '{:*^13s};{:<E}'.format(' 我学习我快乐！ ', 50+34.678)
>>> str
    '*** 我学习我快乐！ ***;8.467800E+01'
>>> print("{1:#b}  {0:b}  {2:,d}".format(10, 14, 1093837209))
    0b1110  1010  1,093,837,209
>>> print(' 姓名：{name}  分数：{score}'.format(**{'name':' 张华 ', 'score':98}))
    姓名：张华  分数：98
```

（3）f-string。f-string 格式化字符串以 f 或 F 开头，后面跟字符串，字符串中的表达式用大括号 {}（也称花括号）括起来，它会将表达式计算后的值替换进去。f-string 称为字面量格式化字符串，是新的格式化字符串的语法，它是在 Python 3.6 之后的版本添加的，语句格式如下：

f'xxx' 或 F'xxx'

f-string 格式化字符串以 {} 标明被替换的对象。这个对象可以是变量、表达式或调用函数，Python 会求出其结果并填入返回的字符串内。f-string 大括号内所用的引号不能和大括号外的引号定界符冲突，可根据情况灵活切换单引号与双引号，也可以使用三对单引号或三对双引号。大括号外如果需要显示大括号，则应输入两个连续的大括号，如 {{、}}。

{} 也可包括格式控制符，该格式控制符与 format 方法中的格式控制符含义一样。格式如下：

{对象:格式控制符号}

示例如下：

```
>>> name, age = '张华', 18
>>> print(f'姓名：{name} 年龄：{age}')
姓名：张华 年龄：18
>>> print(F'姓名：{name:<4} 年龄：{age:>5}')
姓名：张华   年龄：   18
>>> num = 98.26
>>> print(F' num = {num:>6.3f}')
 num = 98.260
>>> s = '实践出真知'
>>> print(F'{s:*^15}')
*****实践出真知*****
```

2.4.4 拓展任务——格式化输出整数

接收用户使用键盘输入的一个长整数 n，按要求把 n 输出到屏幕，格式要求：宽度为 25 个字符，等号字符 (=) 填充，带千位分隔符，分别以左对齐、右对齐和居中对齐输出。如果输入正整数超过 25 位，则按照真实长度输出。程序名为 test244.py。

例如，键盘输入正整数 n 为 1234，屏幕输出如下：

```
1,234====================
==========1,234==========
====================1,234
```

2.4.5 任务评价表

学号及姓名			日期		
任务编号	2-4		任务名称	字符串切片和字符串格式化	
	项目		自评	小组评价	教师评价
课堂表现	学习态度（15%）				
	沟通合作（10%）				
	课堂参与（15%）				

续表

技能操作	程序编写（30%）			
	程序调试（30%）			
总分				

评价标准				
项目	90～100分	75～89分	60～74分	0～59分
学习态度	学习主动性、积极性、专注度和认真度优秀	学习主动性、积极性、专注度和认真度良好	学习主动性、积极性、专注度和认真度一般	学习主动性、积极性、专注度和认真度都需要加强
沟通合作	与同学、教师沟通能力优秀，有优秀的团队合作能力	与同学、教师沟通能力良好，有良好的团队合作能力	能与同学、教师沟通，参与团队活动	不能与同学、教师沟通，不参与团队活动
课堂参与	积极提问，大胆表达自己的看法，回答问题准确	敢于提问，能提出自己不同的看法，回答问题基本正确	很少提问，很少表达自己的想法，能回答教师的问题，但准确度需提升	不敢提问，不表达自己的想法，不回答教师的提问
程序编写	能熟练创建项目和程序，能熟练运用字符串类型切片和字符串格式化，录入程序速度快	会创建项目和程序，录入程序较慢，能较好理解字符串类型切片和字符串格式化，基本完成代码录入	会创建项目和程序，录入程序较慢，理解字符串类型切片和字符串格式化，基本完成代码录入	创建项目、程序与程序录入不熟练，不理解字符串类型切片和字符串格式化
程序调试	能顺利调试程序，能熟练使用互联网查找帮助	能较顺利调试程序，能较熟练使用互联网查找帮助	能在他人的帮助下调试程序和查找帮助	不会调试程序，不会查找帮助

匠心铸魂领航——追忆"最美奋斗者"王选

王选，一位病弱却坚韧的科学家，带领团队创造出世界上首个"汉字信息处理与激光照排系统"，引领印刷业进入"光电革命"，使汉字在信息时代焕发新生。他实干、奉献，以质朴和强烈的民族责任感，攻克汉字字形信息存储难题，跨越国外40年技术发展历程。面对内外质疑与艰苦条件，王选坚持自主研发，最终使国产激光照排系统享誉海内外，大大缩短我国书刊出版周期，提升报业排版能力。

匠心铸魂领航——最美奋斗者

他不仅是卓越的科学家，更是爱才如命的师者，全力支持年轻一代，甘为人梯。王选的实干精神、坚韧意志、无私奉献、质朴品质及民族责任感，至今仍闪耀着智慧光芒，激励着后人铭记荣光，牢记使命，承志前行。

练 习 题

一、单项选择题

1. 表达式 4 ** 2 * 3 // 6 % 5 的计算结果是（   ）。
   A. 3　　　　　　　B. 4　　　　　　　C. 5　　　　　　　D. 6

2. 在 Python 中，不属于组合数据类型的是（   ）。
   A. 字典类型　　　　　　　　　　　　B. 浮点型数据
   C. 字符串类型　　　　　　　　　　　D. 列表类型

3. Python 语言中的三种基本数据类型是（   ）。
   A. 整型、复数、十进制整数　　　　　B. 十进制整数、二进制数、八进制数
   C. 整型、浮点型、二进制数　　　　　D. 整型、浮点型、复数

4. 下列代码的输出结果是（   ）。
   num = 15.87
   print(complex(num))
   A. 15.87　　　　　　　　　　　　　B. 15.87i + j
   C. 16.00　　　　　　　　　　　　　D. (15.87i + j)

5. 下列代码的输出结果是（   ）。
   s1, s2 = 'Dad', 'Mom'
   print('{1} loves {0}'.format(s2, s1))
   A. s2 loves s1　　　　　　　　　　　B. Mom loves Dad
   C. Dad loves Mom　　　　　　　　　 D. s1 loves s2

6. 下列代码的输出结果是（   ）。
   words = 'the world is so big,I want to see'
   s = words[20] + ' love ' + words[:9]
   print(s)
   A. I love the world　　　　　　　　　B. I love world
   C. Ilovethe world　　　　　　　　　 D. I love the

7. 下列代码的输出结果是（   ）。
   s = ' 我爱祖国 '
   print('{:*<10}'.format(s))
   A. 我爱祖国******　　　　　　　　　B. ******我爱祖国
   C. *** 我爱祖国 ***　　　　　　　　 D. 我爱祖国

8. 下列代码的输出结果是（   ）。
   a = 5.4;b = 2;print(a // b)
   A. 2.7　　　　　B. 2　　　　　C. 2.0　　　　　D. 2.2

9. 下列语句在 Python 中，属于非法的是（   ）
   A. x = y = 10　　　　　　　　　　　B. x = (y = 20 + 1)
   C. y += x　　　　　　　　　　　　　D. x, y = y, x

二、编程题

1．接收用户输入的十进制整数，输出该整数对应的二进制数、八进制数和十六进制数。

2．接收用户输入的英文句子，将句子中每个单词的首字母变为大写并输出到屏幕。

3．接收用户输入的一个直角三角形两条直角边的长度，计算出该三角形的周长及面积。

4．接收用户输入的一条语句，将该语句输出到屏幕上。格式要求：输出所占宽度为 40 个字符，以 * 填充，居中对齐，如果语句的长度大于 40 个字符，则按实际长度输出。

5．接收用户从键盘上输入的一个整数，将该整数输出到屏幕上。格式要求：输出所占宽度为 30 个字符，以 = 填充，居右对齐，带千位分隔符；如果数的长度大于 30 个字符，则按实际长度输出。

模块 3 列表和元组

学习目标

★ 掌握序列类型的特点，熟练使用字符串、列表和元组
★ 会创建列表、嵌套列表和元组
★ 会添加、删除、插入列表元素
★ 会排序列表

任务 3-1　创建与操作祖国名胜列表

列表是 Python 中很重要且很灵活的一种序列类型，是组合数据类型，也是容器类型，可以存储任何数据类型数据。列表元素可以添加、修改和删除，列表是可改变序列类型。有关列表的操作方法和函数也较多，需要大家多花功夫、多实践，理解和掌握其用法，为数据分析、数据爬取等专业课学习打好坚实基础。

3.1.1　任务单

学号及姓名		小组成员	
任务编号	3-1	任务名称	创建与操作祖国名胜列表
指导教师		日期	
任务概述	我国幅员辽阔，山河壮丽，大好河山数不胜数，旅游资源丰富多样。将你最渴望去的祖国名胜古迹构建成一个列表，列表至少包含 5 处名胜古迹。编程完成以下操作，程序名为 places.py。 （1）创建列表 places_list，将你渴望去旅游的祖国名胜古迹名称存储在该列表中； （2）输出整个列表 places_list； （3）计算出列表 places_list 元素的个数并输出； （4）使用非负数索引读取列表 places_list 中第 1 个和最后 1 个元素； （5）使用负数索引读取列表 places_list 中第 1 个和最后 1 个元素； （6）使用切片读取列表 places_list 中第 2 个至第 4 个元素； （7）更改列表 places_list 第 2 个元素的值，值自定，如改为"天安门"； （8）输出列表 places_list		
任务要求	（1）理解代码含义； （2）记录程序调试中出现的错误及解决方法		
心得与困惑			

3.1.2 任务实施

1. 编程分析

列表可使用 [] 或 list() 函数来创建。通过索引、切片可以读取、修改列表元素。

2. 程序代码

行号	代码
1	""" 程序名：places.py
2	程序功能：应用列表数据类型管理用户渴望去的旅游景点清单 """
3	places_list = [' 长城 ',' 布达拉宫 ',' 故宫 ',' 敦煌莫高窟 ',' 苏州园林 ']
4	print(f" 最渴望去的旅游景点：{places_list}")
5	n = len(places_list)
6	print(f' 列表元素个数为：{n}')
7	print(f" 列表中第 1 个和最后 1 个地名分别是：{places_list[0]},{places_list[n-1]}")
8	print(f" 列表中第 1 个和最后 1 个地名分别是：{places_list[-n]},{places_list[-1]}")
9	print(F' 列表中第 2 个至第 4 个元素是：{places_list[1:4]} ')
10	places_list[1] = ' 天安门 '
11	print(places_list)

3. 程序运行结果

```
最渴望去的旅游景点：[' 长城 ',' 布达拉宫 ',' 故宫 ',' 敦煌莫高窟 ',' 苏州园林 ']
列表元素个数为：5
列表中第 1 个和最后 1 个地名分别是：长城 , 苏州园林
列表中第 1 个和最后 1 个地名分别是：长城 , 苏州园林
列表中第 2 个至第 4 个元素是：[' 布达拉宫 ',' 故宫 ',' 敦煌莫高窟 ']
[' 长城 ',' 天安门 ',' 故宫 ',' 敦煌莫高窟 ',' 苏州园林 ']
```

3.1.3 相关知识

1. 创建列表

列表（list）是一种可改变的序列类型，其元素可以是任意类型的数据。列表元素用方括号（[]）括起来，各元素之间用逗号（半角逗号）分隔，元素个数不限，如 [10, 'rose', 90.5, True]。列表中的元素是有序存入的，其元素的位置编号称为索引，索引必须为整数。与字符串索引一样，从左向右时，索引从 0 开始，依次增加 1；而从右向左时，索引从 -1 开始，依次减少 1。

（1）使用 [] 创建列表。使用 [] 创建列表语法格式如下：

[element1, element2, element3,..., elementn]

没有元素的列表称为空列表，表示为 []。示例如下：

```
>>> ls1 = []                                          # 空列表
>>> ls2 = [10, (10, 20),' 精益求精 ', [10, 20], {1:' 北京 '}]    # 列表元素为多种数据类型
>>> ls3 =[' 刘胡兰 ',' 左权 ',' 赵一曼 ']                    # 列表元素全为字符串
>>> print(type(ls1))                                  # 输出列表 ls1 类型
```

```
        <class 'list'>
>>> print(ls2[3], ls3[-1])          # 输出列表 ls2 索引号为 3 的元素及列表 ls3 右侧第一个元素
    [10, 20] 赵一曼
>>> print(ls3)                      # 输出列表 ls3
    [' 刘胡兰 ',' 左权 ',' 赵一曼 ']
```

（2）使用 list() 函数创建列表。list() 函数功能是将一个可迭代类型的数据创建为列表。可迭代的数据类型包括字符串、列表、元组、字典和集合等。list() 函数调用格式如下：

list(interable)

interable 必须是一个可迭代的类型数据，如果 interable 省略，则创建空列表 []。示例如下：

```
>>> ls1 = list(' 学贵有疑 ')                    # 字符串是可迭代类型
>>> ls2 = list((10, 20))                      # 元组是可迭代类型
>>> print(ls1, '  ', ls2)
    [' 学 ',' 贵 ',' 有 ',' 疑 ']    [10, 20]
>>> ls3 = list({"name": " 张华 ", "age": 18})   # 字典是可迭代类型
>>> print(ls3)                                # 输出由字典的键组成的列表
    ['name', 'age']
>>> ls4 = list(100)              # int 类型不是可迭代类型，将显示 TypeError 错误
    Traceback (most recent call last):
      File "<input>", line 1, in <module>
        ls4 = list(100)
    TypeError: 'int' object is not iterable
```

说明："TypeError: 'int' object is not iterable" 语句的意思为 "类型错误 : 'int' 对象是不可迭代的。" 错误原因是 list() 函数的参数不能是 int 类型。

2. 访问和修改列表元素

可以通过索引（index）或切片来访问和修改列表的元素。列表是序列类型，所以列表的索引与字符串索引一样，有正向索引和反向索引。

（1）使用索引访问和修改列表元素。

访问元素语句格式如下：

列表 [index]

修改列表元素语句格式如下：

列表 [index] = value

示例如下：

```
>>> mountain = [' 东岳泰山 ',' 西岳华山 ',' 南岳衡山 ',' 北岳恒山 ',' 嵩山 ']
>>> print(mountain[2])              # 访问列表 mountain 中索引值为 2 的元素
    南岳衡山
>>> mountain[-1] = ' 中岳嵩山 '      # 将列表 mountain 中索引值为 -1 的元素值改为 ' 中岳嵩山 '
>>> mountain
    [' 东岳泰山 ',' 西岳华山 ',' 南岳衡山 ',' 北岳恒山 ',' 中岳嵩山 ']
```

（2）使用切片访问和修改列表元素。使用切片可以截取列表中部分元素，结果为新列表；也可以使用切片修改列表中部分元素的值，更改原列表。

切片的语句格式如下：

序列对象 [起始：结束：步长]

列表切片示例如下：

```
>>> score = [95, 98, 90, 100, 120, 93, 110]
>>> ls = score[:6:2]              # 使用切片截取列表 score 中的部分元素
>>> ls
    [95, 90, 120]
>>> score[5:-4:-1]                # 切片步长值为负数，则从右向左切片
    [93, 120]
>>> score[:3] = [110, 97, 100]    # 使用切片修改列表 score 中索引号 0～2 三个元素的值
>>> print(score)
    [110, 97, 100, 100, 120, 93, 110]
```

3. 列表的基本运算

（1）列表加。列表加即利用加号运算符（+）把两个列表按顺序拼成一个新列表。

序列的通用操作

```
>>> ls1 = [' 好好学习 ']
>>> ls2 = [' 天天向上 ']
>>> ls3 = ls1 + ls2
>>> ls3
    [' 好好学习 ',' 天天向上 ']
```

（2）列表乘。利用列表乘法可以扩充列表的内容，即利用乘法运算符（*）乘以一个整数 n 就可以得到一个重复 n 次的列表。

```
>>> ls = [' 励志 ',' 笃学 ',' 求实 ',' 尚美 ']
>>> ls*2
    [' 励志 ',' 笃学 ',' 求实 ',' 尚美 ',' 励志 ',' 笃学 ',' 求实 ',' 尚美 ']
```

（3）成员资格。成员资格运算符 in 可以检查一个元素是否为某一个序列的成员。如果该元素属于该序列，则成员资格运算返回值为 True；否则返回 False。not in 用于判断一个元素是否不是一个序列的成员。in 和 not in 也可用于判断一个键是否存在于某一个字典中。

```
>>> ls = [' 励志 ',' 笃学 ',' 求实 ',' 尚美 ']
>>> ' 求实 ' in ls
    True
>>> ' 自强 ' in ls
    False
>>> ' 自强 ' not in ls
    True
```

4. 列表推导式

根据已学过的知识，如果要创建一个由 1、2、3、……、50 等 50 个数组成的列表，

可以使用下列语句实现：

行号	代码
1	""" 程序名：list01.py """
2	ls = []
3	for item in range(1, 51):
4	ls.append(item)
5	print(ls)

如果使用列表推导式来实现上述功能，可以使用下列语句来实现：

```
ls = [item for item in range(1, 51)]
print(ls)
```

列表推导式简洁、高效，用于创建具有某种规律的列表。列表推导式语句格式如下：

格式 1：

[表达式 for 变量 in 迭代对象]

格式 2：

[表达式 for 变量 in 迭代对象 if 条件]

在列表推导式中，表达式用于生成存储到列表中的值，for 循环一般用于给表达式提供值或控制循环的次数。if 语句用于设置对 for 语句中变量的限制条件。

```
>>> ls = [x**2 for x in range(10)]
>>> ls
    [0, 1, 4, 9, 16, 25, 36, 49, 64, 81]
>>> ls = [x**2 for x in range(10) if x % 3 == 0]
>>> ls
    [0, 9, 36, 81]
```

列表推导式常用于对列表各元素进行相同操作，如将一个列表 ls 中各元素头和尾部的空白（空格、制表符、换行符等）去掉。Python 中的空字符主要包括空格、制表符和换行符 \n。

```
>>> ls = ['奋斗是青春最亮丽的底色，行动是青年最有效的磨砺。\n', ' 有责任有担当，青春才会闪光。\n', ' 青年是常为新的，最具创新热情，最具创新动力。\n']
>>> ls = [m.strip() for m in ls]
>>> ls
    ['奋斗是青春最亮丽的底色，行动是青年最有效的磨砺。', '有责任有担当，青春才会闪光。', '青年是常为新的，最具创新热情，最具创新动力。']
```

3.1.4 拓展任务——接收学生信息

继续增加 students.py（学生信息管理程序）程序的功能，实现从键盘接收多个学生信息的功能，每个学生信息都用一个列表来存储，学生信息主要包括学号、姓名、成绩。

3.1.5 任务评价表

学号及姓名			日期	
任务编号		3-1	任务名称	创建与操作祖国名胜列表
	项目	自评	小组评价	教师评价
课堂表现	学习态度（15%）			
	沟通合作（10%）			
	课堂参与（15%）			
技能操作	程序创建（20%）			
	程序编写（20%）			
	程序调试（20%）			
	总分			

	评价标准			
项目	90～100分	75～89分	60～74分	0～59分
学习态度	学习主动性、积极性、专注度和认真度优秀	学习主动性、积极性、专注度和认真度良好	学习主动性、积极性、专注度和认真度一般	学习主动性、积极性、专注度和认真度都需要加强
沟通合作	与同学、教师沟通能力优秀，有优秀的团队合作能力	与同学、教师沟通能力良好，有良好的团队合作能力	能与同学、教师沟通，参与团队活动	不能与同学、教师沟通，不参与团队活动
课堂参与	积极提问，大胆表达自己的看法，回答问题准确	敢于提问，能提出自己不同的看法，回答问题基本正确	很少提问，很少表达自己的想法，能回答教师的问题，但准确度需提升	不敢提问，不表达自己的想法，不回答教师的提问
程序创建	能熟练创建项目和程序，录入程序速度快	能较熟练创建项目和程序，录入程序较顺利	会创建项目和程序，录入程序较慢	创建项目、程序与录入程序不熟练
程序编写	能熟练定义列表，能熟练访问和修改列表元素，能灵活应用列表切片和索引，代码可读性和可维护性好，程序功能完善	会定义列表，会访问和修改列表元素，能较好应用列表切片和索引，能较好完成代码编写，程序功能较完善	会定义列表，会访问列表元素，能在他人的帮助下使用列表切片和索引	不会定义列表，不会列表切片和索引，不能完成程序代码编写
程序调试	能顺利调试程序，能熟练使用互联网查找帮助	能较顺利调试程序，能较熟练使用互联网查找帮助	能在他人的帮助下调试程序和查找帮助	不会调试程序，不会查找帮助

任务 3-2　创建与管理祖国名胜列表

列表的基本操作主要包括添加、删除、检索和统计元素。

3.2.1　任务单

学号及姓名		小组成员	
任务编号	3-2	任务名称	创建与管理祖国名胜列表
指导教师		日期	
任务概述	编写程序 famous_places.py，实现以下操作： （1）创建 places_list 列表，其元素有'长城'、'布达拉宫'、'故宫'和'敦煌莫高窟'； （2）接收用户输入的一处祖国名胜古迹，将其增加到 places_list 列表尾部； （3）将'达宗湖'、'龙门石窟'两处名胜古迹一次增加到 places_list 列表中； （4）将'长城'添加为 places_list 列表的第 3 个元素，并输出 places_list 列表； （5）判断'故宫'是否在列表中。如果存在，则提示'故宫'已在列表中，并输出故宫在列表中的位置，否则将'故宫'添加到列表中，并提示已将'故宫'添加到列表中； （6）移除 places_list 列表中'达宗湖'元素，并输出 places_list 列表； （7）删除 places_list 列表中最后一个元素，并输出该元素； （8）输出 places_list 列表元素个数以及"长城"在 places_list 列表中出现的次数		
任务要求	（1）为代码适当添加注释； （2）代码格式要遵循 Python 程序代码编写规范； （3）记录程序调试中出现的错误及解决方法； （4）能说出列表方法 append() 和 extend() 的区别		
心得与困惑			

3.2.2　任务实施

1. 程序代码

行号	代码
1	`""" 程序名：famous_places.py """`
2	
3	`places_list = ['长城','布达拉宫','故宫','敦煌莫高窟']`
4	`s = input('请输入你喜欢的一处名胜古迹名称：').strip()　# strip() 是去掉字符串前后的空格`
5	`places_list.append(s)　　# 将字符串 s 值添加到列表 places_list 的尾部`
6	`print(" 名胜列表：", places_list)`
7	`places_list.extend(['达宗湖','龙门石窟'])`
8	`places_list.insert(2,'长城')`
9	`print(" 名胜列表：", places_list)`
10	`if '故宫' in places_list:`

```
11          print("' 故宫 ' 已在列表中 ")
12          print("' 故宫 ' 是列表中第 %d 个元素 " % places_list.index(' 故宫 '))
13      else:
14          places_list.append(' 故宫 ')
15          print(" 已将 ' 故宫 ' 添加到列表中 ")
16      places_list.remove(' 达宗湖 ')
17      print(" 名胜列表：", places_list)
18      print(places_list.pop())
19      print(F'" 长城 " 在名胜列表中的出现次数：{places_list.count(' 长城 ')}')
20      print(F" 名胜列表元素个数：{len(places_list)} ")
```

2. 程序运行结果

```
请输入你喜欢的一处名胜古迹名称：圆明园
名胜列表： [' 长城 ',' 布达拉宫 ',' 故宫 ',' 敦煌莫高窟 ',' 圆明园 ']
名胜列表： [' 长城 ',' 布达拉宫 ',' 长城 ',' 故宫 ',' 敦煌莫高窟 ',' 圆明园 ',' 达宗湖 ',' 龙门石窟 ']
' 故宫 ' 已在列表中
' 故宫 ' 是列表中第 3 个元素
名胜列表： [' 长城 ',' 布达拉宫 ',' 长城 ',' 故宫 ',' 敦煌莫高窟 ',' 圆明园 ',' 龙门石窟 ']
长城
" 长城 " 在名胜列表中的出现次数：1
名胜列表元素个数：6
```

3.2.3 相关知识

1. 添加列表元素

（1）append() 方法。append() 方法用于向列表尾部添加一个元素，调用格式如下：

列表的基本方法

ListObject.append(x)

ListObject 表示要操作的列表，下列各方法调用格式中 ListObject 都表示要操作的列表。ListObject.append(x) 即把 x 的值添加到列表 ListObject 的尾部，示例如下：

```
>>> gardens = [' 苏州拙政园 ',' 圆明园 ',' 广东清晖园 ',' 颐和园 ']
>>> gardens.append(' 上海豫园 ')
>>> print(gardens)
    [' 苏州拙政园 ',' 圆明园 ',' 广东清晖园 ',' 颐和园 ',' 上海豫园 ']
>>> gardens.append([' 狮子林 ',' 留园 '])
>>> gardens
    [' 苏州拙政园 ',' 圆明园 ',' 广东清晖园 ',' 颐和园 ',' 上海豫园 ',[' 狮子林 ',' 留园 ']]
```

（2）extend() 方法。extend() 方法一次可向列表尾部添加多个元素，调用格式下：

ListObject.extend(x)

参数 x 是一个可迭代类型的数据。extend() 方法将 x 的各元素添加为列表 ListObject 的元素，是对 ListObject 列表扩充，不会产生新列表。例如：

```
>>> gardens = [' 苏州拙政园 ',' 圆明园 ',' 广东清晖园 ',' 颐和园 ']
>>> gardens.extend((' 承德避暑山庄 ',' 上海豫园 '))
```

```
>>> gardens.extend([' 狮子林 ',' 留园 '])
>>> print(gardens)
    [' 苏州拙政园 ',' 圆明园 ',' 广东清晖园 ',' 颐和园 ',' 承德避暑山庄 ',' 上海豫园 ',' 狮子林 ',' 留园 ']
>>> ls = []
>>> ls.extend(' 大疑则大进 ')
>>> ls
    [' 大 ',' 疑 ',' 则 ',' 大 ',' 进 ']
```

（3）insert() 方法。insert() 方法是将一个元素插入到列表中指定的位置，调用格式如下：

```
ListObject.insert(index, value)
```

该方法的功能是将 value 插入到列表 ListObject 中索引为 index 的位置。当 index 超界时，如果 index 大于列表索引最大值，则将 value 插入列表尾部；如果 index 小于列表索引最小值，则将 value 插入列表头部。示例如下：

```
>>> languages = ['C', 'C++', 'Java']
>>> languages.insert(0, 'Python')
>>> print(languages)
    ['Python', 'C', 'C++', 'Java']
>>> languages.insert(10, 'PHP')
>>> languages.insert(-10, 'C#')
>>> print(languages)
    ['C#', 'Python', 'C', 'C++', 'Java', 'PHP' ]
```

2. 删除列表元素

（1）del 语句。del 用于删除指定位置的一个或多个元素，或整个列表。语句格式如下：

```
del ListObject[index]           # 删除指定位置 index 的一个元素
del ListObject[start:end:step]  # 删除指定的列表切片
del ListObject                  # 删除列表
```

参数 index 是指删除元素对应的索引；参数 start:end:step 表示要删除的是列表切片。

```
>>> languages = ['Python', 'C', 'C++', 'Java', 'c#', 'JavaScript']
>>> del languages[1]            # 删除列表中索引号为 1 的元素
>>> print(languages)
    ['Python', 'C++', 'Java', 'c#', 'JavaScript']
>>> del languages[2:4]          # 使用切片删除列表 languages 中索引号 2 和 3 的元素
>>> print(languages)
    ['Python', 'C++', 'JavaScript']
>>> del languages               # 从内存中删除列表 languages
>>> print(languages)            # 输出列表 languages，会显示错误，因为列表已不存在
    Traceback (most recent call last):
        File "<input>", line 1, in <module>
            print(languages)
    NameError: name 'languages' is not defined
```

del 语句也可以删除字典元素和字典，但对字典的删除不能使用切片，因为字典是无序组合类型。

（2）remove() 方法。remove() 方法用于移除列表中的某个元素。如果列表中有多个匹配的元素，则移除匹配的第一个元素。调用格式如下：

ListObject.remove(x)

移除列表 ListObject 中的元素 x。如果 x 不在列表中，则显示 ValueError 错误。示例如下：

```
>>> ls = [' 算盘 ',' 造纸术 ',' 印刷术 ',' 指南针 ',' 火药 ']
>>> ls.remove(' 算盘 ')
>>> print(ls)
    [' 造纸术 ',' 印刷术 ',' 指南针 ',' 火药 ',' 算盘 ']
>>> ls.remove(' 火枪 ')
    Traceback (most recent call last):
        File "<pyshell#33>", line 1, in <module>
            ls.remove(' 火枪 ')
    ValueError: list.remove(x): x not in list
```

（3）pop() 方法。pop() 方法用于删除列表中指定位置的元素，并且返回被删除元素的值。如不指定，则删除列表尾部的元素。调用格式如下：

ListObject.pop(index)

参数 index 为要删除元素的索引。如果 index 超出列表 ListObject 的索引范围，系统会显示 IndexError 错误。

```
>>> ls = [' 西湖 ',' 鄱阳湖 ',' 洪泽湖 ',' 太湖 ',' 洞庭湖 ',' 大明湖 ']
>>> ls.pop(0)           # 删除列表 ls 中索引为 0 的元素
    ' 西湖 '
>>> ls.pop()            # 删除列表 ls 中最后一个元素
    ' 大明湖 '
>>> print(ls)
    [' 鄱阳湖 ',' 洪泽湖 ',' 太湖 ',' 洞庭湖 ']
>>> ls.pop(100)         # 索引 100 超界了
    Traceback (most recent call last):
        File "<pyshell#34>", line 1, in <module>
            ls.pop(10)
    IndexError: pop index out of range
```

3. 检索列表元素

index() 方法可以检索一个元素在列表中第一次出现的位置，返回该元素正的索引值。调用格式如下：

ListObject.index(value)

参数 value 是要在列表 ListObject 中检索的元素。如果 value 存在，则返回它在列表 ListObject 中第一次出现的索引；反之，系统将会引发 ValueError 异常。示例如下：

```
>>> ls = [' 自尊 ',' 自信 ',' 自立 ',' 自强 ']
>>> print(ls.index(' 自立 '))
    2
>>> print(ls.index(' 自主 '))
```

```
Traceback (most recent call last):
    File "<input>", line 1, in <module>
        print(ls.index(' 自主 '))
ValueError: ' 自主 ' is not in list
```

4. 统计某元素个数

count() 方法可以统计某个元素在列表中出现的次数。调用格式如下：

ListObject.count(value)

其功能为统计 value 在列表 listname 中出现的次数。如果值为 0，则说明列表中没有该元素。示例如下：

```
>>> ls = [' 自尊 ',' 自信 ',' 自立 ',' 自强 ']
>>> print(ls.count(' 自信 '), ls.count(' 自主 '))
    1 0
```

5. 列表的复制

在 Python 中，列表的复制有两种主要方式：浅复制和深复制。它们之间的主要区别在于如何处理嵌套对象（如列表中的列表）的复制。

列表浅复制是创建一个新的列表对象，其内容是对原列表中元素的引用，而没有复制元素本身。浅复制可以通过 list.copy() 方法、copy 模块中的 copy() 函数和切片来实现。这种情况下，如修改新列表或原列表中的可变元素（如嵌套列表、字典等）都会影响另一个列表。示例如下：

```
>>> ls = [' 更快 ',[' 更高 ',' 更强 ']]
>>> spirit = ls[:]    # 浅复制
>>> spirit
    [' 更快 ',[' 更高 ',' 更强 ']]
>>> spirit[1].append(' 更团结 ')
>>> spirit
    [' 更快 ',[' 更高 ',' 更强 ',' 更团结 ']]
>>> ls
    [' 更快 ',[' 更高 ',' 更强 ',' 更团结 ']]
```

深复制会创建一个新的对象，并且递归地复制原列表中所有的元素，包括嵌套的可变对象。Python 标准库中 copy 模块的 deepcopy() 函数实现深复制。深复制确保新列表和原列表是完全独立的实体，无论哪个列表发生改变都不会影响到另一个。示例如下：

```
>>> ls = [' 更快 ',[' 更高 ',' 更强 ']]
>>> import copy    # 从 Python 的标准库中导入 copy 模块
>>> spirit = copy.deepcopy(ls)    # 深复制
>>> spirit[1].append(' 更团结 ')
>>> spirit
    [' 更快 ',[' 更高 ',' 更强 ',' 更团结 ']]
>>> ls    # ls 列表没有受到 spirit 列表的影响
    [' 更快 ',[' 更高 ',' 更强 ']]
>>> ls[1].append(' 更和谐 ')
>>> ls
```

```
         ['更强',['更高','更快,'更和谐']]
>>> spirit
         ['更快',['更高','更强','更团结']]
```

6. 按位置逆序排列列表元素

reverse() 方法将原列表中的元素按位置逆序排序，改变原列表，不产生新列表，无参数。调用格式如下：

```
ListObject.reverse()
```

示例如下：

```
>>> ls = ['自尊','自信','自立','自强']
>>> ls.reverse()
>>> print(ls)
         ['自强','自立','自信','自尊']
```

3.2.4 拓展任务——增加学生信息管理程序功能

继续增加 students.py（学生信息管理程序）程序的功能，要求使用嵌套列表来保存学生数据，列表中每个元素是一个学生信息列表。实现添加学生信息、根据用户输入的姓名进行学生信息的查询、修改和删除等操作。

3.2.5 任务评价表

学号及姓名			日期		
任务编号	3-2		任务名称	创建与管理祖国名胜列表	
项目			自评	小组评价	教师评价
课堂表现	学习态度（15%）				
	沟通合作（10%）				
	课堂参与（15%）				
技能操作	程序创建（20%）				
	程序编写（20%）				
	程序调试（20%）				
总分					
评价标准					
项目	90~100分	75~89分		60~74分	0~59分
学习态度	学习主动性、积极性、专注度和认真度优秀	学习主动性、积极性、专注度和认真度良好		学习主动性、积极性、专注度和认真度一般	学习主动性、积极性、专注度和认真度都需要加强
沟通合作	与同学、教师沟通能力优秀，有优秀的团队合作能力	与同学、教师沟通能力良好，有良好的团队合作能力		能与同学、教师沟通，参与团队活动	不能与同学、教师沟通，不参与团队活动

续表

课堂参与	积极提问，大胆表达自己的看法，回答问题准确	敢于提问，能提出自己不同的看法，回答问题基本正确	很少提问，很少表达自己的想法，能回答教师的问题，但准确度需提升	不敢提问，不表达自己的想法，不回答教师的提问
程序创建	能熟练创建项目和程序，录入程序速度快	能较熟练创建项目和程序，录入程序较顺利	会创建项目和程序，录入程序较慢	创建项目、程序与录入程序不熟练
程序编写	会熟练定义列表，能熟练操作列表，如添加列表元素、删除列表元素、统计列表元素个数，能很好完成程序代码编写	会定义列表，会添加列表元素、删除列表元素、会统计列表元素个数，能较好完成程序代码编写	会定义列表，会访问列表元素，能在他人的帮助下完成列表的基本操作	不会定义列表，不会列表的基本操作，不能完成程序代码编写
程序调试	能顺利调试程序，能熟练使用互联网查找帮助	能较顺利调试程序，能较熟练使用互联网查找帮助	能在他人的帮助下调试程序和查找帮助	不会调试程序，不会查找帮助

任务 3-3　遍历和排序学生列表

3.3.1　任务单

学号及姓名		小组成员	
任务编号	3-3	任务名称	遍历和排序学生列表
指导教师		日期	
任务概述	已知有学生列表 student_list，其值为 [['1001', ' 党建业 ', 145], ['1008', ' 李红 ', 120], ['1006', ' 利强 ', 130]]，编写程序 students.py，实现以下操作： （1）将学生列表元素按学生成绩降序排序后输出，每个学生信息占一行，输出格式要美观易读； （2）将学生列表元素按学生学号升序排序输出； （3）将学生列表元素顺序逆转后输出		
任务要求	（1）为代码适当添加注释； （2）代码格式要遵循 Python 程序代码编写规范； （3）记录程序调试中出现的错误及解决方法； （4）程序输出结果清晰、美观、易读		
心得与困惑			

3.3.2 任务实施

1. 编程分析

该程序首先是创建嵌套列表，然后使用列表的 sort() 方法对列表元素排序，再使用 for 循环遍历列表元素，将每个元素输出。

使用 sort() 方法排序列表时，须将关键字参数 key 赋值为 lambda 函数。此处的 lambda 函数用于定义排序的关键字用的是学生信息中的哪一项信息。

lambda 函数在函数一章中有详细讲解。

2. 程序代码

行号	代码
1	`""" 程序功能：将学生信息分别以成绩降序和学号升序排序，然后输出学生信息 """`
2	`student_list = [['1001', 'zenghong', 145], ['1008', 'lili', 120], ['1006', 'hong', 130]]`
3	`student_list.sort(key=lambda x: x[2], reverse=True)`
4	`print(' 按学生成绩降序输出学生信息 ')`
5	`print('{:<10}{:<10}{:<6}'.format('ID', 'name', 'score'))`
6	`for m in student_list:`
7	`    print('{:<10}{:<10}{:<6}'.format(m[0], m[1], m[2]))`
8	`student_list.sort(key=lambda x: x[0])`
9	`print(' 按学生学号升序输出学生信息 ')`
10	`print('{:<10}{:<10}{:<6}'.format('ID', 'name', 'score'))`
11	`for m in student_list:`
12	`    print('{:<10}{:<10}{:<6}'.format(m[0], m[1], m[2]))`
13	`student_list.reverse()`
14	`print(" 学生列表逆序后：", student_list)`

3.3.3 相关知识

1. 嵌套列表

有时根据编程需要，可以在列表中存储列表、元组，或在列表中存储字典，或将列表作为值存储在字典中，称为嵌套。嵌套列表的创建、访问与普通列表相同。示例如下：

```
>>> students = [['202201', ' 张华 ', 90, 100], ['202202', ' 党泽华 ', 105, 125]]   # 列表中嵌套列表
>>> print(students[1])            # 访问列表中索引号为 1 的元素
     ['202202', ' 党泽华 ', 105, 125]
>>> print(students[1][0])         # 访问列表 students 索引号为 1 的元素中索引号为 0 的元素
     202202
```

其他嵌套列表形式示例如下：

列表中嵌套元组：

```
[('202201', ' 张华 ', 90, 100), ('202202', ' 党泽华 ', 105, 125)]
```

列表中嵌套字典：

```
[{'ID': '01', 'name': ' 张华 ', 'score': 90}, {'ID': '02', 'name': ' 党泽华 ', 'score': 120}, {'ID': '03', 'name': ' 利强 ', 'score': 110}]
```

2. 遍历列表

在编程中常会需要遍历列表中的每个元素，对每个元素都执行相同的操作。遍历列表常使用 for 循环，语句格式如下：

遍历列表

```
for 循环变量 in 列表：
    代码块
```

循环变量用于保存每次循环中访问到的列表中的元素，该遍历循环的次数由列表中元素的个数决定。

例如，读取好友列表中每个好友的姓名，输出祝福该好友节日快乐的信息。

```
>>> friends = [' 张明 ',' 李国 ',' 赵强 ']
>>> for m in friends:
        print(f'{m}，国庆快乐！')

张明，国庆快乐！
李国，国庆快乐！
赵强，国庆快乐！
```

注意： 在交互式模式下输入 for 语句时，当 for 语句所包含的语句输入结束时，要按两次 Enter 键。使用 for 语句时，注意其包含语句与 for 要有缩进。

3. 列表排序

（1）sort() 方法。sort() 方法对列表进行排序但不产生新列表，只是修改了原列表。调用格式如下：

列表排序

```
ListObject.sort(key=None, reverse=False)
```

1）key 是指排序关键字，是排序的依据，如果 key 被省略，就按元素的值的大小排序。

2）reverse 表示是否为降序，默认值为 False，即表示升序，如果为 True，则为降序。

```
>>> languages = ['Python', 'C', 'C++', 'Java', 'c#', 'JavaScript']
>>> languages.sort()
>>> print(languages)
    ['C', 'C++', 'Java', 'JavaScript', 'Python', 'c#']
>>> languages.sort(reverse=True)
>>> languages
    ['c#', 'Python', 'JavaScript', 'Java', 'C++', 'C']
>>> languages.sort(key=len)    # 设置排序关键字为 len 函数，即按元素长度排序列表
>>> languages
    ['C', 'c#', 'C++', 'Java', 'Python', 'JavaScript']
```

根据需要，用户也可以使用 lambda 函数作为排序关键字。

（2）sorted() 函数。sorted() 是函数，注意与 sort() 方法进行区别。sorted() 函数是将可迭代类型数据（包括列表、元组等）进行排序，不改变原可迭代类型数据，将产生一个新列表。调用格式如下：

```
sorted(x, key=None, reverse=False)
```

其中参数 x 表示要排序的对象，参数 key 与 reverse 与上述 sort() 方法中的含义一样。示例如下：

```
>>> languages = ['Python', 'C', 'C++', 'Java', 'c#', 'JavaScript']
>>> lg1 = sorted(languages)
>>> lg1
    ['C', 'C++', 'Java', 'JavaScript', 'Python', 'c#']
>>> languages    # languages 中的值没有发生改变
    ['Python', 'C', 'C++', 'Java', 'c#', 'JavaScript']
>>> lg2 = sorted(languages, key=len)   # 设置排序关键字为 len 函数
>>> languages
    ['Python', 'C', 'C++', 'Java', 'c#', 'JavaScript']
>>> lg2
    ['C', 'c#', 'C++', 'Java', 'Python', 'JavaScript']
>>> lg3 = sorted(languages, key=len, reverse=True)
>>> lg3
    ['JavaScript', 'Python', 'Java', 'C++', 'c#', 'C']
```

3.3.4 拓展任务——排序学生信息

继续增加和完善 students.py（学生信息管理程序）程序的功能，实现以下功能：
（1）使用遍历循环输出学生列表信息，每个学生信息占一行，输出格式要美观大方。
（2）按学生学号升序对学生信息进行排序。
（3）按学生成绩降序对学生信息进行排序。

3.3.5 任务评价表

学号及姓名			日期		
任务编号	3-3		任务名称	遍历和排序学生列表	
	项目		自评	小组评价	教师评价
课堂表现	学习态度（15%）				
	沟通合作（10%）				
	课堂参与（15%）				
技能操作	程序创建（20%）				
	程序编写（20%）				
	程序调试（20%）				
	总分				
评价标准					
项目	90～100 分	75～89 分		60～74 分	0～59 分
学习态度	学习主动性、积极性、专注度和认真度优秀	学习主动性、积极性、专注度和认真度良好		学习主动性、积极性、专注度和认真度一般	学习主动性、积极性、专注度和认真度都需要加强

续表

沟通合作	与同学、教师沟通能力优秀,有优秀的团队合作能力	与同学、教师沟通能力良好,有良好的团队合作能力	能与同学、教师沟通,参与团队活动	不能与同学、教师沟通,不参与团队活动
课堂参与	积极提问,大胆表达自己的看法,回答问题准确	敢于提问,能提出自己不同的看法,回答问题基本正确	很少提问,很少表达自己的想法,能回答教师的问题,但准确度需提升	不敢提问,不表达自己的想法,不回答教师的提问
程序创建	能熟练创建项目和程序,录入程序速度快	能较熟练创建项目和程序,录入程序较顺利	会创建项目和程序,录入程序较慢	创建项目、程序与录入程序不熟练
程序编写	会熟练定义列表,能熟练完成列表的遍历和列表的排序,程序输出结果形式清晰、美观、易读,能很好完成程序代码编写	会定义列表,能完成列表的遍历和列表的排序,程序输出结果形式较好,能较好完成程序代码编写	会定义列表,能在他人的帮助下完成列表遍历和列表的排序	不会定义列表,不会列表遍历,不会排序列表
程序调试	能顺利调试程序,能熟练使用互联网查找帮助	能较顺利调试程序,能较熟练使用互联网查找帮助	能在他人的帮助下调试程序和查找帮助	不会调试程序,不会查找帮助

任务 3-4 创建与使用祖国四大名山元组

元组也是有序序列,是由一系列依据特定顺序排列的元素组成。元组是不可改变序列,其元素不能增加、删除或修改,但元组可以整体更改,即可以重新赋值,可以通过圆括号和 tuple() 函数创建元组。

3.4.1 任务单

学号及姓名		小组成员	
任务编号	3-4	任务名称	创建与使用祖国四大名山元组
指导教师		日期	
任务概述	编写程序 mountain.py。定义一个包含中国四大名山的元组 mountain,完成以下任务: (1)输出元组 mountain 中的第三个元素; (2)输出元组 mountain 的元素个数; (3)用负数索引取出元组 mountain 最后一个元素; (4)使用切片取出元组 mountain 的第二个和第三个元素; (5)使用切片将元组 mountain 元素逆序输出; (6)使用 for 循环遍历该元组,将该元组 mountain 中的元素一一输出		

续表

任务要求	（1）为代码适当添加注释； （2）代码格式要遵循 Python 程序代码编写规范； （3）记录程序调试中出现的错误及解决方法； （4）程序输出结果清晰、美观、易读
心得与困惑	

3.4.2 任务实施

1. 程序代码

```
行号    代码
1     """ 程序名：mountain.py """
2     mountain = (' 泰山 ',' 华山 ',' 衡山 ',' 嵩山 ')
3     print(' 元组 mountain 的第三个元素是：', mountain[2])
4     print(f'\n 元组 mountain 元素个数：{len(mountain)}')
5     print(' 元组 mountain 的第二个和第三个元素是：', mountain[1:3])
6     print(' 元组 mountain 的最后一个元素是：', mountain[-1])
7     print(' 元组 mountain 的元素逆序：', mountain[::-1])
8     print(' 中国四大名山：', end=':')
9     for m in mountain:
10        print(m, end='；')
```

2. 程序运行结果

元组 mountain 的第三个元素是： 衡山

元组 mountain 元素个数：4

元组 mountain 的第二个和第三个元素是： (' 华山 ',' 衡山 ')

元组 mountain 的最后一个元素是： 嵩山

元组 mountain 的元素逆序： (' 嵩山 ',' 衡山 ',' 华山 ',' 泰山 ')

中国四大名山：泰山；华山；衡山；嵩山；

3. 常见错误

如果在程序最后增加一条语句 mountain[0] = ' 长白山 '，程序运行时，会出现下列报错信息：

```
Traceback (most recent call last):
  File "E:\2023\mountain.py", line 11, in <module>
    mountain[0] = ' 长白山 '
TypeError: 'tuple' object does not support item assignment
```

请想想为什么？

报错信息最后一条语句的意思：类型错误：'tuple' 对象不支持元素重新赋值。这是因为元组是不可改变类型对象，Python 不允许修改元组的元素。

3.4.3 相关知识

1. 创建元组

元组（tuple）是一种不可改变的序列类型，是由一对圆括号引起来的，由逗号分隔的元素组成。元组与列表一样，也可以进行加、乘、切片、索引等操作。

在 Python 中，一组由逗号分隔的元素，系统也将其创建为元组。如果元组中只有一个元素时，为了和单个值区分，这个元素后也需要加一个逗号，如 (10,) 可以不加括号，但逗号不能省。元组常用来作为字典的键、函数的返回值。

（1）使用 () 创建元组。使用 () 创建元组语法格式如下：

```
(element1, element2, element3,..., elementn)
```

没有元素的元组称为空元组，表示为 ()。示例如下：

```
>>> tu1 = ()                                    # 空元组
>>> print(tu1)
    ()
>>> tu1 = 10, 20, '努力'
>>> tu1
    (10, 20, '努力')
>>> tu1 = (10, (10, 20), '精益求精', [10, 20])    # 元组元素可以是多种数据类型
>>> print(tu1)
    (10, (10, 20), '精益求精', [10, 20])
>>> tu2 = ('细心', )    # 注意：tu2 为元组类型
>>> tu2
    ('细心',)
>>> tu3 = ('细心')      # 注意：tu3 为字符串类型
>>> tu3
    '细心'
>>> tu4 = '细心',       # 注意：tu4 为元组类型
>>> tu4
    ('细心',)
```

（2）使用 tuple() 函数创建元组。使用 tuple() 创建元组语法格式如下：

```
tuple(iterable)
```

tuple() 函数的参数可以省略，这时创建了一个空元组；如果有参数，参数必须是可迭代的对象（interable），如字符串、列表、元组、字典等可迭代对象，示例如下：

```
>>> tuple()
    ()
>>> tuple('精益求精')
    ('精', '益', '求', '精')
>>> tuple(range(10, 50, 10))
    (10, 20, 30, 40)
```

```
>>> tuple(['自尊','自信','自强','自立'])
('自尊','自信','自强','自立')
```

2. 访问元组元素

元组也是序列类型，其元素的访问方法与访问列表元素的方法一样。元组的元素可以使用索引来访问，也可以使用切片获取元组中的部分值，示例如下：

```
>>> tu = ('自尊','自信','自强','自立')
>>> tu[0]
'自尊'
>>> tu[-1]
'自立'
>>> tu[:3]
('自尊','自信','自强')
```

3.3.4 拓展任务——使用元组存储数据库配置信息

在开发应用程序时，经常需要处理配置信息，如数据库连接参数、API 密钥、应用设置等。这些配置信息通常是一组相关的键值对。因为元组的不可变性，常用它来存储这类配置信息，可防止在程序运行过程中意外地修改这些配置。下列代码是使用元组存储配置信息，请理解和调试代码。

```python
# 定义一个配置信息的元组 config
config = (
    ('database_host', 'localhost'),
    ('database_port', 3306),
    ('database_user', 'root'),
)

# 利用配置信息元组 config 创建一个字典 config_dict，方便通过键来访问配置信息
config_dict = dict(config)

# 使用配置信息连接到数据库（这里只是示例，实际连接数据库的代码会更复杂）
def connect_to_database(config):
    host = config['database_host']
    port = config['database_port']
    user = config['database_user']

    # 注意：这里只是打印连接信息，实际代码中应该使用适当的数据库连接库来建立连接
    print(f"Connecting to database at {host}:{port} with user {user}...")
    # 在实际应用中，这里会添加密码验证和数据库连接逻辑

# 调用函数 connect_to_database，使用配置信息
connect_to_database(config_dict)
```

3.4.5 任务评价表

学号及姓名			日期	
任务编号	3-4		任务名称	创建与使用祖国四大名山元组
项目		自评	小组评价	教师评价
课堂表现	学习态度（15%）			
	沟通合作（10%）			
	课堂参与（15%）			
技能操作	程序创建（20%）			
	程序编写（20%）			
	程序调试（20%）			
总分				

评价标准				
项目	90～100分	75～89分	60～74分	0～59分
学习态度	学习主动性、积极性、专注度和认真度优秀	学习主动性、积极性、专注度和认真度良好	学习主动性、积极性、专注度和认真度一般	学习主动性、积极性、专注度和认真度都需要加强
沟通合作	与同学、教师沟通能力优秀，有优秀的团队合作能力	与同学、教师沟通能力良好，有良好的团队合作能力	能与同学、教师沟通，参与团队活动	不能与同学、教师沟通，不参与团队活动
课堂参与	积极提问，大胆表达自己的看法，回答问题准确	敢于提问，能提出自己不同的看法，回答问题基本正确	很少提问，很少表达自己的想法，能回答教师的问题，但准确度需提升	不敢提问，不表达自己的想法，不回答教师的提问
程序创建	能熟练创建项目和程序，录入程序速度快	能较熟练创建项目和程序，录入程序较顺利	会创建项目和程序，录入程序较慢	创建项目、程序与录入程序不熟练
程序编写	会熟练定义元组，能熟练读取元组元素、遍历元组及统计元组元素个数，程序输出形式清晰、美观、易读	会定义元组，经过多次修改和调试后完成元组元素的读取、遍历元组及统计元组元素个数，程序输出正确，形式较清晰	会定义元组，能在他人的帮助下遍历元组、读取元组元素及统计元组元素个数，程序输出基本正确	不会定义元组，不会读取元组元素，不会遍历元组，不会统计元组元素个数
程序调试	能顺利调试程序，能熟练使用互联网查找帮助	能较顺利调试程序，能较熟练使用互联网查找帮助	能在他人的帮助下调试程序和查找帮助	不会调试程序，不会查找帮助

匠心铸魂领航——王永民：五笔字型之父

王永民，凭借卓越的大国工匠精神，致力于汉字输入技术的极致追求。历经数千次试验与改进，他成功研发出五笔字型输入法，实现了汉字输入每分钟超百字的突破，准确快捷，被誉为汉字信息化的里程碑。这种输入法媲美活字印刷术，为中国人打开了信息世界的大门。面对研发路上的重重挑战，王永民坚持不懈，精益求精，不断自我超越。其精神激励着后人勇攀科技高峰，为中国科技进步与文化传承做出杰出贡献。王永民的事迹与成就赢得了国内外广泛赞誉，荣获多项荣誉与专利，成为大国工匠精神的典范。

匠心铸魂领航——五笔字型之父

练 习 题

一、单项选择题

1. 在 Python 中，不属于组合数据类型的是（　　）。
   A．字典类型　　　　　　　　　　B．浮点型数据
   C．字符串类型　　　　　　　　　D．列表类型

2. 以下关于列表变量 lt 操作的描述中，错误的是（　　）。
   A．lt.reverse() 将列表 lt 中所有元素的位置反转
   B．lt.append(x) 可以在列表 lt 尾部增加一个元素 x
   C．lt.copy() 生成一个新列表，复制 ls 的所有元素
   D．lt.remove(x) 删除列表 lt 中所有的元素 x

3. 下列代码的输出结果是（　　）。
   ls = ['python', 100, [200, 'python'], 40]
   print(ls[2][1][-1])
   A．python　　　B．n　　　C．200　　　D．40

4. 下列代码的输出结果是（　　）。
   ls = [10, 30 ,50, 20]
   ls.insert(2, 20)
   print(ls)
   A．[10, 30, 20]　　　　　　　　B．[10, 30, 20, 50]
   C．[10, 30, 50, 20]　　　　　　D．[10, 30, 20, 50, 20]

5. 下列代码的输出结果是（　　）。
   s1, s2 = 'Dad', 'Mom'
   print('{1} loves {0}'.format(s2, s1))
   A．s2 loves s1　　　　　　　　B．Mom loves Dad
   C．Dad loves Mom　　　　　　D．s1 loves s2

6. 下列关于列表方法描述中，错误的是（　　）。

  A．ls.remove(K) 可以删除列表 ls 中所有的 K 元素

  B．ls.index(K) 可以返回在列表 ls 中从左到右第一次出现的元素 K 的索引号

  C．ls.pop() 删除列表中最后一个元素并返回该元素的值

  D．extend() 方法可以一次向列表尾部增加多个元素

7. 下列代码的输出结果是（　　）。

  ls = [10, [20, 'Python', 30], 40, 'Python']
  print(ls[1][1][-3])

  A．o   B．h   C．30   D．10

8. 下列代码的输出结果是（　　）。

  ls = ['耐心','细心','用心','爱心']
  print('**'.join(ls))

  A．'耐心'**'细心'**'用心'**'爱心'

  B．耐心 ** 细心 ** 用心 ** 爱心

  C．** 耐心 ** 细心 ** 用心 ** 爱心

  D．**['耐心','细心','用心','爱心']

9. 下列程序的输出结果是（　　）。

  ls1 = [100, 200, 300]
  ls2 = [-90, 'Python']
  print(ls1 + ls2)

  A．[100, 200, 300, [-90, 'Python']]

  B．[[100, 200, 300], [-90, 'Python']]

  C．[100, 200, 300, -90, 'Python']

  D．代码不能正常执行

10. 下列代码的输出结果是（　　）。

  ls = ['耐心','细心','用心','爱心']
  print(ls[-2::-1])

  A．['耐心','细心','用心','爱心']

  B．['耐心','细心','用心']

  C．['耐心','细心']

  D．['用心','细心','耐心']

11. 下列代码的输出结果是（　　）。

  tu = ('自尊','自信','自强','自立')
  print(tu[::-1])

  A．('自立','自强','自信','自尊')

  B．('自尊','自信','自强','自立')

  C．('自立','自强','自信')

  D．('自尊','自信','自强')

二、编程题

1. 创建嘉宾名单。假如你要举办生日晚会,你将邀请 5 个朋友,完成以下操作:

(1) 请创建一个列表 friends 来存储这 5 个朋友姓名。

(2) 列表索引号为 2 的朋友不能赴约,请输出该朋友姓名,将从列表中删除该朋友。

(3) 增加一位朋友到嘉宾名单中。

(4) 举办晚会的场地换大了,可再邀请三位朋友,请一次将三个朋友名单添加到列表中。

(5) 举办晚会时,需要一位朋友表演才艺,请随机从列表中抽取一位朋友。

2. 已知列表 ls 为 [10, 20, 4, 50, 20, 10, 20, 40, 6, 18, 20, 5, 25, 76, 84],完成以下功能:

(1) 删除该列表内重复的元素。

(2) 对列表元素降序排序并输出,再将列表元素倒序输出。

(3) 输出列表中最大数和最小数。

(4) 求出列表中所有数的和,并输出列表的元素个数。

模块 4 字典和集合

学习目标

★ 掌握映射类型的特点
★ 掌握字典的创建及基本操作
★ 能应用字典解决实际问题
★ 了解集合类型的特点
★ 掌握集合的创建及基本操作

任务 4-1 使用字典管理劳动之星选票数据

字典是 Python 中很常用也很重要的数据类型，它是无序的组合数据类型，也是一种容器类型。字典是 Python 中唯一的映射数据类型，其元素是键值对。在编程中，通过"键"查找对应"值"的过程，称为映射。字典的元素可以添加、修改、删除，字典是可改变的数据类型。字典可以嵌套多种数据类型，可形成比较复杂的数据结构。大家理解透彻字典的基本操作和常用方法及函数的使用，就能灵活地操作字典。

4.1.1 任务单

学号及姓名			小组成员			
任务编号	4-1		任务名称	使用字典管理劳动之星选票数据		
指导教师			日期			
任务概述	计算机应用专业劳动之星选票的情况见表 4-1。编程完成以下任务要求，程序名为 LaborStar.py。 表 4-1 劳动之星选票 	姓名	张新洪	李志强	赵国庆	党泽华	曾强胜	刘靖英
票数	25	30	8	35	8	12 | （1）请将劳动之星选票结果以字典形式保存，字典名为 votes，姓名为键，对应票数为值； （2）输出党泽华同学的票数； （3）将字典中赵国庆同学的票数更改为 18； （4）接收用户输入的一个学生姓名，如果该学生姓名在字典 votes 中，则票数增加 1；如果不在，增加新的键值对到字典 votes 中，键为学生姓名，值为 1（即票数为 1）；						

续表

任务概述	（5）接收用户输入的一个要删除的学生姓名，从字典中删除该学生相关信息，并输出该同学的选票数，如字典中没有该同学信息，则显示"没有某某某的选票信息"； （6）分别输出字典 votes 中所有键、所有值及所有键值对信息
任务要求	（1）为代码适当添加注释； （2）代码格式要遵循 Python 程序代码编写规范； （3）记录程序调试中出现的错误及解决方法； （4）程序输出结果清晰、美观、易读
心得与困惑	

4.1.2 任务实施

1. 编程分析

字典应用

该程序中主要涉及字典的创建，字典元素的添加、修改、删除等基本操作。创建字典常使用 {} 或 dict() 函数来创建。删除字典元素可以使用 pop() 或 del() 方法。pop() 方法的优势是当要删除的元素不存在时，可以指定返回的信息。获取字典的所有键、所有值及所有键值对信息，可以分别使用字典的 keys()、values() 和 items() 方法。本次任务操作较多，每完成一个操作，就输出字典的值，观察结果是否正确，这样有利于程序的调试。

2. 程序代码

行号	代码
1	""" 程序名：LaborStar.py """
2	votes = {'张新洪': 28, '李志强': 30, '赵国庆': 8, '党泽华': 35, '曾强胜': 8, '刘靖英': 12}
3	print("党泽华选票数为 {:>3}".format(votes['党泽华']))
4	votes['赵国庆'] = 18 # 将字典中赵国庆同学的票数更改为 18
5	name = input('请输入学生姓名：')
6	votes[name] = votes.get(name, 0) +1
7	print(votes)
8	name = input('请输入要删除的学生姓名：')
9	message = '没有 {} 的选票信息'.format(name)
10	print(votes.pop(name, message))
11	print(votes.keys())
12	print(votes.values())
13	print(votes.items())

3. 程序运行结果

党泽华选票数为 35
请输入学生姓名：李志强
{'张新洪': 28, '李志强': 31, '赵国庆': 18, '党泽华': 35, '曾强胜': 8, '刘靖英': 12}
请输入要删除的学生姓名：rose
没有 rose 的选票信息

```
dict_keys([' 张新洪 ', ' 李志强 ', ' 赵国庆 ', ' 党泽华 ', ' 曾强胜 ', ' 刘靖英 '])
dict_values([28, 31, 18, 35, 8, 12])
dict_items([(' 张新洪 ', 28), (' 李志强 ', 31), (' 赵国庆 ', 18), (' 党泽华 ', 35), (' 曾强胜 ', 8), (' 刘靖英 ', 12)])
```

4.1.3 相关知识

创建字典

1. 创建字典

字典（dictionary）是由 0 个或多个键值对组成的映射类型，键（key）和值（value）之间用冒号（:）连接，请注意必须是半角冒号。每一对键值对称为字典的一个元素（或一个项），元素间用逗号分隔，元素个数无限制，所有元素由 {} 括起来。例如 {'name': ' 赵明 ', 'ID': '202201', 'sex': 0, 'age': 10}。

字典的键必须是不可改变的数据类型，如数字、字符串、元组和类的实例对象等，不可以是列表、字典、集合等，键不能重复。字典中的值可以是 Python 任何允许的数据，如列表、集合、字符串、字典、数字等。字典可以由 {} 创建，也可以由 dict() 函数来创建。

（1）使用 {} 创建字典。使用 {} 创建字典的语法格式如下：

```
{key1:value1, key2:value2, key3:value3,...}
```

如果 {} 里面没有任何键值对，则称为空字典。使用 {} 创建字典举例如下：

```
>>> iconic = {}
>>> print(iconic, type(iconic))
    {} <class 'dict'>
>>> iconic = {' 北京 ':' 长城 ',' 上海 ':' 外滩 ',' 台北 ':'101 大楼 ',' 广州 ':' 广州塔 '}
>>> type(iconic)
    <class 'dict'>
>>> city={1:' 北京 ',2:' 上海 ',3:' 广州 ',4:' 重庆 ',4:' 深圳 '}  # 键重复，后出现的新值会取代之前的值
>>> city
    {1:' 北京 ', 2:' 上海 ', 3:' 广州 ', 4:' 深圳 '}
>>> dt = {[10, 20]: 'test'}    # 列表不可以作为字典元素的键
    Traceback (most recent call last):
        File "<pyshell#12>", line 1, in <module>
            dt = {[10, 20]: 'test'}
    TypeError: unhashable type: 'list'
```

（2）使用 dict() 函数创建字典。使用 dict() 函数创建字典的语法格式如下：

```
dict(mapping)
```

参数 mapping 省略时，表示创建了空字典，mapping 是形如（key, value）的对象，示例如下：

```
>>> test = dict()
>>> test
    {}
>>> items=[('rose', 90), ('jack', 100), ('tom', 85)]
>>> student = dict(items)
>>> student
    {'rose': 90, 'jack': 100, 'tom': 85}
```

上述例子中变量 items 值也可以是以下几种形式：

1）(('rose', 90), ('jack', 100), ('tom', 85))。

2）{('rose', 90), ('jack', 100), ('tom', 85)}。

3）[('rose', 90), ('jack', 100), ('tom', 85)]。

4）(['rose', 90], ['jack', 100], ['tom', 85])。

5）[['rose', 90], ['jack', 100], ['tom', 85]]。

6）{['rose', 90], ['jack', 100], ['tom', 85]}。

7）({'rose', 90}, {'jack', 100}, {'tom', 85})。

8）[{'rose', 90}, {'jack', 100}, {'tom', 85}]。

（3）利用 dict() 函数和 zip() 函数将两个列表（或元组）转换为字典。zip() 是 Python 的一个内建函数，它接受一系列可迭代的对象作为参数，并将这些可迭代对象中对应的元素打包成一个个元组，然后返回由这些元组组成的 zip 对象。示例如下：

```
>>> name =(' 张明 ',' 李华 ',' 赵红 ')
>>> votes =[18, 15, 30]
>>> zip(name, votes)
    <zip object at 0x00000172E871D280>
>>> dict(zip(name, votes))        # 使用 dict() 函数将 zip 对象转换为字典
    {' 张明 ': 18, ' 李华 ': 15, ' 赵红 ': 30}
>>> list(zip(name, votes))        # 使用 list() 函数将 zip 对象转换为列表
    [(' 张明 ', 18), (' 李华 ', 15), (' 赵红 ', 30)]
```

2. 字典推导式

字典推导式比列表推导式和集合推导式稍复杂些，利用字典推导式创建字典效率很高。字典推导式语法格式如下：

格式 1：

{key 的表达式 : value 的表达式 for 变量 in 迭代对象 }

格式 2：

{key 的表达式 : value 的表达式 for 变量 in 迭代对象 if 条件 }

注意：在字典推导式中第一部分是由 key 的表达式和 value 的表达式组成，两个表达式间用冒号分隔。

```
>>> d = {x: x*x for x in range(10)}
>>> d
    {0: 0, 1: 1, 2: 4, 3: 9, 4: 16, 5: 25, 6: 36, 7: 49, 8: 64, 9: 81}
>>> d = {k: v for k, v in zip(range(2, 10, 2), range(10, 100, 10))}
>>> d
    {2: 10, 4: 20, 6: 30, 8: 40}
>>> ls1 = [' 张红 ',' 李明 ',' 赵强 ']
>>> ls2 = [' 认真 ',' 责任心强 ',' 好学 ']
>>> d = {k: v for k, v in zip(ls1, ls2)}
>>> d
    {' 张红 ':' 认真 ',' 李明 ':' 责任心强 ',' 赵强 ':' 好学 '}
```

3. 访问字典中的值

字典的键可以认为是一种特殊的索引，也可理解为用户自定义的索引。利用字典中的键可以直接访问字典中的值，调用格式如下：

```
DictObject[key]
```

如果键 key 在字典 DictObject 中存在，则返回对应的值 value；如果键 key 不存在，则显示 KeyError 错误信息。示例如下：

```
>>> votes = {'张明': 18,'李华': 15,'赵红': 30}
>>> votes['李华']
    15
>>> votes['rose']
    Traceback (most recent call last):
      File "<input>", line 1, in <module>
        votes['rose']
    KeyError: 'rose'
```

4. 使用 get() 方法访问字典中的值

应用字典来统计一些元素的出现次数时，常使用 get() 方法来获取字典中某个键的值。调用格式如下：

```
DictObject.get( key [, n])
```

参数说明：

（1）key。key 是字典元素的键。

（2）n。n 设置当指定的键 key 在字典中不存在时，该方法返回的值，n 可以省略。

get() 方法是返回字典对象中键 key 对应的值 value。如果键 key 在字典对象 DictObject 中不存在，则返回 n 的值；如果 n 省略，则返回 None。示例如下：

```
>>> votes = {'张明': 18,'李华': 15,'赵红': 30}
>>> print(votes.get('李华'), votes.get('曾强'))
    15 None
>>> m = votes.get('曾强', 0)
>>> m
    0
```

建议访问字典中的值 value 时，最好使用 get() 方法，因为即使键 key 在字典中不存在，程序也不会出错，不会因此中断程序的执行。

5. 添加或修改字典中的键值对

给字典增加新的键值对或修改字典中某个键的值时，对应语句语法格式如下：

访问、修改和添加字典元素

```
DictObject[key] = value
```

如果键 key 在字典对象 DictObject 中存在，则修改该键 key 对应的值为 value；如果键 key 不存在，则字典 DictObject 增加新的键值对 key:value。示例如下：

```
>>> votes = {'张明': 18,'李华': 15,'赵红': 30}
```

```
>>> votes[' 曾强 '] = 0                    # 增加新键值对
>>> votes
    {' 张明 ': 18, ' 李华 ': 15, ' 赵红 ': 30, ' 曾强 ': 0}
>>> votes[' 赵红 '] = votes.get(' 赵红 ', 0) + 1    # 修改或新增键值对。如果键 " 赵红 " 在字典中，
则票数（即对应值）增加 1；如果不在字典，则对应值设置为 1。
>>> votes
    {' 张明 ': 18, ' 李华 ': 15, ' 赵红 ': 31, ' 曾强 ': 0}
```

6. 删除字典元素

（1）使用 del 命令（与上述删除列表中的元素类似）。

删除字典元素

```
del DictObject[key])          # 删除字典 DictObject 中键 key 对应的键值对
del DictObject                # 删除整个字典 DictObject
```

示例如下：

```
>>> votes = {' 张明 ': 18, ' 李华 ': 15, ' 赵红 ': 30}
>>> del votes[' 赵红 ']           # 删除键为 ' 赵红 ' 的键值对
>>> votes
    {' 张明 ': 18, ' 李华 ': 15}
>>> del votes[' 刘利 ']           # 指定删除的键不存在，会显示 KeyError 错误
    Traceback (most recent call last):
      File "<pyshell#1>", line 1, in <module>
        del votes[' 刘利 ']
    KeyError: ' 刘利 '
>>> del votes                    # 删除整个字典
>>> votes                        # 字典已不存在，再使用字典则会出现异常
    Traceback (most recent call last):
      File "<input>", line 1, in <module>
        votes
    NameError: name 'votes' is not defined.Did you mean: 'bytes'?
```

（2）pop() 方法。pop() 方法的语法格式如下：

```
DictObject.pop( key[, n])
```

1）key。key 是指定的键。

2）n。n 是设置当指定的键 key 在字典中不存在时，pop() 方法返回的值。n 可以省略。当 n 省略时，如果键 key 在字典不存在，则发生异常。

pop() 方法是删除字典对象中键 key 对应的键值对，并返回该键对应的值 value。如果键 key 在字典对象 DictObject 中不存在，则返回 n 的值；如果 n 被省略，则发生 KeyError 异常。示例如下：

```
>>> votes = {' 张明 ': 18, ' 李华 ': 15, ' 赵红 ': 30}
>>> votes.pop(' 李华 ')
    15
>>> votes.pop(' 曾强 ', ' 曾强不在字典中 ')
    ' 曾强不在字典中 '
>>> votes.pop(' 曾强 ')
    Traceback (most recent call last):
```

```
        File "<pyshell#12>", line 1, in <module>
            votes.pop(' 曾强 ')
        KeyError: ' 曾强 'popitem() 方法
```

(3) popitem() 方法。

popitem() 方法的语法格式如下：

DictObject.popitem()

popitem() 方法是随机删除一对键值对，并以元组形式返回被删除的键值对，这个元组的形式为 (key, value)。实际上 popitem() 方法删除的是最后一个键值对。对空字典使用 popitem() 方法，会引发 KeyError 异常。

```
>>> votes = {' 张明 ': 18, ' 李华 ': 15, ' 赵红 ': 30}
>>> votes.popitem()
    (' 赵红 ', 30)
>>> votes.popitem()
    (' 李华 ', 15)
>>> votes.popitem()
    (' 张明 ', 18)
>>> votes.popitem()
    Traceback (most recent call last):
        File "<pyshell#19>", line 1, in <module>
            votes.popitem()
    KeyError: 'popitem(): dictionary is empty'
```

(4) clear() 方法。

clear() 方法的语法格式如下：

DictObject.clear()

clear() 方法是清空字典中的键值对，将字典变为空字典。

```
>>> votes = {' 张明 ': 18, ' 李华 ': 15, ' 赵红 ': 30}
>>> votes.clear()          # 清空字典 votes 的键值对
>>> votes
    {}
```

7. 获取字典中的键、值或键值对的方法

Python 中提供有获取字典中键、值或键值对信息的方法，见表 4-2。

表 4-2　字典常用的方法

方法	功能
D.keys()	返回一个可迭代对象，该对象包含了字典 D 中所有的键信息
D.values()	返回一个可迭代对象，该对象包含了字典 D 中所有的值信息
D.items()	返回一个可迭代对象，该对象包含了字典 D 中所有的键值对信息

这三个方法返回的可迭代对象不是一个列表，不可以使用索引方式访问这三个可迭代对象中的元素，可以使用遍历循环访问这些可迭代对象中的元素。这三个方法的

使用示例如下：

```
>>> award = {' 乒乓球 ':' 张华 ',' 拳击 ':' 李明 ',' 举重 ':' 赵强 ',' 跳水 ':' 石头 '}
>>> k = award.keys()
>>> type(k)
    <class 'dict_keys'>
>>> k
    dict_keys([' 乒乓球 ',' 拳击 ',' 举重 ',' 跳水 '])
>>> award.values()
    dict_values([' 张华 ',' 李明 ',' 赵强 ',' 石头 '])
>>> award.items()
    dict_items([(' 乒乓球 ',' 张华 '),(' 拳击 ',' 李明 '),(' 举重 ',' 赵强 '),(' 跳水 ',' 石头 ')])
```

这三个方法常和遍历循环 for 结合使用，访问字典的每个键、每个值或每个键值对。

8. 遍历字典中的键、值或键值对

遍历字典中的键、值或键值对信息与遍历列表中元素方法类同。示例如下：

遍历字典

```
>>> award = {' 乒乓球 ':' 张华 ',' 拳击 ':' 李明 ',' 举重 ':' 赵强 ',' 跳水 ':' 石头 '}
>>> for i in award:          # 遍历字典即遍历字典所有的键
        print(i, end=';')

    乒乓球 ; 拳击 ; 举重 ; 跳水 ;
```

注意： 直接遍历字典时，遍历的是字典的键。

```
>>> for i in award.keys():   # 遍历字典 award 中所有的键信息
        print(i, end=';')
```

这段代码的运行结果与上一段代码结果是一样的。

```
>>> for i in award.values(): # 遍历字典 award 中所有的值信息
        print(i, end=';')

    张华 ; 李明 ; 赵强 ; 石头 ;
>>> for i in award.items():  # 遍历字典 award 中所有的键值对信息
        print(i, end=';')

    (' 乒乓球 ',' 张华 ');(' 拳击 ',' 李明 ');(' 举重 ',' 赵强 ');(' 跳水 ',' 石头 ');
```

4.1.4 拓展任务——劳动之星选票数据可视化

任务 1： 使用 matplotlib 模块中的 pyplot 绘图模块，编程实现将任务 4-1 的劳动之星选票数据以柱形图的形式展示出来，如图 4-1 所示。

任务 2： 将学生信息管理程序 students.py 中学生数据的存储更改为列表嵌套字典存储数据，且每个学生有两门课的成绩，然后实现程序原有的各项功能。列表中嵌套字典如下所示：

```
[{'ID': '01', 'name': ' 张华强 ', 'score_M': 90, 'score_C': 100}, {'ID': '02', 'name': ' 党泽华 ', 'score_M': 120, 'score_C': 118}, {'ID': '03', 'name': ' 利强胜 ', 'score_M': 110, ' score_C': 109}]
```

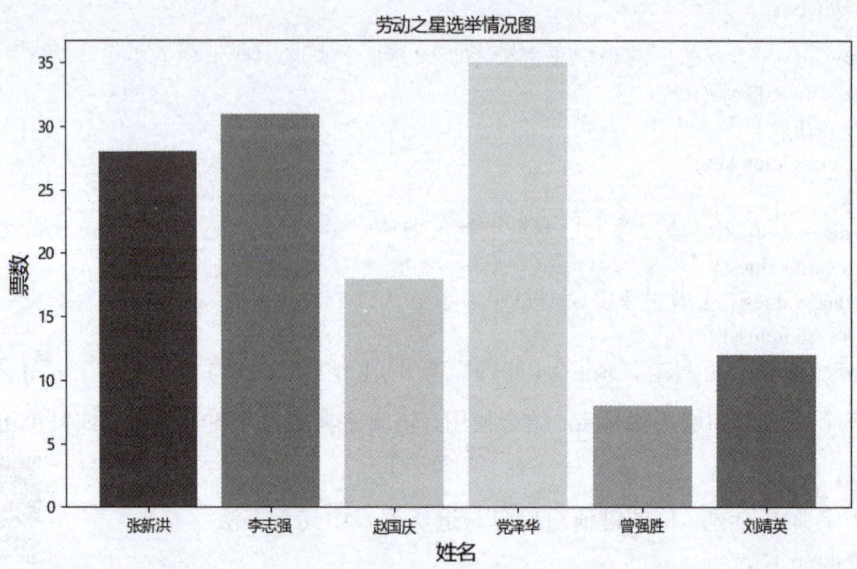

图 4-1　劳动之星选票情况图

4.1.5　任务评价表

学号及姓名			日期	
任务编号	4-1		任务名称	使用字典管理劳动之星选票数据
项目		自评	小组评价	教师评价
课堂表现	学习态度（15%）			
	沟通合作（10%）			
	课堂参与（15%）			
技能操作	程序编写（30%）			
	程序调试（30%）			
总分				
评价标准				
项目	90～100分	75～89分	60～74分	0～59分
学习态度	学习主动性、积极性、专注度和认真度优秀	学习主动性、积极性、专注度和认真度良好	学习主动性、积极性、专注度和认真度一般	学习主动性、积极性、专注度和认真度都需要加强
沟通合作	与同学、教师沟通能力优秀，有优秀的团队合作能力	与同学、教师沟通能力良好，有良好的团队合作能力	能与同学、教师沟通，参与团队活动	不能与同学、教师沟通，不参与团队活动
课堂参与	积极提问，大胆表达自己的看法，回答问题准确	敢于提问，能提出自己不同的看法，回答问题基本正确	很少提问，很少表达自己的想法，能回答教师的问题，但准确度需提升	不敢提问，不表达自己的想法，不回答教师的提问

续表

程序编写	熟练定义字典、熟练完成字典元素的添加、修改和删除的基本运算，程序结果正确、可读性好	能较顺利完成定义字典、基本完成字典元素的添加、修改和删除的基本运算，程序结果正确、可读性良好	能在他人的帮助下定义字典、基本完成字典元素的添加、修改和删除的基本运算，程序结果基本正确	不会定义字典，不能完成字典的基本操作，程序不能输出正确结果
程序调试	能顺利调试程序，能解决常见问题，能熟练使用互联网查找帮助并解决相应问题	能较顺利调试程序，能顺利解决常见问题，能较熟练使用互联网查找帮助	能在他人的帮助下调试程序和查找帮助	不会调试程序，不能解决常见问题，不会查找帮助

任务 4-2　应用集合管理学习标兵和劳动之星名单

集合是 Python 中一种无序的且元素不能重复的组合数据类型，也是一种容器类型。集合的最大特点是元素不能重复，编程中常使用集合的该特点来去除重复数据。

4.2.1　任务单

学号及姓名		小组成员	
任务编号	4-2	任务名称	应用集合管理学习标兵和劳动之星名单
指导教师		日期	
任务概述	现有某专业的学习标兵学生名单和劳动之星名单，编程实现以下要求： 学习标兵名单：曾强胜、张明、李红、曾志强、张华明、党泽华、刘靖英、赵国庆、蒋智华、黎昊阳。 劳动之星名单：张新洪、李志强、赵国庆、党泽华、曾强胜、刘靖英、刘国英、王德华、黄爱国、曹文。 （1）程序命名为 honor.py； （2）学习标兵名单中增加刘志高同学，劳动之星名单中移除李志强同学； （3）输出只获得学习标兵称号的学生名单； （4）输出两种荣誉都获得的学生名单； （5）输出只获得一项荣誉的学生名单； （6）输出两种荣誉共表彰的学生人数		
任务要求	（1）为代码适当添加注释； （2）代码格式要遵循 Python 程序代码编写规范； （3）记录程序调试中出现的错误及解决方法； （4）程序输出结果清晰、美观、易读		
心得与困惑			

4.2.2 任务实施

1. 编程分析

集合应用

该任务的功能是使用集合数据类型的运算实现的，分别创建学习标兵集合 study 和劳动之星集合 labor。利用学生标兵集合 study 减去劳动之星集合 labor 的差集可获取只在学习标兵名单中的学生；利用两个集合的交集运算可得两种荣誉都获得的学生名单；利用两个集合的异或运算可获得只获得一项荣誉的学生名单；求出两个集合的并集元素个数即得两种荣誉名单共包含的学生人数。

2. 程序代码

行号	代码
1	""" 程序名称：honor.py """
2	study = {' 曾强胜 ',' 张明 ',' 李红 ',' 曾志强 ',' 张华明 ',' 党泽华 ',' 刘靖英 ',' 赵国庆 ',
3	' 蒋智华 ',' 黎昊阳 '}
4	labor = {' 张新洪 ',' 李志强 ',' 赵国庆 ',' 党泽华 ',' 曾强胜 ',' 刘靖英 ',' 刘国英 ',' 王德华 ',
5	' 黄爱国 ',' 曹文 '}
6	study.add(' 刘志高 ')
7	labor.remove(' 李志强 ')
8	print(" 只获得学习标兵称号的学生：%s" % (study - labor))
9	print(" 两种荣誉都获得的学生：%s" % (study & labor))
10	print(" 获得单项荣誉的学生：%s" % (study ^ labor))
11	s = study | labor
12	print(" 两种荣誉共表彰 %3d 名学生 " % len(s))

3. 程序运行结果

只获得学习标兵称号的学生：{' 曾志强 ',' 黎昊阳 ',' 蒋智华 ',' 张华明 ',' 张明 ',' 李红 ',' 刘志高 '}
两种荣誉都获得的学生：{' 赵国庆 ',' 刘靖英 ',' 党泽华 ',' 曾强胜 '}
获得单项荣誉的学生：{' 刘国英 ',' 曾志强 ',' 黎昊阳 ',' 黄爱国 ',' 张新洪 ',' 蒋智华 ',' 张华明 ',' 张明 ',' 李红 ',' 刘志高 ',' 王德华 ',' 曹文 '}
两种荣誉共表彰 16 名学生

4.2.3 相关知识

1. 集合的创建

集合类型

集合（set）是一种可改变的无序的组合类型，其元素必须是不可改变的数据类型。所有元素用 {} 括起来，各元素间用半角逗号分隔，元素个数不限。例如 {10, 'rose', 90.5, True}。

（1）使用 {} 创建集合。使用 {} 创建集合的语法格式如下：

{element1, element2, element3,...}

特别注意，{} 表示空字典而不是空集合，空集合可以由 set() 函数创建。示例如下：

>>> province = {' 湖南 ',' 湖北 ',' 河南 ',' 河北 '}
>>> type(province)   # 查看变量 province 的数据类型

```
            <class 'set'>
>>> type({})        # 查看 {} 的数据类型
            <class 'dict'>
```

（2）使用 set() 函数创建集合。set(x) 函数的功能是将一个可迭代对象 x（如列表、元组、字符串等）去除其中的重复元素，生成一个只包含每个元素均是唯一元素的集合。set() 函数调用格式如下：

```
set(x)
```

参数 x 是可迭代的数据类型。

```
>>> ls = ['湖南','湖北','河南','河北','广东','广西','河南','河北']
>>> province = set(ls)    # set() 函数将列表转换为集合，使用这种方法可以去除列表中重复数据
>>> print(province)
    {'河南','湖南','湖北','广西','河北','广东'}
>>> type(set())
    <class 'set'>
>>> print(set())          # 输出空集合
    set()
```

（3）创建冻结集合。利用 frozenset() 函数可创建冻结集合，调用格式如下：

```
frozenset (x)
```

参数 x 是可迭代对象。冻结集合是不可改变的数据类型，其元素不可以被修改、增加和删除。示例如下：

```
>>> st = frozenset([90, 80, 90])
>>> print(st)
    frozenset({80, 90})
>>> st.add(100)    # st 是冻结集合，没有 add() 方法。普通集合可以使用 add() 方法添加元素。
    Traceback (most recent call last):
      File "<pyshell#2>", line 1, in <module>
        st.add(100)
    AttributeError: 'frozenset' object has no attribute 'add'
```

2. 集合推导式

集合推导式与列表推导式很像，它们都是用于创建具有某种规律的集合，只是集合推导式将列表推导式前后的中括号改为花括号，其对应语法格式如下：

格式 1：

```
{ 表达式 for 变量 in 迭代对象 }
```

格式 2：

```
{ 表达式 for 变量 in 迭代对象 if 条件 }
```

示例如下：

```
>>> s1 = {x for x in range(10)}
>>> s1
    {0, 1, 2, 3, 4, 5, 6, 7, 8, 9}
```

```
>>> s1 = {x ** 2 for x in range(10) if x % 3==0}
>>> s1
    {0, 9, 36, 81}
```

3. 集合常用运算符

集合常用的运算符有 &、|、- 和 ^ 等，见表 4-3。

集合常用运算符

表 4-3 集合常用的运算符

运算符	描述	举例 a = {10, 20, 30, 40} b = {20, 50, 60}
&	交集，求两个集合交集	a & b 的值为 {20}
|	并集，求两个集合并集	a | b 的值为 {10, 20, 30, 40, 50, 60}
-	差集，求两个集合的差	a - b 的值为 {10, 30, 40}
^	异或，a^b 求仅在 a 和仅在 b 的元素集合	a ^ b 的值为 {10, 30, 40, 50, 60}

in 和 not in 运算同样适用于集合。示例如下：

```
>>> a = {10, 20, 30, 40}; b = {20, 50, 60}
>>> a | b
    {50, 20, 40, 10, 60, 30}
>>> a - b
    {40, 10, 30}
>>> a & b
    {20}
>>> a ^ b
    {40, 10, 50, 60, 30}
>>> a is b
    False
>>> a is not b
    True
>>> 40 in a
    True
>>> b not in a
    True
```

4. 集合常用方法

集合常用方法见表 4-4。

集合常用的方法

表 4-4 集合常用的方法

方法名	描述	举例 a = {10, 20, 30, 40} b = {20, 50, 60}
setA.intersection(setB)	返回集合 setA 和 setB 的交集	a.intersection(b) 的值为 {20}
setA.union(steB)	返回集合 setA 和 setB 的并集	a.union(b) 的值为 {10, 20, 30, 40, 50, 60}
setA.difference(steB)	返回集合 setA 和 setB 的差集	a.difference(b) 的值为 {10, 30, 40}

续表

方法名	描述	举例 a = {10, 20, 30, 40} b = {20, 50, 60}
setA.issubset(steB)	返回布尔值，判断 setA 是否是 setB 的子集	a.issubset(b) 的值为 False
setA.issuperset(steB)	返回布尔值，判断 setA 是否是 setB 的父集	a.issuperset(b) 的值为 False
setA.add(x)	添加一个元素到集合 setA 中	a.add(100)
setA.remove(x)	将元素 x 从集合 setA 中删除 如果 x 不存在，则触发异常	b.remove(30)
setA.pop()	从集合 setA 中随机删除一个元素，并返回该元素值	a.pop()
setA.discard(x)	将元素 x 从集合 setA 中删除 如果 x 不存在，则触发异常	a.discard(80)

集合常用的方法使用示例如下：

```
>>> a = {10, 20, 30, 40}; b = {20, 50, 60}
>>> a.union(b)
    {50, 20, 40, 10, 60, 30}
>>> a.difference(b)
    {40, 10, 30}
>>> a.issubset(b)
    False
>>> a.issuperset(b)
    False
>>> a.add(100)
>>> a
    {100, 40, 10, 20, 30}
>>> a.intersection(b)
    {20}
>>> a.discard(20)
>>> a.remove(20)
Traceback (most recent call last):
    File "<input>", line 1, in <module>
        a.remove(20)
KeyError: 20
```

4.2.4 拓展任务——统计文本文件中独行的行数

统计 data.txt 文件中与其他行都不同的行的行数，即独行的行数。参考代码如下：

行号	代码
1	""" 程序功能：统计文件 data.txt 中独行的个数，独行即在文件中只出现一次的行
2	程序名称：singleline.py"""

```
3       fdata = open("data.txt", encoding='utf-8')
4       ls = fdata.readlines()      # readlines() 方法返回文件中所有行构成的列表
5       print(ls)
6       s = set(ls)                 # 将列表转换为集合，可去掉列表重复的元素
7       for i in s:
8           ls.remove(i)            # 移除列表 ls 中第一次出现的元素 i
9       d = set(ls)                 # 集合 d 中保存的是重复的行
10      print(" 文件 data.txt 共 {} 独特行 ".format(len(s) - len(d)))
```

4.2.5 任务评价表

学号及姓名			日期		
任务编号	4-2		任务名称	应用集合管理学习标兵和劳动之星名单	
项目			自评	小组评价	教师评价
课堂表现	学习态度（15%）				
	沟通合作（10%）				
	课堂参与（15%）				
技能操作	程序编写（30%）				
	程序调试（30%）				
总分					
评价标准					
项目	90～100 分	75～89 分	60～74 分	0～59 分	
学习态度	学习主动性、积极性、专注度和认真度优秀	学习主动性、积极性、专注度和认真度良好	学习主动性、积极性、专注度和认真度一般	学习主动性、积极性、专注度和认真度都需要加强	
沟通合作	与同学、教师沟通能力优秀，有优秀的团队合作能力	与同学、教师沟通能力良好，有良好的团队合作能力	能与同学、教师沟通，参与团队活动	不能与同学、教师沟通，不参与团队活动	
课堂参与	积极提问，大胆表达自己的看法，回答问题准确	敢于提问，能提出自己不同的看法，回答问题基本正确	很少提问，很少表达自己的想法，能回答教师的问题，但准确度需提升	不敢提问，不表达自己的想法，不回答教师的提问	
程序编写	熟练定义集合、完成集合的基本运算，程序结果完全正确，程序输出设计有特色、可读性很好	能较顺利完成定义集合、基本完成集合的基本运算，程序结果正确、可读性良好	能在他人的帮助下定义集合、基本完成集合的基本运算，程序结果基本正确	不会定义集合，不能完成集合的基本运行操作，不能输出正确结果	
程序调试	能顺利调试程序，能解决常见问题，能熟练使用互联网查找帮助并解决相应问题	能较顺利调试程序，能顺利解决常见问题，能较熟练使用互联网查找帮助	能在他人的帮助下调试程序和查找帮助	不会调试程序，不能解决常见问题，不会查找帮助	

匠心铸魂领航——为了 0.1 秒,她努力了 13 年!

彭菲,一位追求卓越的算法工程师,用 13 年时间深耕人脸识别技术。面对初期国产芯片算力不足的挑战,她带领团队重构算法,实现了近十倍的速度提升,使产品成为全球最快同类产品之一。2020 年 2 月,彭菲团队在国内首批推出解决口罩难题的深度学习人脸识别算法,人脸识别准确率超过 99.99%。从红外光到可见光,从单一到复杂环境,彭菲不断挑战算法极限,精益求精,体现了她对任何事都要精益求精的执着追求。

匠心铸魂领航——大国工匠彭菲

练 习 题

一、单项选择题

1. 下列( )类型是 Python 的映射类型。
   A．dict　　　　B．list　　　　C．tuple　　　　D．set
2. 在 Python 中,不属于组合数据类型的是( )。
   A．字典类型　　B．浮点型数据　　C．字符串类型　　D．列表类型
3. 关于 {},下列描述正确的是( )。
   A．直接使用 {} 将生成一个集合类型
   B．直接使用 {} 将生成一个列表类型
   C．直接使用 {} 将生成一个元组类型
   D．直接使用 {} 将生成一个字典类型
4. 下列关于 Python 字典的描述中,错误的是( )。
   A．字典用来实现映射关系,通过整数索引来查找其中的元素
   B．在定义字典对象时,键和值用冒号连接
   C．字典中引用与特定键对应的值,可使用:字典 [键] 方式
   D．字典中的键值对没有顺序并且不能重复
5. 下列代码的输出结果是( )。
   D = {'Fruit': {'apple': 10, 'pear': 20}}
   print(D.get('apple', 'no this fruit'))
   A．apple　　　　B．10　　　　C．Fruit　　　　D．no this fruit
6. 下列代码的输出结果是( )。
   d = {"MM": 1001, "GG": 1003}
   print(len(d), end=' ')
   d['GG'] =1002
   print(d.get('GG', 1004))
   A．2 1002　　　B．2 1003　　　C．4 1004　　　D．4 1002

7．下列关于字典说法中，正确的是（　　）。

　　A．字典可由 {} 建立，每个元素都是一个键值对

　　B．创建字典只能通过 dict() 函数

　　C．字典中不以嵌套字典

　　D．使用 del 语句进行字典操作时，不需要指定字典名和要删除的键

8．对于集合 A 和集合 B，对 A&B 的正确描述是（　　）。

　　A．两个集合的交运算，是同时在集合 A 和 B 中的元素

　　B．两个集合的并运算，是集合 A 和 B 中的所有的元素

　　C．两个集合的差运算，在集合 A 中但不在集合 B 中的元素

　　D．两个集合的补运算，在集合 A 和 B 中几个不相同的元素

二、编程题

1．将自己的个人信息定义为字典，其中属性作为键，属性分别为 name、sex、age、weigth、heigth，值为自己的相应信息，然后完成下面操作。

（1）输出所有键。

（2）输出所有的值。

（3）输出所有的项。

2．已知有两个集合 A 和 B 中分别存放在两组学生的学号，请编程完成下列要求：A={1001, 1003, 1006, 1005, 1010}，B={1009, 1012, 1001, 1004, 1007, 1005}

（1）找出在 A 中，但不在 B 中的学号。

（2）找出 A 和 B 中相同的学号。

（3）找出 A 和 B 中不相同的学号。

（4）求出 A 和 B 中学号的个数。

模块 5 流程控制

学习目标

★ 熟练使用流程图表示程序流程
★ 掌握 if 语句的多种格式
★ 熟练使用 if 语句编写程序
★ 掌握 for 语句和 while 语句结构
★ 熟练使用循环语句编写程序
★ 熟练使用异常处理语句

程序语句分为三种基本结构：顺序结构、选择结构和循环结构。顺序结构是指按照程序中语句的先后顺序逐句执行。在编写程序时，为了适应各种条件的变化，需要改变程序的执行顺序，用于实现这些目的的语句称为流程控制语句。

在 Python 中，流程控制语句主要分为以下几种：

（1）选择结构语句（if）。
（2）循环结构语句（for、while）。
（3）跳转语句（break、continue、return）。
（4）异常处理语句（try）。

任务 5-1　判定空气质量指数

选择结构也称为分支结构，是根据判断条件的结果选择要执行哪些语句的一种结构。分支结构包括单分支、双分支和多分支结构。使用分支语句可以实现分支结构。根据分支数量划分，分支语句分为单分支语句 if、双分支语句 if-else 和多分支语句 if-elif-else。

5.1.1 任务单

学号及姓名		小组成员	
任务编号	5-1	任务名称	判定空气质量指数
指导教师		日期	
任务概述	（1）请绘制程序的流程图并写出相应程序代码。程序功能：接收用户输入的用户名及密码，如果用户名为 admin，密码为 rz2088$RZ，则提示"登录成功！欢迎您！"，否则显示"用户名或密码错误，请再想想！"； （2）编程实现：请根据用户输入的空气质量指数，显示空气质量指数类型级别及相应建议，空气质量指数级别表请见表 5-1，程序名为 AirQuality.py； 空气质量指数（Air Quality Index，AQI）是按照《环境空气质量标准》（GB 3095—2012）定量描述空气质量状况的无量纲指数。 表 5-1 空气质量指数级别表 | 空气质量指数 AQI	空气质量指数级别	空气质量表示	表示颜色	建议
---	---	---	---	---
$0 \leqslant AQI < 51$	一级	优	绿色	各类人群可多户外活动，多呼吸清新空气
$51 \leqslant AQI < 101$	二级	良	黄色	极少数异常敏感人群应减少户外活动
$101 \leqslant AQI < 151$	三级	轻度污染	橙色	儿童、老年人及心脏病、呼吸系统疾病患者应减少长时间、高强度的户外锻炼
$151 \leqslant AQI < 201$	四级	中度污染	红色	儿童、老年人及心脏病、呼吸系统疾病患者避免长时间、高强度的户外锻炼，一般人群适量减少户外运动
$201 \leqslant AQI \leqslant 300$	五级	重度污染	紫色	儿童、老年人和心脏病、肺病患者应停留在室内，停止户外运动，一般人群减少户外运动
> 300	六级	严重污染	褐红色	儿童、老年人和病人应当留在室内，避免体力消耗，一般人群应避免户外活动	
任务要求	（1）变量命名要见名知意； （2）适当给程序代码添加注释； （3）录入代码要遵守 Python 代码编写规范		
心得与困惑			

5.1.2 任务实施

1. 程序流程图

任务中第一个程序的流程图如图 5-1 所示。

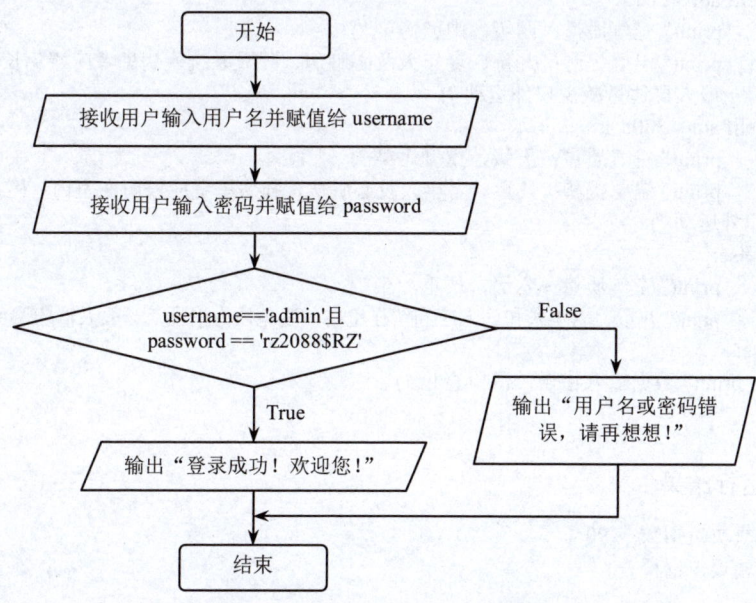

图 5-1 接收用户名及密码的流程图

2. 第一个程序代码

```
行号    代码
1       # 程序名：login.py
2       username = input(' 请输入用户名：')
3       password = input(' 请输入密码：')
4       if username == 'admin' and password == 'rz2088$RZ':
5           print(' 登录成功！欢迎您！ ')
6       else:
7           print(' 用户名或密码错误，请再想想！ ')
```

请思考，如果使用单分支 if 语句实现该程序功能，该如何修改代码？

3. 第二个程序代码

```
行号    代码
1       """ 根据 AQI 值输出空气质量等级以及提醒，程序名 AirQuality.py """
2       aqi = eval(input(' 请输入空气质量指数：'))
3       if aqi >= 0:
4           if aqi <= 50:
5               print(" 空气质量：一级，优 ")
6               print(" 温馨提醒：各类人群可多户外活动，多呼吸清新空气 ")
7           elif aqi < 101:
```

空气质量指数

```
 8         print(" 空气质量：二级，良好 ")
 9         print(" 温馨提醒：极少数异常敏感人群应减少户外活动 ")
10     elif aqi < 151:
11         print(" 空气质量：三级，轻度污染 ")
12         print(" 温馨提醒：儿童、老年人及心脏病、呼吸系统疾病患者应减少长时间、高强度的户外锻炼 ")
13     elif aqi < 201:
14         print(" 空气质量：四级，中度污染 ")
15         print(" 温馨提醒：儿童、老年人及心脏病、呼吸系统疾病患者应避免长时间、高强度的户外锻炼，一般人群适量减少户外运动 ")
16     elif aqi < 300:
17         print(" 空气质量：五级，重度污染 ")
18         print(" 温馨提醒：儿童、老年人及心脏病、肺病患者应停留在室内，停止户外锻炼，一般人群减少户外运动 ")
19     else:
20         print(" 空气质量：六级，严重污染 ")
21         print(" 儿童、老年人和病人应当留在室内，避免体力消耗，一般人群应避免户外活动 ")
22 else:
23     print(" 数据输入错误，请检查！ ")
```

4. 运行代码

第一次运行结果：

请输入空气质量指数：-90
数据输入错误，请检查！

第二次运行结果：

请输入空气质量指数：36
空气质量：一级，优
温馨提醒：各类人群可多户外活动，多呼吸清新空气

5. 常见错误提示

（1）SyntaxError: invalid syntax。invalid syntax 的中文意思为无效语法，常见原因是 if、elif 语句中的判断条件后忘了输入冒号，或是 else 后面忘了输入冒号。

（2）SyntaxError: invalid character '：' (U+FF1A)。invalid character '：' 的中文意思为无效字符 '：'，原因是 if 语句中的冒号输入了全角的冒号，应改为半角冒号。

5.1.3 相关知识

1. 流程图

程序流程图是使用流程图符号、文本、流程线来描述程序算法的工具。与自然语句相比，流程图更加直观、准确和简洁。常见的流程图符号如图 5-2 所示。

 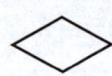 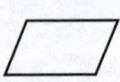 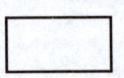 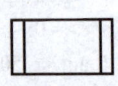 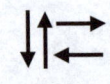

起止框　　决策框　　输入/输出框　　处理框　　连接点　　预定义过程　　流线

图 5-2　常见的流程图符号

如图 5-3 所示的流程图表示从键盘接收两个数 num1 和 num2，然后求出两个数的积和商并输出。

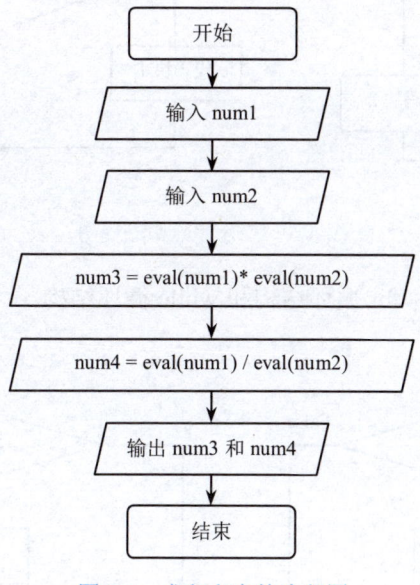

图 5-3　求积和商的流程图

2. 程序的基本结构

（1）顺序结构。顺序结构是最简单、最基本的一种程序结构，程序语句从上到下依次执行。

Python 程序结构

（2）分支结构。分支结构也称为选择结构，是根据判断条件（也称为条件表达式）的值为 True 还是 False 执行不同分支的结构。分支结构有单分支、双分支和多分支，判断条件是分支结构的核心。图 5-4 和图 5-5 分别为单分支结构和双分支结构流程图。

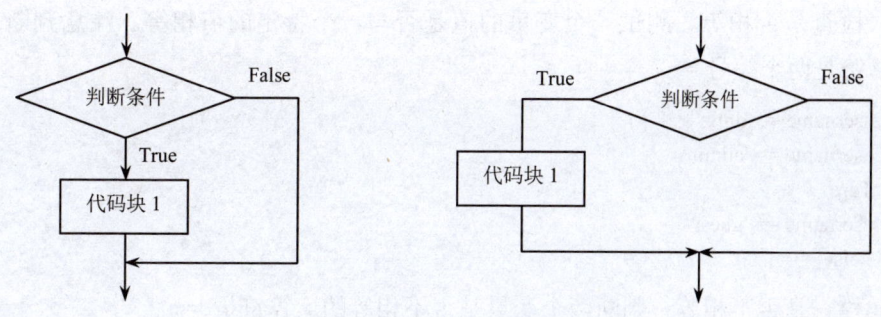

图 5-4　单分支结构流程图

在单分支结构中，当判断条件为 True 时，执行代码块 1，判断条件为 False 时，不执行任何语句。在双分支结构中，当判断条件为 True 时，执行代码块 1，判断条件为 False 时，执行代码块 2，也即无论判断条件为 True 还是 False，只能执行其中一个分支。

（3）循环结构。循环结构是用于实现程序中需要重复执行的操作。Python 中的循环结构有 for 循环和 while 循环。for 循环称为遍历循环，while 循环称为条件循环。while 循环有一个循环判断条件。

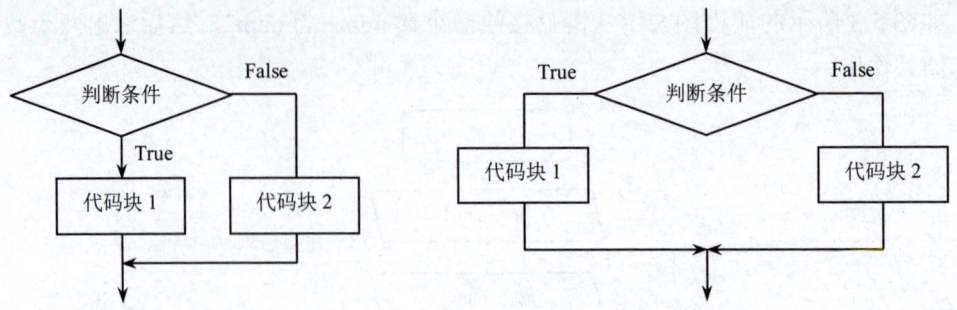

图 5-5　双分支结构流程图

图 5-6 和图 5-7 分别为 for 循环结构和 while 循环结构。

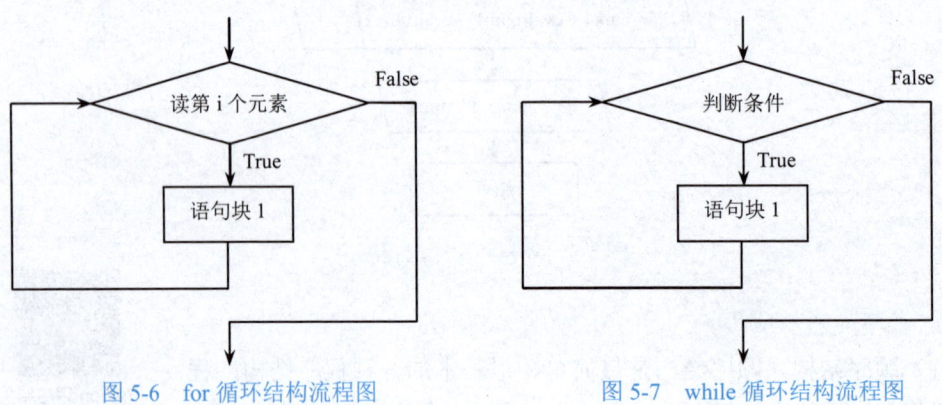

图 5-6　for 循环结构流程图　　　　　　图 5-7　while 循环结构流程图

3．判断条件

判断条件的形式很多种，只要其值是布尔类型或是能被 Python 识别为布尔类型的表达式都可以。常见形式如下：

（1）检查是否相等。测试一个变量的值是否与一个特定的值相等。注意判断是否相等运算符是两个等号 ==。

```
>>> username = 'admin'
>>> username == 'admin'
    Ture
>>> username == 'guest'
    False
```

（2）检查是否不相等。判断两个变量是否不相等的运算符是 !=。

```
>>> username = 'admin'
>>> username != 'admin'
    False
>>> username != 'guest'
    True
```

（3）检查多个条件是否同时成立。要检查多个条件是否同时都成立，可以使用与运算 and。

```
>>> username = 'admin' ; password= 'rz2088$RZ'
>>> username == 'admin' and password== 'rz2088$RZ'
    True
>>> username = 'guest'
>>> username == 'admin' and password== 'rz2088$RZ'
    False
```

（4）检查多个条件中是否至少有一个条件成立。如果要检查多个条件中是否至少有一个条件成立可使用或运算 or。仅当 a 和 b 都为 False 时，a or b 的值才为 False。

```
>>> score1 = 100 ; score2 = 90
>>> score1 >=100 or score2 > 100
    True
>>> score1 = 90
>>> score1 >100 or score2 > 100
    False
```

（5）检查某个元素是否在序列中。如需检查某个元素是否在序列（列表、元组等）中，可以使用成员运算 in。使用 in 也可以检查某个 key 是否在字典中。

```
>>> book = [' 三国演义 ',' 水浒传 ',' 西游记 ',' 红楼梦 ']
>>> ' 西游记 ' in book
    True
>>> ' 大学 ' in book
    False
```

（6）检查某个元素是否不在序列中。检查某个元素是否不在序列中，或检查某个键是否不在字典中，可以使用运算符 not in。

```
>>> book = [' 三国演义 ',' 水浒传 ',' 西游记 ',' 红楼梦 ']
>>> ' 西游记 ' not in book
    False
>>> ' 天工开物 ' not in book
    True
```

（7）数值比较和检查一个数是否在某个范围内。大于运算符为 >，大于等于运算符为 >=，小于运算符为 <，小于等于运算符为 <=。

```
>>> num =95
>>> 90 <= num <100        # 判断 num 值是否大于或等于 90 且小于 100
    True
>>> num = 85
>>> 90 <= num <100
    False
>>> num >80
    True
>>> num <60
    Flase
```

（8）使用 is 运算符判断两个变量是否引用同一个对象（即判断它们的内存地址是否相同）。

is 与 == 运算符不同，== 运算符用于判断两个变量的值是否相等。is not 运算符用于比较两个对象是否为不同的身份（即它们是否不是同一个对象），而不是它们的值是否不相等。

对于基本数据类型（如整数、浮点数、字符串等），Python 会进行值优化（如小整数池和字符串驻留），因此某些值相同的对象可能是同一个对象。小整数池优化是指 Python 解释器在启动时预先创建并缓存一系列小整数对象，以减少因频繁创建和销毁这些常用整数对象而产生的内存分配和回收开销，其目的是提升性能并减少内存消耗。小整数池优化是 Python 解释器的一种内存优化机制。在 CPython 中，默认情况下，小整数池的缓存范围是 -5 ～ 256（包含这两个值）。这个范围可能会根据 Python 的实现和平台有所不同。对于短字符串（通常是长度小于或等于 20 的字符串），Python 会进行驻留优化。

```
>>> a,b = 5, 5
>>> a is b              # 因为小整数池优化，所以结果是 True
True
>>> a,b = 257, 257      # 因为 257 已不在小整数池优化范围，所以结果是 False
>>> a is b
False
>>> s1, s2 = '要胸怀强国之志','要胸怀强国之志'
>>> s1 is s2            # 字符串长度小于 20，字符串驻留优化，所以结果是 True
True
>>> s1 = '要胸怀强国之志，要锤炼强国之技，要勇建强国之功'
>>> s2 = '要胸怀强国之志，要锤炼强国之技，要勇建强国之功'
>>> s1 is s2            # 因为字符串太长，不会驻留，所以结果是 False
False
>>> ls1 = [10, 20, 30]
>>> ls2 = [10, 20, 30]
>>> ls1 is ls2          # 值为 False，因为 ls1 和 ls2 是两个独立的对象
False
>>> ls1==ls2            # ls1 与 ls2 值相等
True
>>> ls1 is not ls2
True
>>> x = None
>>> y = None
>>> print(x is y, x is not y)
True False
```

4. if 语句通用格式

if 语句称为条件语句、选择语句或分支语句，if 语句的通用格式如下：

```
if 条件表达式 1:
    语句块 1
elif 条件表达式 2:
    语句块 2
```

```
elif 条件表达式 3:
    语句块 3
...
else:
    语句块 n
```

if 语句是从上到下逐一检测条件表达式，直到其中一个条件表达式为 True，从而选择执行该分支中的语句块；执行完该分支后，不再执行或检测 if 语句的其他部分。如果所有条件表达式都为 False，则执行 else 子句的分支（如果存在）。if 语句中的 elif 和 else 部分是可以省略的。

if 语句是复合语句。在 Python 中，复合语句（Compound Statements）是指可以包含多个子语句的语句结构。这些复合语句通常由一个引导语句（如 if、for、while、def、class 等）开头，首行语句以一个冒号（:）结尾，然后是一个或多个缩进的语句块，这些语句块构成了复合语句的主体。

在输入 if 语句时，要特别注意 if 语句中条件表达式后和 else 关键字后均有半角的冒号。在 IDLE 编辑器中输入一行以半角冒号结尾的语句后，系统会自动将下一行缩进，等待用户输入被包含语句。当被包含语句输完后，用户需删除下一行前出现的缩进，表示被包含关系结束。

5. 单分支 if 语句

if 语句最简单的形式为只有一个分支，如下所示：

```
if 条件表达式:
    语句块 1
```

当 if 语句中的条件表达式为 True 时，Python 就执行紧跟在 if 后的缩进语句块 1。否则，Python 将不执行语句块 1，而是跳过它继续执行后续的代码。

例如根据分数来判断一个人是否通过了课程测试，大于或等于 60 就通过课程考试。代码如下：

```
score = 90
if score >= 60:
    print(" 恭喜！你通过课程考试了 !")
```

上述代码的输出"恭喜！你通过课程考试了！"。如果将 score 的值改为 50，则上述代码段将没有输出。

用单 if 语句实现 5-1 任务中的程序功能，程序名为 login2.py，代码如下：

行号	代码
1	# 程序名 login2.py
2	username = input(' 请输入用户名：')
3	password = input(' 请输入密码：')
4	if username == 'admin' and password == 'rz2088$RZ':
5	print(' 登录成功！欢迎您！ ')
6	if username != 'admin' or password != 'rz2088$RZ':
7	print(' 用户名或密码错误，请再想想！ ')

6. 双分支 if-else 语句

在编程时常需要当条件表达式为 True 时，执行一些操作；在条件表达式为 False 时，执行其他操作。这时可使用 if-else 语句。if-else 语句格式如下：

双分支语句

```
if 条件表达式：
    语句块 1
else：
    语句块 2
```

if-else 语句执行时，先判断条件表达式，如果为 True，则执行语句块 1；如果为 False，则执行语句块 2。if-else 语句包含两个分支，这两个分支总会有一个分支被执行。

例如，接收用户输入的分数，如果分数大于或等于 60，则提示"恭喜！你通过课程考试了！"；如果分数小于 60 时，则显示"抱歉，你没有通过课程考试！加油！"。

```
score = eval(input(' 请输入分数：'))
if score >= 60:
    print(' 恭喜！你通过课程考试了！')
else:
    print(' 抱歉，你没有通过课程考试！加油！')
```

执行上述代码时，用户输入 50，则程序会输出"抱歉，你没有通过课程考试！加油！"；如果用户输入 80，则会显示"恭喜！你通过课程考试了！"。在双分 if-else 结构中，Python 总会执行两个分支中的一个。

if-else 双分支语句还有一种简洁形式，常用于给变量赋值，格式如下：

```
语句 1 if 条件表达式 1 else 语句 2
```

执行这个简洁形式的 if-else 语句时，Python 先检查条件表达式 1 的值是否为 True，是则执行语句 1，否则执行语句 2。示例如下：

```
>>> age = 16
>>> cost = 40 if age >= 18 else 20    # age>=18 为 False，则 cost 值为 else 部分的语句 2 的返回值
>>> cost
    20
>>> print(' 未成年人 ') if age <= 18 else print(' 成年人 ')
    未成年人
>>> print(' 成年人 ') if age > 18 else print(' 未成年人 ')
    未成年人
```

7. 多分支 if-elif-else 语句

当需要检查两个以上条件表达式时，就可以使用多分支 if-elif-else 语句。多分支语句格式如上述 if 语句的通用格式，其中 elif 部分可以有多个，else 部分可以有也可以省略。Python 执行 if-elif-else 语句时，依次从上到下检查每个条件表达式，当遇到某个条件表达式为 True 时就执行相应分支的语句，后面的其他条件表达式不再检查，else 部分也不再执行。当所有条件表达式值都不为 True 时，则执行 else 部分。多分支 if-elif-else 的流程图如图 5-8 所示。

多分支语句

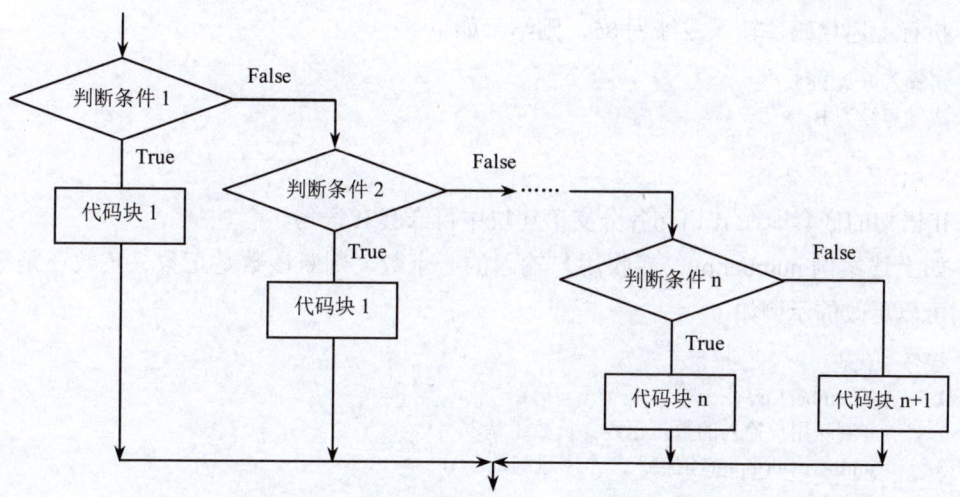

图 5-8 多分支结构流程图

例如，接收用户输入的一个数，判断该数是正数、负数还是零，代码如下：

行号	代码
1	# number.py
2	# 判断用户输入的数是正数、负数还是零
3	num = eval(input(" 请输入一个十进制数："))
4	if num > 0:
5	print(f'{num} 是正数 ')
6	elif num < 0:
7	print(F'{num} 是负数 ')
8	else:
9	print(' 你输入的数是 0')

执行上面代码，输入 -90，则结果如下：

```
请输入一个十进制数：-90
-90 是负数
```

例如，根据输入的百分制成绩输出成绩的等级，代码如下：

行号	代码
1	''' score_level.py
2	根据成绩输出对应等级 '''
3	
4	score = eval(input(' 请输入分数 : '))
5	if score >= 90:
6	print(' 成绩等级为 A')
7	elif score >= 80:
8	print(' 成绩等级为 B')
9	elif score >= 70:
10	print(' 成绩等级为 C')
11	elif score >= 60:
12	print(' 成绩等级为 D')
13	else:
14	print(' 成绩等级为 E')

执行上述代码，输入成绩为 85，则结果如下：

请输入分数：85
成绩等级为 B

8. if 语句的嵌套

if 语句的嵌套即在 if 语句各分支语句块中再嵌套 if 语句。

如上述案例 number.py，接收用户输入的一个数，判断该数是正数、负数还是零，代码可以更改的示例如下：

行号	代码
1	# number1.py
2	# 判断用户输入的数是正数、负数还是零
3	num = eval(input(' 请输入一个十进制数：'))
4	if num:
5	if num > 0:
6	print(f'{num} 是正数 ')
7	else:
8	print(F'{num} 是负数 ')
9	else:
10	print(' 你输入的数是 0')

上述代码是在外层 if 语句条件表达式为 True 的分支中嵌套了 if 语句，也可以把 if 嵌套在 elif 或 else 部分的分支中，将上述代码更改：

行号	代码
1	# number2.py
2	# 判断用户输入的数是正数、负数还是零
3	num = eval(input(' 请输入一个十进制数：'))
4	if num == 0:
5	print(' 你输入的数是 0')
6	else:
7	if num > 0:
8	print(f'{num} 是正数 ')
9	else:
10	print(F'{num} 是负数 ')

注意：在使用分支语句嵌套时，同一级语句的缩进要一致。少使用分支语句嵌套，如果嵌套过多会使代码的阅读性降低。

5.1.4 拓展任务——计算 BMI 和完善学生信息管理程序

任务 1：身体质量指数（Body Mass Index，BMI）是世界上公认的衡量人体胖瘦程度的一种方法。目前世界卫生组织也以 BMI 对肥胖或超重进行定义：BMI= 体重 / 身高^2，体重单位为千克（kg），身高单位为米（m）。编程实现根据用户输入的体重和身高，计算出 BMI 值，输出 BMI 值并给出其胖瘦程度，如正常、偏瘦、微胖、肥胖等信息。

任务 2：完善学生信息管理程序 student.py，实现根据用户的选择执行相应的功能，程序主界面如图 5-9 所示。

```
            学生信息管理程序
===============功能菜单===============
1 添加学生信息
2 查看所有学生信息
3 根据姓名修改学生的成绩
4 根据姓名删除学生信息
5 保存学生信息到student.csv文件中
0 退出系统
====================================
说明：通过数字键选择菜单
请输入你的选择：|
```

图 5-9　程序主界面

参考代码如下：

行号	代码
1	# student.py 学生信息管理程序
2	ch_list = ['0', '1', '2', '3', '4', '5']
3	students = []
4	message = ''' 学生信息管理程序
5	=============== 功能菜单 ===============
6	1 添加学生信息
7	2 查看所有学生信息
8	3 根据姓名修改学生的成绩
9	4 根据姓名删除学生信息
10	5 保存学生信息到 student.csv 文件中
11	0 退出系统
12	==
13	说明：通过数字键选择菜单 '''
14	
15	print(message)
16	choice = input(' 请输入你的选择：')
17	while choice != '0':
18	if choice in ch_list:
19	if choice == '1':
20	print(' 添加学生信息 ')
21	pass
22	# 添加学生信息功能语句块，请自己补全语句
23	elif choice == '2':
24	print(' 查看所有学生信息 ')
25	pass
26	# 查看所有学生信息功能语句块
27	elif choice == '3':
28	print(' 根据姓名修改学生的成绩 ')
29	pass
30	elif choice == '4':
31	pass
32	else:
33	pass
34	else:
35	print(' 你输入的选择不正确！请再输入 ')

```
36            choice = input(' 请输入你的选择： ')
37      print(' 程序结束！ ')
```

说明： pass 语句起到一个占位符的功能，不执行任何操作。它在这里的作用是保证多分支语句结构的完整性，使代码能正常执行。等设计相应功能代码时，再用具体代码取代 pass。

5.1.5 任务评价表

学号及姓名			日期		
任务编号	5-1		任务名称	判定空气质量指数	
项目			自评	小组评价	教师评价
课堂表现	学习态度（15%）				
	沟通合作（10%）				
	课堂参与（15%）				
技能操作	流程图绘制（15%）				
	程序一编写（15%）				
	程序二编写（30%）				
总分					

评价标准				
项目	90～100 分	75～89 分	60～74 分	0～59 分
学习态度	学习主动性、积极性、专注度和认真度优秀	学习主动性、积极性、专注度和认真度良好	学习主动性、积极性、专注度和认真度一般	学习主动性、积极性、专注度和认真度都需要加强
沟通合作	与同学、教师沟通能力优秀，有优秀的团队合作能力	与同学、教师沟通能力良好，有良好的团队合作能力	能与同学、教师沟通，参与团队活动	不能与同学、教师沟通，不参与团队活动
课堂参与	积极提问，大胆表达自己的看法，回答问题准确	敢于提问，能提出自己不同的看法，回答问题基本正确	很少提问，很少表达自己的想法，能回答教师的问题，但准确度需提升	不敢提问，不表达自己的想法，不回答教师的提问
流程图绘制	能熟练绘制流程图的基本结构，流程图结构清晰、易读，各流程符号使用很准确	能较顺利绘制流程图的基本结构，流程图结构清晰，各流程符号使用准确	能在他人的帮助下绘制流程图的基本结构，各流程符号基本准确	不会绘制流程图
程序 1 编写	能熟练写出接收用户名及密码的语句，能熟练写出分支语句的判断条件，能顺利写出完整分支语句，实现程序功能	能写出接收用户名及密码的语句，能较顺利写出分支语句的判断条件，能正确写出完整分支语句，实现程序功能	能写出接收用户名及密码的语句，能在他人的帮助下写出分支语句的判断条件，能在他人的帮助下写完整分支语句	能写出接收用户名及密码的语句，不能写出分支语句

	能在熟练写出多分支语句，多分支语句的各判断条件完全正确，程序输出正确，输出信息清晰、美观	能较好地写出多分支语句，多分支语句的各判断条件基本正确，程序输出正确，输出信息较清晰	能在他人的帮助下写出多分支语句，多分支语句的各判断条件基本正确，程序输出基本正确	能理解程序功能，写出完整程序比较困难
程序2编写				

任务 5-2　处理排行榜

循环结构可以实现程序语句的重复执行，有利于更好地组织和简化程序。Python 语言提供了 for 循环和 while 循环。for 循环主要用于对可迭代对象的遍历，也称为遍历循环。while 循环是当条件为 True 时，执行循环体，所以也称为当型循环。

5.2.1　任务单

学号及姓名		小组成员	
任务编号	5-2	任务名称	处理排行榜
指导教师		日期	
任务概述	张华同学从某个网站上爬取了一些热搜、电视剧等的排行榜，分别将排行榜标题、排名及对应各项排行前3的名称存储在3个列表 title、rank 和 name 中。现想将每类排行榜标题、排名及名称分别输出，效果示例如图 5-10 所示。请绘制该程序的流程图，然后再编程帮助张华同学实现功能。 title: [' 热搜 ',' 电视剧 ',' 综艺 ',' 动漫 '] rank: ['1', '2', '3', '1', '2', '3', '1', '2', '3', '1', '2', '3'] name: [' 你是我的荣耀 ',' 月升沧海 ',' 斗罗大陆 ',' 你是我的荣耀 ',' 我们这十年 ',' 昆仑神宫 ',' 脱口秀大会 ',' 心动的信号 ',' 奔跑吧共同富裕篇 ',' 斗罗大陆 ',' 斗破苍穹年番 ',' 德凯奥特曼 '] ******************** 热搜（前3名） ******************** 1：你是我的荣耀 2：月升沧海 3：斗罗大陆 图 5-10　效果示例			
任务要求	（1）变量命名要见名知意； （2）适当给程序代码添加注释； （3）录入代码要遵守 Python 代码编写规范			
心得与困惑				

5.2.2 任务实施

1. 编程思路

根据任务要求和输出效果示例,将编程思路用流程图表示,如图 5-11 所示。

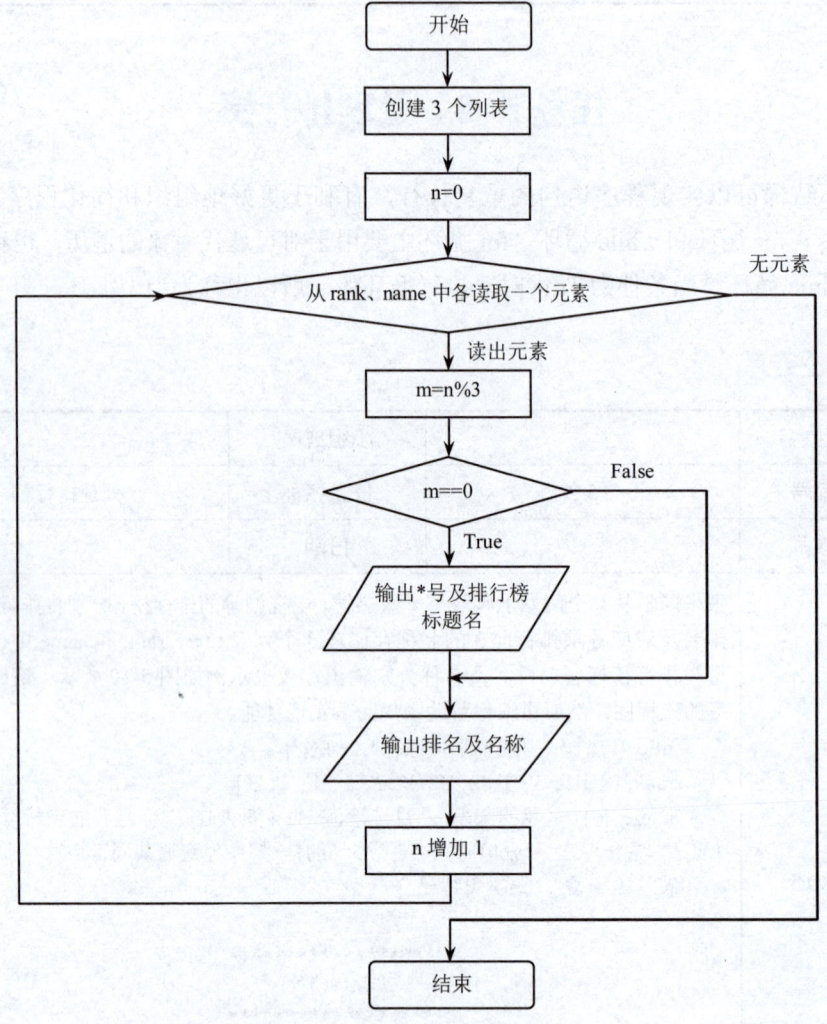

图 5-11 遍历循环程序流程图

n 用于记录循环的次数,n 每增加 3,就输出下一个排行榜标题。m 用于表示排行榜标题 title 列表中元素的索引值。使用遍历循环,同时遍历排名列表 rank 中的各项及名称列表 name 中的各项。

2. 程序代码

行号	代码
1	""" 程序功能:格式化输出爬取的数据
2	程序名称:rank.py """
3	title = ['热搜','电视剧','综艺','动漫']

```
4       rank = ['1', '2', '3', '1', '2', '3', '1', '2', '3', '1', '2', '3']
5       name = [' 你是我的荣耀 ',' 月升沧海 ',' 斗罗大陆 ',' 你是我的荣耀 ',' 我们这十年 ',' 昆仑
神宫 ',' 脱口秀大会 ',' 心动的信号 ',' 奔跑吧共同富裕篇 ',' 斗罗大陆 ',' 斗破苍穹年番 ',' 德凯奥特曼 ']
6       n = 0
7       for r, a in zip(rank, name):        # 同时遍历列表 rank 和 name
8           m = n % 3
9           if m == 0:
10              print("*" * 20)
11              print("{:^20}".format(title[n // 3] + '( 前 3 名 )'))
12              print("*" * 20)
13          print("{}: {}".format(r, a))
14          n += 1
```

3. 运行代码

****
　　热搜 (前 3 名)
****
1: 你是我的荣耀
2: 月升沧海
3: 斗罗大陆
****
　　电视剧 (前 3 名)
****
1: 你是我的荣耀
2: 我们这十年
3: 昆仑神宫
****
　　综艺 (前 3 名)
****
1: 脱口秀大会
2: 心动的信号
3: 奔跑吧共同富裕篇
****
　　动漫 (前 3 名)
****
1: 斗罗大陆
2: 斗破苍穹年番
3: 德凯奥特曼

5.2.3　相关知识

1. for 循环

for 循环

遍历是指对目标对象中的每个元素逐一访问且仅进行一次访问。遍历循环是指在循环中实现对目标对象的遍历。Python 中是使用 for 循环实现遍历循环，for 循环的语句结构如下：

```
for target in sequence:
    语句块 1
else:
    语句块 2
```

注意：语句块 1 和语句块 2 前都有缩进。

target 是用于保存每次循环时访问到 sequence 中的元素，是在每次迭代中被赋予当前元素的变量。

sequence 必须是可迭代对象。可迭代对象包括列表、元组、字符串等序列对象，以及集合、字典、文件等可使用 for 循环遍历的对象。

for 循环执行过程：依次从 sequence 中取一个值并使 target 指向该值，然后执行一次语句块 1，重复这样的操作，直到 sequence 中的元素都访问完。else 语句是可选的，只有循环正常执行结束后才会执行语句块 2。如果循环是因在语句块 1 中执行了 break 语句结束的，则语句块 2 不会执行。简单地说 for 循环对 sequence 中的每个元素都执行一次语句块 1。

使用 for 循环遍历字符串，示例如下：

```
s = ' 不负韶华，砥砺前行 '
for c in s:
    print(c, end='**')    #输出每次访问的元素，并以 ** 作为输出行的结束符
```

该代码段的执行结果：

不 ** 负 ** 韶 ** 华 **，** 砥 ** 砺 ** 前 ** 行 **

使用 for 循环遍历列表。示例如下：

```
ls = [' 以和为贵 ',' 美美与共 ',' 和谐社会 ',' 和谐家庭 ',' 和谐校园 ']
for item in ls:
    print(item, end='；')
```

该代码段的执行结果：

以和为贵；美美与共；和谐社会；和谐家庭；和谐校园；

使用 for 循环遍历字典时，默认遍历的是字典的键。示例如下：

```
phone = {'ID': '001', 'brand': ' 华为 ', 'color': 'black', 'price': 4600}
for item in phone:
    print(item, end="**")
```

该代码的执行结果：

ID**brand**color**price**

使用 for 循环和 keys() 方法，遍历字典所有的键。示例如下：

```
phone = {'ID': '001', 'brand': ' 华为 ', 'color': 'black', 'price': 4600}
for k in phone.keys():
    print(k, end="**")
```

该代码的执行结果：

ID**brand**color**price**

使用 for 循环和 values() 方法，遍历字典所有的值。示例如下：

```
phone = {'ID': '001', 'brand': ' 华为 ', 'color': 'black', 'price': 4600}
for v in phone.values():
    print(v, end=" ")
```

该代码的执行结果：

001 华为 black 4600

使用 for 循环和 items() 方法，遍历字典所有的项。示例如下：

```
phone = {'ID': '001', 'brand': ' 华为 ', 'color': 'black', 'price': 4600}
for e in phone.items():
    print(e)
```

该代码的执行结果如下：

```
('ID', '001')
('brand', ' 华为 ')
('color', 'black')
('price', 4600)
```

遍历字典中的项时，也可以将键和值分别输出，示例如下：

```
phone = {'ID': '001', 'brand': ' 华为 ', 'color': 'black', 'price': 4600}
for k,v in phone.items():
    print("{}: {}".format(k,v))
```

该代码的执行结果如下：

```
ID: 001
brand: 华为
color: black
price: 4600
```

2. range() 函数

range() 函数是 Python 的内置函数，用于生成一个由整数构成的可迭代对象，其调用格式如下：

range([start,]stop[, step])

- start：设置产生整数的起始值，默认值为 0。
- stop：设置产生整数的终止值，但不包括该值。
- step：设置产生整数步长，默认值为 1。当 stop 大于 start 时，步长应为正值；当 stop 小于 start 时，步长应为负值。否则，生成一个空的可迭代对象。

range() 函数经常与 for 循环一起使用，用于控制 for 循环的次数。例如，要输出一行"黎明即起，孜孜为善。"，可使用一条 print(' 黎明即起，孜孜为善.') 语句实现。那如果输出 10 行、100 行，甚至 1000 行，用相应行数的 print(' 黎明即起，孜孜为善.') 语句就不现实了。这时使用 for 循环语句和 range() 函数能快速实现。程序如下：

行号	代码
1	""" 程序功能：输出 100 行 ' 黎明即起，孜孜为善。'
2	程序名称：range_example.py """
3	for i in range(100):
4	print(f' 第 {i} 行：黎明即起，孜孜为善。')

常使用 range() 函数与 list() 函数产生整数列表。range() 函数应用示例如下：

```
>>> print(range(1, 5))
    range(1, 5)
>>> type(range(1, 5))
    <class 'range'>
>>> ls = list(range(1, 5))
>>> ls
    [ 1, 2, 3, 4]
>>> list(range(2, 10, 2))
    [2, 4, 6, 8]
>>> list(range(-5, -15, -5))
    [-5, -10]
>>> sum(range(1, 101))      # 求 1+2+3+…+100 的和
    5050
>>> for m in range(3):  # range(3) 产生由 0、1、2 三个整数组成的可迭代对象，控制循环执行三次
        print(" 爱祖国 , 爱人民 , 爱家乡 , 爱学校 ")

爱祖国 , 爱人民 , 爱家乡 , 爱学校
爱祖国 , 爱人民 , 爱家乡 , 爱学校
爱祖国 , 爱人民 , 爱家乡 , 爱学校
```

3. zip() 函数

zip() 函数返回多个并行迭代对象构成的迭代对象。zip() 函数调用格式如下：

    zip(interable, interable, ...)

zip() 函数常用 for 循环实现对多个序列的同时遍历。当 zip() 函数的参数列表中各个序列的元素个数不同时，它会以元素个数最少的序列为基准。例如同时遍历两个列表中的元素：

```
>>> name = [ ' 张志强 ',' 李华丽 ',' 唐胜利 ']
>>> score = [100, 120, 98, 135, 70]
>>> for n,s in zip(name, score):
        print("{:s}:{:<d}".format(n, s))
```

上述代码的运行结果如下：

张志强 :100
李华丽 :120
唐胜利 :98

上述代码中 score 列表元素个数多于 name 列表元素的个数，zip 是以 name 列表元素个数为基准。

使用 zip() 函数作为 dict() 的参数，可以从两个列表中提取字典元素的键和值来构

建字典。

```
>>> name = [ '张志强', '李华丽', '唐胜利']
>>> age = [20, 18, 23]
>>> stu = dict(zip(name, age))
>>> stu
    {'张志强': 20, '李华丽': 18, '唐胜利': 23}
```

4. map() 函数

map() 用于对可迭代对象的每个元素执行参数指定的函数功能。调用格式如下：

```
map(function, interable, ...)
```

- function：函数，可以是内置函数、第三方函数、自定义函数、lambda 函数。
- interable：一个或多个可迭代对象。

map() 函数的功能是对可迭代对象 interable 中的每一个元素都执行函数 function，并返回执行函数后各返回值组成的迭代对象。示例如下：

```
>>> import math
>>> list(map(math.ceil, (10.3, 9.8, 5.24)))    # ceil 函数是天花板函数，向上取整
    [11, 10, 6]
>>> list(map(pow, (2, 3, 4), (3, 2, 1)))    # 以 (2,3,4) 中元素为底，(3,2,1) 中元素为指数，求幂
    [8, 9, 4]
```

5. pass 语句

pass 语句是一个空操作语句，在 Python 中用作占位符。它不做任何事情，也不返回任何值。当定义一个函数、应用分支语句、循环语句时，如果还没想好函数、分支或循环的内容，可以用 pass 填充，来保持代码结构的完整性，使程序可以正常运行。

示例如下：

```
for m in range(10):
    pass
def example():
    pass
```

6. enumerate() 函数

enumerate() 函数用于将一个可迭代数据类型组合为一个索引序列，同时列出数据和数据下标，常用于 for 循环。函数格式如下：

```
enumerate(sequence [, start])
```

- sequence：可迭代对象。
- start：下标起始位置的值。

```
>>> ls = ['文圣孔丘', '武圣关羽', '史圣司马迁', '诗圣杜甫']
>>> list(enumerate(ls))
    [(0, '文圣孔丘'), (1, '武圣关羽'), (2, '史圣司马迁'), (3, '诗圣杜甫')]
>>> for item in enumerate(ls, 1):
        print(item)
```

```
(1,' 文圣孔丘 ')
(2,' 武圣关羽 ')
(3,' 史圣司马迁 ')
(4,' 诗圣杜甫 ')
```

5.2.4 拓展任务——扩展学生信息管理程序功能

任务 1：扩展学生管理程序 students.py 的部分功能，实现"查看所有学生信息"和"根据学生姓名修改学生信息"等两项子功能。

根据学生姓名修改学生信息，程序代码参考如下：

```
行号    代码
1       """ 程序功能：接收用户输入的姓名，根据姓名修改其相应的信息
2           程序名称： ModifyMessage.py  """
3       students = [{'ID': '01', 'name': ' 张华强 ', 'score': 90}, {'ID': '02', 'name': ' 党泽华 ', 'score': 120},
4                   {'ID': '03', 'name': ' 利强胜 ', 'score': 110}]
5       name = input(" 请输入要修改信息的学生姓名： ").strip()
6       for item, n in zip(students, range(len(students))):
7           if name == item['name']:
8               ID = input("ID： ").strip()
9               score = input(" 分数： ").strip()
10              students[n]['ID'] = ID
11              students[n]['score'] = eval(score)
12              print(" 学生信息修改完成 ")
13              break
14          else:        # 如果执行了 else 分支，说明没有执行 break，即没有找到相应的学生
15              print(f' 该 {name} 学生不存在！！！ ')
16      print(" 所有学生信息如下： ")
17      for item in students:
18          print(item)
```

注意：上述代码是单独设计根据学生姓名修改学生信息，最后显示所有学生信息，该显示形式不够美观。请思考如何修改代码，实现如图 5-12 所示的显示形式，完成后请将代码合并到 students.py 程序中。

```
            所有学生信息如下：
            ****ID*******name*****score***

             01        张华强         90
             02        党泽华        120
             03        利强胜        110
            *******************************
```

图 5-12　显示所有学生信息

任务 2：利用遍历循环求一个数的阶乘。

任务 3：输出所有的三位水仙花数。水仙花数是指一个 n 位数（n ≥ 3），它的每个位上的数字的 n 次幂之和等于它。例如，1^3 + 5^3 + 3^3 = 153。

5.2.5 任务评价表

学号及姓名			日期	
任务编号	5-2		任务名称	处理排行榜
项目			自评	小组评价	教师评价

	项目	自评	小组评价	教师评价
课堂表现	学习态度（15%）			
	沟通合作（10%）			
	课堂参与（15%）			
技能操作	流程图绘制（20%）			
	程序编写（20%）			
	程序调试（20%）			
总分				

评价标准				
项目	90～100分	75～89分	60～74分	0～59分
学习态度	学习主动性、积极性、专注度和认真度优秀	学习主动性、积极性、专注度和认真度良好	学习主动性、积极性、专注度和认真度一般	学习主动性、积极性、专注度和认真度都需要加强
沟通合作	与同学、教师沟通能力优秀，有优秀的团队合作能力	与同学、教师沟通能力良好，有良好的团队合作能力	能与同学、教师沟通，参与团队活动	不能与同学、教师沟通，不参与团队活动
课堂参与	积极提问，大胆表达自己的看法，回答问题准确	敢于提问，能提出自己不同的看法，回答问题基本正确	很少提问，很少表达自己的想法，能回答教师的问题，但准确度需提升	不敢提问，不表达自己的想法，不回答教师的提问
流程图绘制	能熟练绘制流程图的基本结构，流程图结构清晰、易读，各流程符号使用很准确	能较顺利绘制流程图的基本结构，流程图结构清晰，各流程符号使用准确	能在他人的帮助下绘制流程图的基本结构，各流程符号基本准确	不会绘制流程图
程序编写	能熟练写出三个列表的定义语句，能熟练写出遍历列表的循环语句，能熟练写出读取排行榜标题语句，程序输出完全符合要求	能写出三个列表的定义语句，能较顺利写出遍历列表的循环语句，能较顺利写出读取排行榜标题语句，程序输出基本符合要求	能写出三个列表的定义语句，能在他人的帮助下写出遍历列表的循环语句，基本能写出读取排行榜标题语句	能写出三个列表的定义语句，不能写出遍历语句
程序调试	能顺利调试程序，能熟练使用互联网查找帮助	能较顺利调试程序，能较熟练使用互联网查找帮助	能在他人的帮助下调试程序和查找帮助	不会调试程序，不会查找帮助

任务 5-3　添加学生成绩信息

5.3.1　任务单

学号及姓名		小组成员	
任务编号	5-3	任务名称	添加学生成绩信息
指导教师		日期	
任务概述	接收用户输入学生 ID、姓名及成绩，学生人数不确定，当输入的学生 ID 为空时，说明输入学生数据结束。学生数据以列表嵌套字典形式存储，如 [{'ID': '01', 'name': ' 张华强 ', 'score': 90 }, {'ID': '02', 'name': ' 刘泽华 ', 'score': 120}]。将学生信息按学生成绩降序输出。 请编程实现，此程序所实现的功能可以作为学生信息管理程序 students.py 中的添加学生信息功能模块		
任务要求	（1）变量命名要见名知意； （2）适当给程序代码添加注释； （3）录入代码要遵守 Python 代码编写规范		
心得与困惑			

5.3.2　任务实施

1. 编程思路分析

学生信息管理程序

（1）需要接收多个学生数据，且学生人数不确定，这需要使用 while 循环来实现。

（2）每个学生数据需使用字典存储，键名分别为 'ID'、'name' 和 'score'，所有学生数据存储在一个列表中。

（3）程序中设置如果用户输入的学生 ID 为空，则表示学生数据输入结束。

（4）所有学生列表数据排序使用 sort() 方法。程序流程图如图 5-13 所示。

2. 程序代码

行号	代码
1	""" 程序功能：接收用户输入的学生数据，存入列表，按成绩降序排序学生数据并输出
2	程序名称：students5_3_1.py """
3	
4	students = []　　　　　　　# 创建空列表 students
5	while True:
6	s = {}　　　　　　　　# 创建空字典 s
7	ID = input(' 请输入学生 ID（如直接按 Enter 键，结束学生数据输入 ）：').strip()
8	if ID == '':　　　　　　# 判断 ID 是否为空
9	break

```
10          name = input(' 请输入学生姓名：').strip()
11          score = input(' 请输入学生成绩：').strip()
12          s['ID'] = ID
13          s['name'] = name
14          s['score'] = eval(score)
15          students.append(s)
16   # 以每个元素 'score' 键对应值为排序 key，降序排序列表
17   students.sort(key=lambda x: x['score'], reverse=True)
18   print("{:*^6}{:*^10}{:*^4}".format('ID', 'name', 'score'))     # 输出表头
19   # 输出每个学生数据
20   for m in students:
21          print("{:^6}{:^10}{:^4}".format(m['ID'], m['name'], m['score']))
```

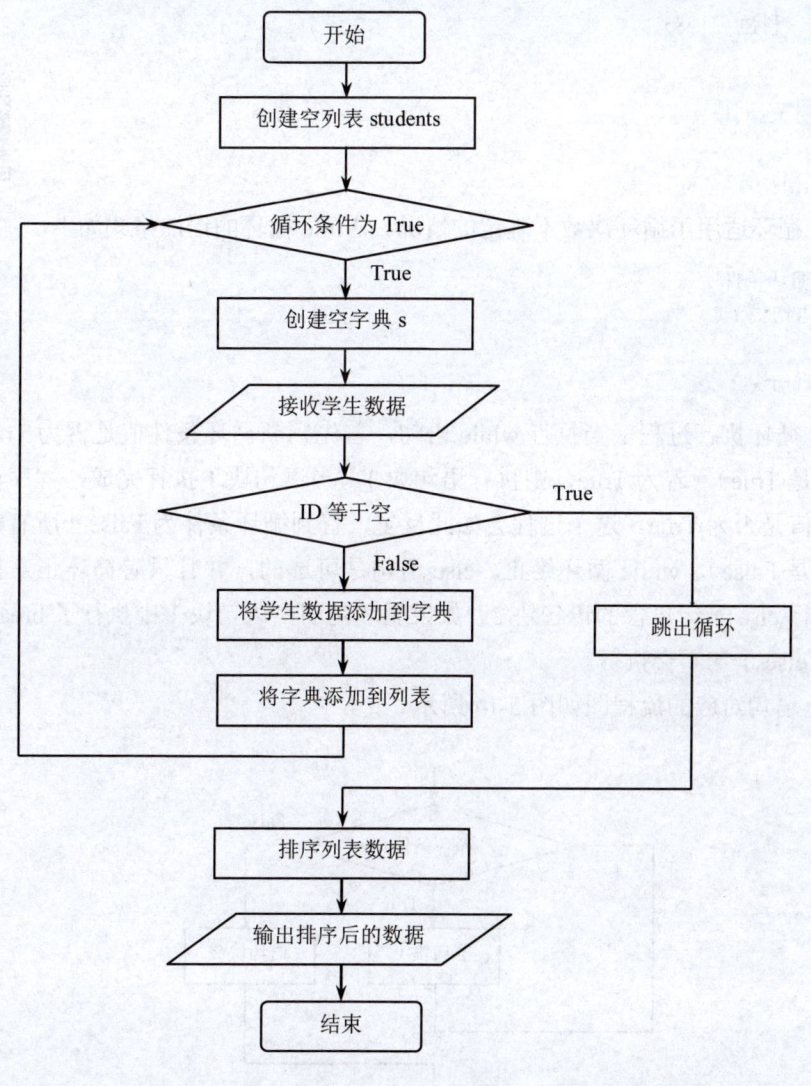

图 5-13　程序流程图

3. 运行代码结果

请输入学生 ID（如直接按 Enter 键，结束学生数据输入）：01
请输入学生姓名：张华
请输入学生成绩：90
请输入学生 ID（如直接按 Enter 键，结束学生数据输入）：02
请输入学生姓名：刘泽华
请输入学生成绩：100
请输入学生 ID（如直接按 Enter 键，结束学生数据输入）：03
请输入学生姓名：利强
请输入学生成绩：85
请输入学生 ID（如直接按 Enter 键，结束学生数据输入）：
ID***name***score
   02   刘泽华   100
   01   张华   90
   03   利强   85

5.3.3 相关知识

1. while 循环

while 循环适用于循环次数不确定的情况。While 循环的语法格式如下：

```
while 循环条件:
    语句块 1
else:
    语句块 2
```

while 循环

while 循环执行过程：当执行 while 语句，首先判断循环条件值是否为 True（非空数据认为是 True）。若为 True，则执行语句块 1。当语句块 1 执行完成，程序再次判断循环条件值是否为 True。这个过程会如此反复，直到循环条件为 False（所有空数据系统都认为是 False），while 循环终止。else 语句是可选的，并且只有循环正常执行结束后才会执行 else 子句包含的语句块 2。如果循环是因在语句块 1 中执行了 break 语句结束的，则 else 子句不会执行。

while 语句对应的流程图如图 5-14 所示。

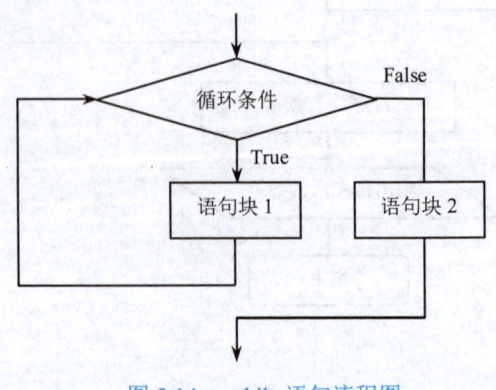

图 5-14 while 语句流程图

while 循环也常用来计数,示例如下:

行号	代码
1	# 程序名:mycount.py
2	n = 0
3	while n <= 10:
4	print(n, end=' ; ')
5	n += 1

代码段的运行结果如下:

0 ; 1 ; 2 ; 3 ; 4 ; 5 ; 6 ; 7 ; 8 ; 9 ; 10 ;

while 循环也常用于让用户选择何时退出。示例如下:

行号	代码
1	# 程序名 while_demo.py
2	tips = "\n 请输入任意内容,所输内容将重复输出 3 次."
3	tips += "\n 如果输入 exit,程序将退出 \n"
4	c = input(tips)
5	while c != 'exit':
6	print(c * 3)
7	c = input(tips)

代码段的运行结果如下:

请输入任意内容,所输内容将重复输出 3 次。
如果输入 exit,程序将退出
一丝一缕当思来之不易
一丝一缕当思来之不易一丝一缕当思来之不易一丝一缕当思来之不易

请输入任意内容,所输内容将重复输出 3 次。
如果输入 exit,程序将退出
exit

2. break 语句

break 语句常与 if 语句结合使用,用于终止一条循环语句,使程序跳出该循环语句,并执行该循环语句的下一条语句。切记 break 是跳出当前所在的循环语句。如果循环有多层嵌套,break 语句只对当前层循环语句起作用。

循环跳转语句

利用 break 语句,可以优化上述 while_demo.py 程序,代码调整如下:

行号	代码
1	# 程序名 while_demo2.py
2	tips = '\n 请输入任意内容,将重复输出 3 次.'
3	tips += '\n 如果输入 exit,程序将退出 \n'
4	while True:
5	c = input(tips)
6	print(c * 3)
7	if c == 'exit':
8	break

3. continue 语句

continue 语句也常与 if 语句结合使用，用于在满足特定条件时结束此次的循环，并强制执行下一次循环。这样，程序会跳过当前循环中 continue 语句之后的所有剩余语句，直接开始下一次循环的条件判断。切记 continue 是结束本次循环。如果循环嵌套有多层，continue 语句只作用于当前层循环语句。通过下列例子区分 break 与 continue 语句。

行号	代码
1	# 程序名：number.py
2	# 区分 break 和 continue
3	while True:
4	n = eval(input(' 请输入一个数：'))
5	if n == 0:
6	continue
7	elif n > 0:
8	print(' 百尺竿头，更进一步。')
9	else:
10	break
11	print(' 程序结束！')

上述程序功能：当用户输入 0，结束当前循环，然后执行下次循环；如用户输入为正数，则输出 ' 百尺竿头，更进一步。'，然后继续执行循环；如果用户输入负数，循环结束，程序输出"程序结束！"，然后程序结束。

4. 死循环

在编程中，一个无法靠自身控制终止，而是无限持续执行的循环，被称为"死循环"，示例如下：

行号	代码
1	# 程序名：demo.py
2	n = 1
3	while n > 0:
4	print(n)
5	n += 1

上例中，将 while 语句的循环条件改成 True，同样也是死循环。在 IDLE 中可以按 Ctrl+C 快捷键终止程序运行。在 PyCharm 中可以按 Ctrl+F2 快捷键终止程序运行。

5.3.4 拓展任务——水仙花数

任务 1：使用 while 循环输出所有的三位数中的水仙花数。例如，1^3 + 5^3 + 3^3 = 153。参考代码如下：

行号	代码
1	""" 程序功能：输出所有三位数中的水仙花数
2	程序名称：Narcissistic.py """
3	num = 100
4	print(' 水仙花数：')
5	while num < 1000:
6	s = str(num) # 将三位数转换为字符串类型，易于读取其每一位数字
7	if num == eval(s[0]) ** 3 + eval(s[1]) ** 3 + eval(s[2]) ** 3:

```
8            print(num, end=' ; ')
9        num += 1
```

任务 2： 找出 1 ～ 100 中所有的质数。质数是大于 1 的自然数，且只能被 1 和它自身整除的数。

5.3.5 任务评价表

学号及姓名		日期		
任务编号	5-3	任务名称	添加学生成绩信息	
项目		自评	小组评价	教师评价
课堂表现	学习态度（15%）			
	沟通合作（10%）			
	课堂参与（15%）			
技能操作	流程图绘制（20%）			
	数据排序与输出（20%）			
	程序调试（20%）			
	总分			
评价标准				
项目	90 ～ 100 分	75 ～ 89 分	60 ～ 74 分	0 ～ 59 分
学习态度	学习主动性、积极性、专注度和认真度优秀	学习主动性、积极性、专注度和认真度良好	学习主动性、积极性、专注度和认真度一般	学习主动性、积极性、专注度和认真度都需要加强
沟通合作	与同学、教师沟通能力优秀，有优秀的团队合作能力	与同学、教师沟通能力良好，有良好的团队合作能力	能与同学、教师沟通，参与团队活动	不能与同学、教师沟通，不参与团队活动
课堂参与	积极提问，大胆表达自己的看法，回答问题准确	敢于提问，能提出自己不同的看法，回答问题基本正确	很少提问，很少表达自己的想法，能回答教师的问题，但准确度需提升	不敢提问，不表达自己的想法，不回答教师的提问
接收数据	能定义列表，能熟练使用 while 循环接收用户输入的数据，能写出控制 while 循环结束的语句，语句可读性和可维护性强	能定义列表，能基本实现使用 while 循环接收用户输入的数据，能写出控制 while 循环结束的语句，语句可读性和可维护性较好	能定义列表，能在他人的帮助下实现使用 while 循环接收用户输入的数据	能定义列表，不能实现使用 while 循环接收用户输入的数据
数据排序与输出	能熟练写出数据排序及数据输出语句，数据输出美观、易读、有特色	能较顺利写出数据排序及数据输出语句，数据输出基本符合要求	能在他人的帮助下写出数据排序及数据输出语句，数据输出基本正确	不能写出数据排序及数据输出语句
程序调试	能顺利调试程序，能熟练使用互联网查找帮助	能较顺利调试程序，能较熟练使用互联网查找帮助	能在他人的帮助下调试程序和查找帮助	不会调试程序，不会查找帮助

任务 5-4 输出学生信息

在编写程序时，常需要在循环语句的循环体中再次使用循环语句，称为循环的嵌套。while 循环语句可以嵌套 while 或 for 循环语句，for 循环也可以嵌套 while 或 for 循环语句。循环嵌套有几层，就称为几重循环，如一个循环语句中嵌套有另一层循环就称为双重循环。

5.4.1 任务单

学号及姓名		小组成员	
任务编号	5-4	任务名称	输出学生信息
指导教师		日期	
任务概述	使用双重循环实现学生信息管理程序 students.py 中"查看所有学生信息"功能，学生数据采用列表嵌套字典来存储。学生信息显示格式如图 5-15 所示 students = [{'ID': '01', 'name': ' 张华强 ', 'score':90}, {'ID': '02', 'name': ' 党泽华 ', 'score': 120}, {'ID': '03', 'name': ' 利强胜 ', 'score': 110}] 所有学生信息如下： ****ID*******name*****score*** 　01　　　　张华强　　　　90 　02　　　　党泽华　　　　120 　03　　　　利强胜　　　　110 ******************************* 图 5-15　程序运行结果		
任务要求	（1）变量命名要见名知意； （2）适当给程序代码添加注释； （3）录入代码要遵守 Python 代码编写规范		
心得与困惑			

5.4.2 任务实施

1. 编程思路分析

此任务的编程思路：判断列表中是否有元素，如果无则显示"暂无学生数据"，如果有则使用双重循环实现如图 5-15 所示格式输出学生数据。外循环实现遍历列表中每一个元素，内循环中实现遍历每个列表元素的所有元素。

2. 程序代码

行号	代码
1	''' 程序功能：显示所有学生信息
2	程序名称：show_student.py '''
3	students = [{'ID': '01', 'name': ' 张华强 ', 'score': 90}, {'ID': '02', 'name': ' 党泽华 ', 'score': 120},

```
4                  {'ID': '03', 'name': ' 利强胜 ', 'score': 110}]
5      if len(students) == 0:
6          print(" 暂无学生数据！！ ")
7      else:
8          # 输出表头，即对应每个列表元素中的键
9          print(' 所有学生信息如下：')
10         for k in students[0].keys():
11             print('{:*^10}'.format(k), end='')
12         # 循环读取列表 students 中的每一个元素
13         print()
14         # 循环读取 students 列表中的每一个元素
15         for item in students:
16             # 循环读取 item 中的所有值，并输出
17             for v in item.values():
18                 print('{:^10}'.format(v), end='')
19             print()
20         m = len(students[0])  # 求出列表中每个元素的长度
21         print(m * 10 * '*')
```

5.4.3 相关知识

1. 双重循环

循环的嵌套

双重循环结构是两层循环，外层的循环称为外循环，内层的循环称为内循环，示例如下：

```
for 循环变量 1  in 可迭代对象 1：        # 外循环
    语句块 1
    for 循环变量 2  in 可迭代对象 2：    # 内循环
        语句块 2
```

双重循环执行过程：首先执行外循环，然后再执行内循环，外循环每执行循环一次内循环就要完整执行一遍。

通过下面例子帮助理解双重循环：

```
行号    代码
1       """ 双重循环举例
2       程序名：double_cycle.py """
3       for m in [1, 2]:
4           print('m = %d' % m)
5           for n in range(3):
6               print(n, end=';')
7           print()
8           print('=' * 5)
```

此程序的运行结果如下：

```
m = 1
0;1;2;
=====
```

```
m = 2
0;1;2;
=====
```

案例：请使用双重循环编程输出九九乘法表。代码如下：

输出九九乘法表

行号	代码
1	""" 程序功能：输出九九乘法表
2	程序名：mul_Table.py """
3	for m in range(1, 10):
4	for n in range(1, m + 1):
5	print("{}×{}={:<2}".format(n, m, n * m), end=' ')
6	print()

程序的执行结果如下：

```
1×1=1
1×2=2  2×2=4
1×3=3  2×3=6  3×3=9
1×4=4  2×4=8  3×4=12 4×4=16
1×5=5  2×5=10 3×5=15 4×5=20 5×5=25
1×6=6  2×6=12 3×6=18 4×6=24 5×6=30 6×6=36
1×7=7  2×7=14 3×7=21 4×7=28 5×7=35 6×7=42 7×7=49
1×8=8  2×8=16 3×8=24 4×8=32 5×8=40 6×8=48 7×8=56 8×8=64
1×9=9  2×9=18 3×9=27 4×9=36 5×9=45 6×9=54 7×9=63 8×9=72 9×9=81
```

2. 利用双重循环输出图案

在初学编程时，常使用双重循环来控制图案输出作为练习，帮助理解双重循环。

案例：输出直角三角形图案。代码如下：

行号	代码	
1	# 程序名：pattern.py	
2	for n in range(4):	# 外循环控制图案的行数
3	for m in range(n + 1):	# 内循环控制每行图案的个数
4	print('*', end='')	
5	print()	

程序的运行结果如下：

```
*
**
***
****
```

上述的代码也可以使用单层循环实现，请思考如何实现。

如果想把图案垂直倒过来显示，代码可修改如下：

行号	代码	
1	# 程序名：pattern2.py	
2	for n in range(4, 0, -1):	# 外循环控制图案的行数
3	for m in range(n):	# 内循环控制每行图案的个数
4	print('*', end='')	
5	print()	

5.4.4 拓展任务——百钱买百鸡

请编程解答百钱买百鸡问题，即我国古代数学家张丘建在《算经》一书中提出的数学问题：鸡翁一值钱五，鸡母一值钱三，鸡雏三值钱一。百钱买百鸡，问鸡翁、鸡母、鸡雏各几何？

5.4.5 任务评价表

学号及姓名			日期		
任务编号		5-4	任务名称		输出学生信息
	项目		自评	小组评价	教师评价
课堂表现	学习态度（15%）				
	沟通合作（10%）				
	课堂参与（15%）				
技能操作	输出表头（20%）				
	输出学生信息（20%）				
	程序调试（20%）				
	总分				

	评价标准			
项目	90～100分	75～89分	60～74分	0～59分
学习态度	学习主动性、积极性、专注度和认真度优秀	学习主动性、积极性、专注度和认真度良好	学习主动性、积极性、专注度和认真度一般	学习主动性、积极性、专注度和认真度都需要加强
沟通合作	与同学、教师沟通能力优秀，有优秀的团队合作能力	与同学、教师沟通能力良好，有良好的团队合作能力	能与同学、教师沟通，参与团队活动	不能与同学、教师沟通，不参与团队活动
课堂参与	积极提问，大胆表达自己的看法，回答问题准确	敢于提问，能提出自己不同的看法，回答问题基本正确	很少提问，很少表达自己的想法，能回答教师的问题，但准确度需提升	不敢提问，不表达自己的想法，不回答教师的提问
输出表头	能熟练定义列表，能熟练实现表头数据的输出	能定义列表，能较顺利实现表头数据的输出	能定义列表，能在他人的帮助下实现表头数据的输出	能定义嵌套列表，不能实现表头数据的输出
输出学生信息	能熟练实现使用双重循环实现学生信息输出，数据输出美观、易读、有特色	能较顺利实现使用双重循环实现学生信息输出，数据输出形式较好	能在他人的帮助基本实现使用双重循环实现学生信息输出，数据输出基本正确	不能使用双重循环实现学生信息输出
程序调试	能顺利调试程序，能熟练使用互联网查找帮助	能较顺利调试程序，能较熟练使用互联网查找帮助	能在他人的帮助下调试程序和查找帮助	不会调试程序，不会查找帮助

任务 5-5 异常处理

程序员在开发程序时，一般会全面考虑程序实际应用时出现的各种问题，并给出相应的处理方法，但难免还会因用户操作不规范导致程序运行异常。程序运行过程中，一旦出现异常将会导致程序立即终止，异常语句以后的代码全部都不会执行！当程序运行出现异常时，如果不想让程序直接终止，则可以使用 try 语句来对异常进行处理，来保证程序能平稳运行。Python 语言提供异常处理语句为 try 语句。

5.5.1 任务单

学号及姓名		小组成员	
任务编号	5-5	任务名称	异常处理
指导教师		日期	
任务概述	编程实现：接收用户输入两个数 x 和 y 的值，求出 x 除以 y 的商；如果 y 为 0，则提示除数不能是 0；如果 x 或 y 不是合法数字，则提示输入数据不合法，不是合法数字；如果能正常计算商，则输出两个数的商；无论是否能正常计算商，最后都输出提示"程序结束"		
任务要求	（1）变量命名要见名知意； （2）适当给程序代码添加注释； （3）录入代码要遵守 Python 代码编写规范		
心得与困惑			

5.5.2 任务实施

1. 编程思路分析

程序首先使用 input() 函数接收用户输入的两个数，并利用 eval() 函数将 input() 函数返回值两端的引号去掉，再求两个数的商。

如果用户输入的数据不是数值型数据，而是字符串或特殊符号，程序会发生异常。如果用户输入除数的值是 0，程序也会发生异常。此程序需要使用异常处理语句 try 处理可能发生的异常。如果异常类型为 ZeroDivisionError，则提示除数不能是 0；如果异常类型为其他的，则提示输入数据不合法，不是合法数字；如果商能够正常计算出来，则应使用 try 语句的 else 分支输出商；使用 finally 分支输出"程序结束"提示内容。

2. 程序代码

行号	代码
1	# 程序名：Division.py
2	try:
3	num1 = eval(input(" 请输入被除数："))

```
4        num2 = eval(input(" 请输入除数："))
5        num3 = num1 / num2
6    except ZeroDivisionError:
7        print(' 除数不是 0！！')
8    except:
9        print(' 输入数据不合法，不是合法数字 !')
10   else:
11       print(f"{num1}/{num2}={round(num3, 2)}")
12   finally:
13       print(' 程序结束！')
```

3. 程序运行结果

第 1 次运行

请输入被除数：100
请输入除数：23
100/23=4.35
程序结束！

第 2 次运行

请输入被除数：96
请输入除数：0
除数不是 0！！
程序结束！

第 3 次运行

请输入被除数：test
输入数据不合法，不是合法数字！
程序结束！

5.5.3 相关知识

1. 程序的三种错误

程序错误主要包括 3 种：语法错误、运行时错误和逻辑错误。

（1）语法错误（Syntax Error）：不能被解释器或编译器识别为合法语句而产生的错误，如拼写错误、括号不匹配、表达式不完整、缺少必要的标点符号、关键字输入错误等。这类错误通常会导致程序无法执行，在编译或解释时被识别出来。

（2）运行时错误（Runtime Errors）：也称为异常或崩溃，这类错误发生在程序运行期间，可能是由于无效的输入、索引越界、资源不足等原因造成的。这类错误在程序编辑和编译阶段通常不会被发现，而是在程序运行时才会暴露出来，导致程序崩溃或抛出异常。运行时错误可能需要程序员通过调试工具来定位和解决。异常（Exception）通常指的是在程序运行时，某些非预期的条件或错误，如除法运算时除数为 0、文件未找到、磁盘空间不足等导致的程序流程的中断。

（3）逻辑错误（Logic Errors）：是指程序能运行，但程序设计存在问题，导致程序运行时得不到预期的结果。逻辑错误很难发现，因为它们通常不会导致程序崩溃，而是产生错误的输出或行为。

Python 提供了多种内置的异常类型，用于表示不同类型的错误和异常情况。一些常见的异常类型见表 5-1。

表 5-1　Python 中常见的异常类型

异常类型	说明
TypeError	类型错误，表示操作或函数应用于不适当的数据类型
ValueError	值错误，表示传递了无效的值
ZeroDivisionError	被零除错误，表示除数是 0
FileNotFoundError	文件未找到错误，表示要访问的文件不存在
IndexError	索引错误，表示使用无效的索引访问序列或列表，可能是索引超界或索引不是整数
KeyError	键错误，表示使用字典中不存在的键来访问字典元素
FileExistsError	文件已存在错误

请注意，异常与语法错误最大的区别：异常能被程序本身处理，处理后程序还可以继续运行。但语法错误是程序无法处理的，必须经过程序设计者修改正确，程序才能再次运行。

2. try 语句

try 语句的功能是处理程序运行时的异常。try 语句格式如下：

```
try:
    代码块 ( 可能出现错误的语句 )
except [ 异常类型 as target]:
    代码块 ( 出现错误以后的处理方式 )
except [ 异常类型 as target]:
    代码块 ( 出现错误以后的处理方式 )
except [ 异常类型 ]:
    ...
else:
    代码块 ( 没出错时要执行的语句 )
finally:
    代码块 ( 是否出错该代码块都会执行 )
```

上述语句中"异常类型 as target"表示，如果在 try 语句中发生的异常是该语句中的异常类型或其子类，则会将异常赋值给 as 关键字之后的 target。当使用 as target 为异常赋值时，target 将在 except 子句结束时被清除。try 语句执行时，首先执行 try 分支中的代码。如果代码发生异常，则跳过 try 分支中剩下的代码，并将异常类型从上到下依次与 except 关键字后面的异常类型进行匹配。如果匹配成功，则执行该 except 分支中的语句，剩下的 except 分支将不再执行。如果 try 分支中的代码没有发生异常，则执行 else 分支中的语句块。不管 try 分支中是否发生异常，最后都会执行 finally 分支。

使用 try 语句捕获异常时请注意以下几点：

（1）try 是必须有的，else 可有可无，except 和 finally 至少有一个。

（2）try 部分的代码块中可以有多个可能产生异常的语句，只要有一条语句发生异常，都会被相应的 except 捕获。

（3）如果 except 后带有异常类型名，则该分支就是针对相应异常的处理。

（4）一个 except 后可以有多个异常类型名，这些异常类型名用逗号分隔。

（5）一个异常被一个 except 捕获后，不会再被其他的 except 捕获，即 except 分支的优先级从上到下逐渐降低。

（6）没有带任何异常类型名的 except 分支，用于捕获所有没有预先列出的其他异常，一般此分支放置在带有异常类型名的 except 分支之后。

例 1：try_except 的用法如下：

行号	代码
1	# 程序名：test1.py
2	try:
3	age = int(input(' 请输入年龄：'))
4	except Exception as e:
5	print(' 年龄输入不正确！必须为整数 ')
6	print(e)

此代码执行时，如果输入的数据不是整数，都会提示"年龄输入不正确！必须为整数"，并显示相应错误信息 e 的内容。如输入数据为 10.4，运行结果如下：

```
请输入年龄：10.4
年龄输入不正确！必须为整数
invalid literal for int() with base 10: '10.4'
```

例 2：try_except_else_finally 的用法如下：

行号	代码
1	# 程序名：test2.py
2	try:
3	word = input(' 请输入你喜欢的一句名言：')
4	n = int(input(' 请输入一个整数：'))
5	c = word[n]
6	except ValueError:
7	print(' 你输入的数字不是整数！')
8	except IndexError as e:
9	print(f' 你输入的数字超出了 0 至 {len(word) - 1} 范围 ')
10	print(e)
11	else:
12	print(f' 名言的第 {n} 字符：{c}')
13	finally:
14	print(f' 你输入的名言：{word}')
15	print(' 程序结束 ')

执行代码，如果输入 n 值不是整数，则会触发 ValueError 异常，会执行 except ValueError 分支语句，运行结果如下：

请输入你喜欢的一句名言：天生我才必有用
请输入一个整数：num
你输入的数字不是整数！
你输入的名言：天生我才必有用
程序结束

执行代码，如果输入的 n 值超出了所输名言的索引范围，则会触发 IndexError 异常，执行 except IndexError 分支语句，运行结果如下：

请输入你喜欢的一句名言：一份辛劳一份收获
请输入一个整数：-9
你输入的数字超出了 0 至 7 范围
错误提示：string index out of range
你输入的名言：一份辛劳一份收获
程序结束

5.5.4 拓展任务——处理文件操作异常

编程实现：从一个文本文件 data.txt 中读取数据，并对其进行处理。如果文件不存在、文件无法读取或者读取时发生其他错误，程序能够处理这些异常，而不是直接崩溃。请结合模块 6 内容理解下列参考代码。

行号	代码
1	# 程序名：read_data.py
2	def read_file(file_path):
3	"""
4	从指定路径读取文件内容，并返回内容字符串。
5	如果发生异常，将捕获异常并打印错误信息。
6	"""
7	try:
8	# 尝试打开并读取文件
9	with open(file_path, 'r', encoding='utf-8') as file:
10	content = file.read()
11	return content
12	except FileNotFoundError:
13	# 处理文件未找到异常
14	print(f"Error: The file '{file_path}' was not found.")
15	except Exception as e:
16	# 捕获其他所有异常类型，并打印异常信息
17	print(f"An unexpected error occurred: {e}")
18	
19	
20	file_path = 'data.txt'
21	file_content = read_file(file_path)
22	if file_content:

```
23          # 如果成功读取文件，则处理文件内容
24          print("File content:")
25          print(file_content)
26      else:
27          # 如果未能读取文件（即捕获到异常），则执行其他操作或退出程序
28          print("Failed to read the file.")
```

5.5.5 任务评价表

学号及姓名			日期	
任务编号		5-5	任务名称	异常处理
	项目	自评	小组评价	教师评价
课堂表现	学习态度（15%）			
	沟通合作（10%）			
	课堂参与（15%）			
技能操作	程序编写（30%）			
	程序调试（30%）			
	总分			

评价标准				
项目	90～100 分	75～89 分	60～74 分	0～59 分
学习态度	学习主动性、积极性、专注度和认真度优秀	学习主动性、积极性、专注度和认真度良好	学习主动性、积极性、专注度和认真度一般	学习主动性、积极性、专注度和认真度都需要加强
沟通合作	与同学、教师沟通能力优秀，有优秀的团队合作能力	与同学、教师沟通能力良好，有良好的团队合作能力	能与同学、教师沟通，参与团队活动	不能与同学、教师沟通，不参与团队活动
课堂参与	积极提问，大胆表达自己的看法，回答问题准确	敢于提问，能提出自己不同的看法，回答问题基本正确	很少提问，很少表达自己的想法，能回答教师的问题，但准确度需提升	不敢提问，不表达自己的想法，不回答教师的提问
程序编写	能熟练使用 try_except 语句实现任务要求，数据输出形式美观、易读，代码可读性和可维护性好	能较顺利使用 try_except 实现任务要求，数据输出形式较好，代码可读性和可维护性较好	能在他人的帮助下基本实现 try 语句部分的语句，能在他人的帮助基本实现 except 语句块	不能使用 try 语句实现任务要求
程序调试	能顺利调试程序，能熟练使用互联网查找帮助	能较顺利调试程序，能较熟练使用互联网查找帮助	能在他人的帮助下调试程序和查找帮助	不会调试程序，不会查找帮助

匠心铸魂领航——华为制裁事件

华为制裁事件是中国科技领域的焦点之一,自 2018 年起,美国政府以"国家安全"为由对华为实施严厉制裁,将其列入"实体清单",禁止美企向华为出售商品和技术,给华为的供应链和技术发展带来巨大挑战。

匠心铸魂领航——华为制裁事件

然而,华为并未屈服,反而加大了自主研发力度,推出了一系列创新技术和产品,如麒麟芯片和 5G 技术,彰显了其在科技领域的实力和决心。同时,华为积极寻求国际合作,推动全球信息通信技术的发展。华为的成功经验启示我们,只有坚持自主创新,才能在激烈的国际竞争中立于不败之地。作为新时代的青年,我们应当学习华为,积极投身科技创新,为实现中华民族伟大复兴的中国梦贡献自己的力量,让科技成为推动国家发展的重要力量。

练 习 题

一、单项选择题

1. 下列关于 Python 二分支精简结构的表示中,正确的是(　　)。
   A. 条件 if 表达式 1 else 表达式 2
   B. 表达式 1 if 表达式 2 else 条件
   C. 表达式 1 if 条件 else 表达式 2
   D. 表达式 1 if 条件 : 表达式 2 else

2. 下列关于分支结构的描述中,错误的是(　　)。
   A. if 语句中语句块执行与否依赖于条件判断
   B. if 语句中条件部分可以使用任何能够产生 True 和 False 的语句和函数
   C. 多分支结构用于设置多个判断条件以及对应的多条执行路径
   D. 二分支结构有一种紧凑形式,使用保留字 if 和 elif 实现

3. 下列代码的输出结果是(　　)。
   ```
   for s in "Python":
       if s == 't' or s == 'o':
           continue
       print(s, end='')
   ```
   A. Python　　B. Py　　C. Pyhn　　D. Pyth

4. 下列代码的输出结果是(　　)。
   ```
   for s in "Python":
       if s == 't' or s == 'o':
           break
       print(s, end='')
   ```
   A. Py　　B. Python　　C. Pyhn　　D. Pyth

5. 下列代码的输出结果是（　　）。
   ```
   ls = []
   for i in ' 快乐 ':
       for j in ' 学习 ':
           ls.append(i + j)
   print(ls)
   ```
   A．[' 快学 ',' 快习 ',' 乐学 ',' 乐习 ']　　B．[' 快乐 ',' 学习 ']
   C．' 快学快习乐学乐习 '　　D．快乐学习

6. 下列代码的输出结果是（　　）。
   ```
   S = 'Hello'
   for n in range(len(S)):
       print(S[-n], end=';')
   ```
   A．H;e;l;lo;　　B．Hello;
   C．Holle;　　D．H;o;l;l;e;

7. 下列代码的输出结果是（　　）。
   ```
   sum = 0
   for m in range(1, 6, 2):
       sum += m
   print(sum)
   ```
   A．15　　B．9
   C．21　　D．5

8. 下列代码的输出结果是（　　）。
   ```
   for A in 'max':
       for B in range(3):
           print(A, end='')
           if A == 'a':
               break
   ```
   A．mmmxxx　　B．mmmaaaxxx
   C．mmma　　D．mmmaxxx

9. 下列代码的输出结果是（　　）。
   ```
   ls = [' 爱家 ',' 爱党 ',' 爱国 ']
   for k in ls:
       print(k, end=' ')
   ```
   A．爱家 爱党 爱国　　B．爱家爱党爱国
   C．[爱家 爱党 爱国]　　D．' 爱家 '' 爱党 '' 爱国 '

10. 下列代码中，while 循环执行的次数是（　　）。
    ```
    i = 0
    while i < 10:
        if i < 1:
            print('OK')
            continue
        if i == 5:
    ```

```
print('Hello')
break
i += 1
```

　A．5　　　　　　　　　　　　　　　B．6
　C．0　　　　　　　　　　　　　　　D．死循环，不能确定

11．下列说法错误的是（　　　）。

　A．try、except 等保留字提供异常处理功能
　B．程序发生异常后经过妥善处理可以继续执行
　C．异常语句可以用 else、finally 保留字配合使用
　D．Python 的异常和错误是完全相同的概念

二、编程题

1．使用循环结构输出由星号组成的菱形图案，如下所示：

```
  *
 ***
*****
 ***
  *
```

2．以系统当前时间为随机种子,随机生成 5 个 10（含）与 50（含）之间的随机数，计算出这 5 个数的和，并输出这 5 个数以及和，请使用列表实现。

3．编写猜数游戏：以系统当前时间为随机种子，生成一个 1～100 间的随机整数，让用户来猜，用户最多猜 5 次。接收用户输入的数，如果猜对了，输出"恭喜恭喜，猜对了！"，程序结束。如果猜的数比随机数小，则提示"小了，请再试试"，并提示剩下的机会次数；如果猜的数比随机数大，则提示，"大了，请再试试"，并提示剩下的机会次数。若 5 次都没有猜对，显示相应提示，然后输出"谢谢！"，程序结束。

4．接收用户输入的两个大于 0 的整数，请输出这个整数之间所有的质数。

模块 6 文件

学习目标

★ 掌握文件的打开函数及打开模式
★ 掌握文件的读操作和写操作
★ 掌握 CSV 文件的读写方法

任务 6-1　操作与处理 "劝学 .txt" 文件

程序运行时通常会读取数据或生成数据，这些数据如是需要永久保存，则需将数据以文件的形式存储起来。文件是存储在计算机外存储器上的数据信息集合。

根据数据的组织形式，计算机中的文件分为文本文件和二进制文件。文本文件由特定的统一编码方式的字符构成，可由文本编辑软件创建和编辑。常见文本文件有 TXT、INI、LOG、CSV、HTML 文件等，常见的文本文件的编码方式有 ANSI、UTF-8、UTF-16、GB18030 等。二进制文件的数据组织是由二进制数码组成，不同类型的二进制文件没有统一的编码方式，图片、视频、音频、可执行文件等都是二进制文件。

6.1.1　任务单

学号及姓名		小组成员	
任务编号	6-1	任务名称	操作与处理 "劝学 .txt" 文件
指导教师		日期	
任务概述	现有文本文件 "劝学 .txt"，还有一个列表 ls = [' 劝学诗 ','[唐] 朱熹 ',' 少年易老学难成，一寸光阴不可轻。',' 未觉池塘春草梦，阶前梧叶已秋声。']，编程实现下列功能，程序名为 learn.py。 （1）从 "劝学 .txt" 中读出 23 个字符； （2）读出 "劝学 .txt" 当前行的内容； （3）读出 "劝学 .txt" 中从头到尾全部的文档内容； （4）将列表 ls 的内容写入一个新文件 "劝学诗 .txt"，且列表中每个元素对应文件中一行； （5）将列表 ls 的内容添加到 "劝学 .txt" 文件的尾部，且每个元素一行； （6）将 "劝学 .txt" 文件内容全部读出并显示		

任务要求	（1）变量命名要见名知意； （2）适当给程序代码添加注释； （3）录入代码要遵守 Python 代码编写规范
心得与困惑	

6.1.2 任务实施

文件基本操作实例

1. 编程分析

对文件进行读或写操作时，通常需要三个步骤：打开文件、读或写文件、关闭文件。Python 提供 open() 函数来打开文件，并提供了 r（读模式）、w（写模式）、a（追加写模式）等多种打开文件的模式，可以根据需要选择合适的打开模式。

读文件内容可以使用 read() 方法一次读取整个文件内容，也可以使用 read(n) 方法读取文件中 n 个字符，也可以使用 readline() 方法一行一行读文件内容。

将字符串写入文件可使用 write() 方法，将列表整体写入文件需使用 writelines() 方法。

对文件的操作完成后，使用 close() 方法可关闭文件。

2. 程序代码

行号	代码
1	""" 程序名：learn.py """
2	ls = [' 劝学诗 ', '[唐] 朱熹 ', ' 少年易老学难成，一寸光阴不可轻。',
3	' 未觉池塘春草梦，阶前梧叶已秋声。']
4	f = open(' 劝学 .txt', 'r', encoding='utf-8')
5	print(f.read(23))
6	print(f.readline())
7	f.seek(0)　　# 将文件指针移到文档开头
8	print(' 劝学 .txt 文件内容如下：')
9	print(f.read())
10	f.close()
11	with open(' 劝学诗 .txt', 'w', encoding='utf-8') as f:
12	s = '\n'.join(ls)　　# 使用 \n 将列表 ls 中的每个元素都连接起来形成一个新字符串
13	f.write(s)
14	print('*' * 16)
15	print(' 第二次读取'劝学 .txt'文件内容 ')
16	with open(' 劝学 .txt', 'a+', encoding='utf-8') as f:
17	f.write('\n' + s)
18	f.seek(0)
19	print(f.read())

3. 程序运行结果

****** 劝学 ******
【作者】孟郊
【朝代】唐

劝学.txt 文件内容如下：
****** 劝学 ******
【作者】孟郊
【朝代】唐
击石乃有火，不击元无烟。
人学始知道，不学非自然。
万事须己运，他得非我贤。
青春须早为，岂能长少年。

****
第二次读取 '劝学.txt' 文件内容
****** 劝学 ******
【作者】孟郊
【朝代】唐
击石乃有火，不击元无烟。
人学始知道，不学非自然。
万事须己运，他得非我贤。
青春须早为，岂能长少年。

劝学诗
[唐]朱熹
少年易老学难成，一寸光阴不可轻。
未觉池塘春草梦，阶前梧叶已秋声。

注意：程序运行后，文件"劝学.txt"的内容增加了，如图 6-1 所示。也新产生了"劝学诗.txt"文件，文件内容如图 6-2 所示。

********劝学********
【作者】孟郊
【朝代】唐
击石乃有火，不击元无烟。
人学始知道，不学非自然。
万事须己运，他得非我贤。
青春须早为，岂能长少年。
劝学诗
[唐]朱熹
少年易老学难成，一寸光阴不可轻。
未觉池塘春草梦，阶前梧叶已秋声。

图 6-1 "劝学.txt"

劝学诗
[唐]朱熹
少年易老学难成，一寸光阴不可轻。
未觉池塘春草梦，阶前梧叶已秋声。

图 6-2 "劝学诗.txt"

6.1.3 相关知识

1. 文件的打开与关闭

（1）使用 open() 函数打开文件。使用 open() 函数打开文件，其语法格式如下：

文件的打开与关闭

```
open(file [,mode = 'r'][, buffering=-1][ ,encoding = None][ ,...]])
```

1）file：文件标识符，包括文件路径和文件名两部分，可以使用绝对路径或相对路径。使用文件路径时，注意盘符和目录、文件名之间用 \\、/ 或 // 进行间隔，不建议使用 \，因为转义字符是以 \ 开始的，如 D:\\new\\stud.txt、D:/new/stud.txt 或 D://new//stud.txt。

2）mode：文件打开模式，默认模式是读模式（即 'r'），默认打开的文件类型是文本文件（即 't'）。二进制文件类型是用 'b' 表示的。

3）buffering：缓冲模式，默认值为 -1，表示使用系统默认的缓冲模式。0 表示关闭缓冲（仅在二进制模式下允许），1 表示行缓冲模式（仅可在文本模式下使用），大于 1 的整数表示设置对应缓冲区的大小。

4）encoding：文件编码方式。这个参数只在文本模式下使用，文本文件常用 UTF-8 编码方式。UTF-8 编码是 Python 中读取和写入文件时常用的字符编码。它是一种可变长度的 Unicode 编码，能够表示世界上几乎所有的字符。UTF-8 编码的文件能够在各种平台和语言之间互相传输，并保持其原有的格式和内容，因此被广泛使用。

open() 函数返回一个文件对象，通过这个文件对象可以对相应的文件进行各种操作。

文件的打开模式有多种，见表 6-1。

表 6-1 文件打开模式

文件打开模式	功能	备注
r	只读模式，文件不存在则返回 FileNotFoundError	这 4 种模式不可以混合使用
w	写模式，文件不存在则创建新文件，存在则覆盖原文件	
a	追加写模式，文件不存在则创建新文件，存在则在文件尾追加内容	
x	创建写模式，文件不存在则创建新文件，存在则返回 FileExistsError	
+	在原有功能基础上增加读写功能	可以和 r、w、a、x 模式一起使用
t	文本模式	可以和 r、w、a、x、+ 模式一起使用
b	二进制文件模式	

示例如下：

```
>>> f1 = open('d:\\image\\fenghuang.jpg', 'br')    # d:\\image\\fenghuang.jpg 需存在，否则出错
>>> f1    # 查看 f1 的值
<_io.BufferedReader name='d:\\image\\fenghuang.jpg'>
```

```
>>> f2 = open('stud.txt', 'w+', encoding='utf-8')
>>> f2    # 查看 f2 的值
    <_io.TextIOWrapper name='stud.txt' mode='w+' encoding='utf-8'>
```

注意：不能以文本模式打开二进制文件，否则读文件时系统会提示出错。文本文件可以使用二进制模式打开。

示例如下：

```
>>> f = open('d:\\image\\fenghuang.jpg', 'r')
>>> print(f.read())
    Traceback (most recent call last):
        File "<pyshell#1>", line 1, in <module>
            f.read()
    UnicodeDecodeError: 'gbk' codec can't decode byte 0xff in position 0: illegal multibyte sequence
```

（2）使用 with...as 打开文件。with...as 语法格式如下：

```
with open(file [,mode = 'r'][, buffering=-1][ ,encoding = None][ ,...]]) as f:
    语句块        # 对文件操作的语句
```

使用 with 语句打开文件后，不需要关闭文件，因为在 with 语句结束后，系统会自动关闭文件。使用 with 语句可以同时打开多个文件，示例如下：

```
with open(' 劝学诗 .txt', 'w', encoding='utf-8') as f1, open(' 劝学 .txt', 'a+', encoding='utf-8') as f2:
```

注意：两个 open() 函数间用逗号分隔。

（3）关闭文件。直接使用 open() 函数打开文件，对文件操作完成后，需要关闭文件。关闭文件的语句格式如下：

```
f.close()       # f 为文件对象
```

示例如下：

```
>>> f = open(' 劝学 .txt', 'x', encoding='utf-8')     # 以创建写模式打开文件劝学 .txt
>>> f.close()
```

2. 读文件

可使用文件对象的 read()、readline() 和 readlines() 方法来读取文件内容。当读取的是文本文件时，文件内容是以字符串形式读取；如果读取的是二进制文件，则文件内容是以字节流读取。这几个方法使用说明见表 6-2。

读文件

表 6-2　文件的读操作

方法	功能（F 为文件对象）
F.read()	从文件指针位置读取到文件尾
F.read(N)	从文件指针位置起读取 N 个字符或 N 个字节
F.readline()	读当前行内容
F.readline(N)	从文件指针位置起读取当前行 N 个字符或 N 个字节
F.readlines()	从文件指针位置读取到文件尾，返回一个列表，文件每行对应列表中一个元素

注意：当文件比较大时，读取全部内容就会占用大量的内存空间，读取时间相对较长，这时不建议使用 read() 和 readlines() 方法，可以使用循环语句与 readline() 方法结合来读取文件内容。

读文件举例，下列"劝学 .txt"文件内容与上述任务中相应文件内容是一样的。

>>> file1 = open(' 劝学 .txt', encoding='utf-8')   # 以读模式打开当前目录下文件 ' 劝学 .txt'
>>> file1.readline()
   ******** 劝学 ********
>>> file1.readline(4)   # 读取当前行 4 个字符
   【作者】
>>> file1.read(6)   # 注意：换行符也是一个字符
   孟郊
   【朝代】
>>> file1.readlines()
   [' 唐 \n', ' 击石乃有火，不击元无烟。\n', ' 人学始知道，不学非自然。\n', ' 万事须己运，他得非我贤。\n', ' 青春须早为，岂能长少年。\n']

3. 移动文件指针的位置

文件指针是指在文件处理过程中，一个指向文件内容当前读写位置的对象。可以通过改变它的值来实现程序控制文件读写的起始位置。

在读取文件内容时，是从文件指针所在位置开始读取的。当文件指针移动到文件尾部时，读取操作将返回空值。用户可以通过 seek() 方法改变文件指针的位置，该方法调用格式如下：

文件对象 .seek(offset[, whence=0])

（1）offset：表示偏移起始定点位置的字节数。注意在读取中文时，如果因字节数设置不合理，读取了半个汉字，系统会报错。

（2）whence：表示移动指针的起始位置。如为 0 表示文件开头，为 1 表示当前文件指针所在位置，为 2 表示文件尾。如果打开的是文本文件，whence 的值只能是 0。

常用 seek(0) 表示将文件指针移到文件开头位置。

示例如下：

>>> file1 = open('d:\\image\\fenghuang.jpg', 'br')   # 以读模式打开一个二进制文件
>>> s = file1.read()   # 运行这条语句后，file1 的文件指针已移动到文件尾
>>> file1.seek(-20, 2)   # 相对文件尾文件指针向文件头部方向移动 20 个字节
>>> print(file1.read(6))
   b'P\x01E\x14P\x01'
>>> file1.tell()   # 获取文件指针所在位置
   79103

使用 tell() 方法返回当前文件指针所在位置。该位置是以字节为单位的，是一个整数。

4. 遍历文件

文件对象是一个可迭代对象，可以使用 for 循环来遍历文件的内容。遍历文件时，是以行为单位来遍历的。如遍历"劝学诗 .txt"文件内容如下：

遍历文件

行号	代码
1	# 程序名：encourage1.py
2	with open(' 劝学诗 .txt', 'r', encoding='utf-8') as f:
3	for line in f:
4	print(line.rstrip())　　# 使用字符串方法 rstrip() 将每行行尾换行符 \n 去掉

运行结果如下：

劝学诗
[唐] 朱熹
少年易老学难成，一寸光阴不可轻。
未觉池塘春草梦，阶前梧叶已秋声。

当文件不是很大时，也可以使用 readlines() 方法将文件内容读入列表，然后遍历列表即遍历了文件。示例如下：

行号	代码
1	# 程序名：encourage2.py
2	with open(' 劝学诗 .txt', 'r', encoding='utf-8') as f:
3	ls = f.readlines()
4	for line in ls:
5	print(line.rstrip())

5. 写文件

可使用文件对象的 wirte() 和 writelines() 方法来往文件中写入内容。
这两种方法的功能说明见表 6-3。

写文件

表 6-3　文件的写操作

方法	功能（F 为文件对象）
F.write(s)	将 s 值写入文件对象 F。对于文本文件来讲 s 必须为字符串
F.writelines(lines)	将一系列字符串写入文件对象 F。lines 可以是字符串、列表等可迭代对象，lines 的元素必须都是字符串。如果 lines 是字典，则其所有键必须都为字符串，F.writelines(lines) 是将字典 lines 所有键写入文件 F

示例如下：

```
>>> f1 = open('example.txt', 'w+', encoding='utf-8')
>>> f1.write(' 劳动教养了身体，学习教养了心灵。\n')　　# \n 是换行符
>>> f1.write(' 业精于勤荒于嬉，行成于思毁于随。\n')
>>> ls = [' 励志 ',' 笃学 ',' 求实 ',' 尚美 ']
>>> f1.writelines(ls)　　　　　　# 将列表 ls 的所有元素写入文件 example.txt
>>> tp = (' 自尊 ',' 自信 ',' 自强 ',' 自立 ')
>>> f1.writelines(tp)　　　　　　# 将元组 tp 的所有元素写入文件 example.txt
>>> f1.writelines({' 张华 ': 100,' 李明 ': 120})　　#将字典每个元素的 key 写入文件 example.txt
>>> f1.seek(0)　　　　　　　　#将文件对象 f1 的文件指针移至文件头位置
>>> print(f1.read())
　　劳动教养了身体，学习教养了心灵。
　　业精于勤荒于嬉，行成于思毁于随。
　　励志笃学求实尚美自尊自信自强自立张华李明
```

如果想将列表或元组的元素以逗号分隔写入文件，则可以将各元素以逗号连接成一个字符串，然后再使用 write() 方法写入文件，示例如下：

```
>>> ls = [ ' 励志 ', ' 笃学 ', ' 求实 ', ' 尚美 ']
>>> s = ','.join(ls)
>>> s
' 励志 , 笃学 , 求实 , 尚美 '
>>> f1.writelines(s)
```

6.1.4 拓展任务——劳动之星选票统计

有一个文本文件 data1.txt，存放了一个班级劳动之星的选票，每一行对应一张选票，即对应一个被选举的学生名。编程实现统计选票结果，以字典形式保存选票结果，学生名为键名，票数为值。最后，将票数前 5 名的学生姓名及票数输出。

劳动之星票数统计

6.1.5 任务评价表

学号及姓名		日期		
任务编号	6-1	任务名称	操作与处理"劝学 .txt"文件	
	项目	自评	小组评价	教师评价
课堂表现	学习态度（15%）			
	沟通合作（10%）			
	课堂参与（15%）			
技能操作	程序编写（30%）			
	程序调试（30%）			
	总分			
评价标准				
项目	90～100 分	75～89 分	60～74 分	0～59 分
学习态度	学习主动性、积极性、专注度和认真度优秀	学习主动性、积极性、专注度和认真度良好	学习主动性、积极性、专注度和认真度一般	学习主动性、积极性、专注度和认真度都需要加强
沟通合作	与同学、教师沟通能力优秀，有优秀的团队合作能力	与同学、教师沟通能力良好，有良好的团队合作能力	能与同学、教师沟通，参与团队活动	不能与同学、教师沟通，不参与团队活动
课堂参与	积极提问，大胆表达自己的看法，回答问题准确	敢于提问，能提出自己不同的看法，回答问题基本正确	很少提问，很少表达自己的想法，能回答教师的问题，但准确度需提升	不敢提问，不表达自己的想法，不回答教师的提问

续表

程序编写	能熟练完成文件的打开、读取、创建和写入，程序功能完善，代码结构清晰	能较顺利完成文件的打开、读取、创建和写入，能较好完成程序功能，代码结构较好	能在他人的帮助下实现打开文件和读取文件内容，能基本完成程序代码	不能打开文件，不能读取文件内容
程序调试	能顺利调试程序，能熟练使用互联网查找帮助	能较顺利调试程序，能较熟练使用互联网查找帮助	能在他人的帮助下调试程序和查找帮助	不会调试程序，不会查找帮助

任务 6-2　处理"score.csv"文件

CSV 文件中的数据一般以半角逗号分隔，是纯文本文件。CSV 文件可以使用记事本、Word 等文字编辑软件打开，也可以使用 Excel 打开。

6.2.1　任务单

学号及姓名		小组成员	
任务编号	6-2	任务名称	处理"score.csv"文件
指导教师		日期	
任务概述	文本文件 score.csv 文件中存有一个班学生成绩信息，score.csv 文件前 5 行数据如图 6-3 所示。 编程完成以下要求： （1）程序名为 stud_score.py； （2）求出该文件中每个学生总成绩； （3）按总成绩降序排序学生信息； （4）将排序后的学生信息结果存入文件 sort_score.csv，各数据间用半角逗号分隔，每个学生信息一行，每个学生信息包括学号、各科成绩和总成绩 1　学号,数学,语文,英语,体育 2　202301,95.0 ,86.0 ,75.0 ,82.0 3　202302,90.0 ,92.0 ,86.0 ,85.0 4　202303,65.0 ,75.0 ,58.0 ,65.0 5　202304,75.0 ,86.0 ,82.0 ,78.0 6　202305,55.0 ,56.0 ,63.0 ,64.0 图 6-3　score.csv 文件前 5 行数据		
任务要求	（1）变量命名要见名知意； （2）适当给程序代码添加注释； （3）录入代码要遵守 Python 代码编写规范； （4）sort_score.csv 文件首行为数据的列标题，即表头		
心得与困惑			

6.2.2 任务实施

1. 编程分析

处理学生成绩

首先打开 score.csv 文件，使用 csv.reader() 方法读出文件中所有学生成绩信息，并转换为列表。该列表是一个嵌套列表，即列表的每个元素又是一个列表。该嵌套列表中第一个元素是字段名列表，因此在处理数据时，第一个元素不需要求成绩和，需要在这元素尾增加字段名"总分"。除了嵌套列表第一个元素，其他元素需要读出每科成绩并将其转换为数字类型，再求累加和，最后将累加和添加到这个元素数据尾部。

求出各学生的总分后，以总分为排序关键字对列表进行排序。最后将字段名（即表头）和排序后的列表写入新文件。

2. 程序代码

```
行号    代码
1      """ 程序名称：stud_score.py """
2      import csv
3      with open('score.csv', 'r', encoding='utf-8') as csvfile:
4          reader = csv.reader(csvfile)
5          reader = list(reader)          # 将 reader 转换为列表
6          reader[0].append(' 总分 ')     # reader 的第一个元素是表头，即字段名，字段名增加总分列
7          score_list = reader[1:]        # 使用切片取出 reader 中第二个元素至最后一个
8          for i in score_list:
9              total = 0
10             for j in range(1, len(i)):
11                 total += eval(i[j])    # 求出各成绩的累加和
12             i.append(total)            # 将总分添加到当前列表 i 的最后
13     # 对 score_list 列表中元素按每个元素的最后一个元素降序排序
14     score_list.sort(key=lambda x: x[-1], reverse=True)
15     with open('sort_score.csv', 'w', encoding='utf-8', newline='') as f:
16         writer = csv.writer(f)
17         writer.writerow(reader[0])     # 将表头写入 sort_score.csv
18         writer.writerows(score_list)   # 将 score_list 所有元素写入 sort_score.csv
```

3. 程序运行结果

生成文件 sort_score.csv，该文件部分内容如图 6-4 所示。

```
   sort_score.csv ×
1  学号,数学,语文,英语,体育,总分
2  202308,94.0 ,96.0 ,93.0 ,95.0,378.0
3  202310,90.0 ,95.0 ,87.0 ,95.0,367.0
4  202309,91.0 ,92.0 ,95.0 ,88.0,366.0
5  202319,93.0 ,94.0 ,86.0 ,88.0,361.0
6  202306,90.0 ,86.0 ,89.0 ,95.0,360.0
7  202307,90.0 ,86.0 ,89.0 ,95.0,360.0
```

图 6-4 sort_score.csv 文件部分数据

6.2.3 相关知识

1. CSV 文件

CSV 即逗号分隔值（也称为字符分隔值，分隔字符可以不是逗号）。CVS 文件有以下特点：

（1）纯文本文件，使用某种字符集编码，如 ASCII、Unicode、GB2312 等。
（2）每行为一条记录，每条记录字段序列相同。
（3）每条记录的字段被分隔符分隔（典型分隔符有逗号、分号或制表符等）。
（4）数据的基本组织单位是行，一行表示一维数据。
（5）文件扩展名为 .csv。

2. 数据写入 CSV 文件

csv 模块是 Python 自带的内置模块，主要提供了对 CSV 文件操作的一些类、函数等。要使用 csv 模块时先要导入该模块。

（1）csv.writer()。csv 模块中的 writer() 函数功能是将序列化的数据写入 CSV 文件，其返回值是一个 writer 对象。writer() 函数语法格式如下：

```
csv.writer(csvfile, dialect='excel', **fmtparams)
```

参数说明：

- csvfile：必须是支持迭代（iterator）的对象，可以是文件（file）对象或者列表（list）对象。
- dialect：编码风格，默认为 excel 的风格，也就是使用逗号（,）分隔。
- fmtparam：格式化参数，用来覆盖之前 dialect 对象指定的编码风格。

writer 对象常用的方法有以下两个：

1）writer.writerow(row) 将列表 row 中所有元素以逗号分隔构成一行元素写入 CSV 文件。

2）writer.writerows(rows) 将嵌套列表或嵌套元组中所有元素写入 CSV 文件，rows 的每个元素对应 CSV 文件中一行，每行中的数据用逗号分隔。

例如，将嵌套列表数据写入 CSV 文件，代码如下：

```
行号    代码
1       # 程序名 pupils1.py
2       import csv   # 导入 csv 模块
3       datas = [['黎华明',' 女 ', 10], [' 赵志尚 ',' 男 ', 12], [' 卢洪明 ',' 女 ', 10]]
4       # 操作文件对象时，需要添加 newline=''，参数逐行写入，否则会出现空行现象
5       with open('pupils1.csv', 'w', newline = '', encoding='UTF-8') as csvfile:
6           writer = csv.writer(csvfile)
7           for e in datas:
8               writer.writerow(e)   # 使用 writerow() 方法把元素 e 以新的一行写入 pupils.csv 文件
```

上述代码第 7 和 8 行也可以使用一条语句实现：

```
writer.writerows(datas)
```

代码执行后，在程序所在目录中生成 pupils1.csv 文件，文件内容如下：

黎华明 , 女 ,10
赵志尚 , 男 ,12
卢洪明 , 女 ,10

（2）csv.DictWriter()。csv.DictWriter() 函数用于以字典的形式将数据写入 CSV 文件。与 csv.writer() 不同，csv.DictWriter() 使用字典的键作为 CSV 文件的列名，CSV 文件中各行每列的值为字典各元素相应键的值，其返回值是一个 csv.DictWriter 对象。DictWriter() 函数语法格式如下：

csv.DictWriter(csvfile, fieldnames, dialect='excel', **fmtparams)

- csvfile、dialect、fmtparam 这三个参数与 writer 类中含义一致。
- fieldnames 是典的键组成的列表。

csv.DictWriter 对象常用的方法有以下三个：

1）writeheader() 方法可以将 csv.DictWriter 的参数 fieldnames 值（即字段名）写入指定 CSV 文件的第一行，作为表头。

2）writerow(rowdict) 方法可以将字典 rowdict 的所有值写入 CSV 文件，各值间用逗号分隔。

3）writerows(rowdicts) 方法将 rowdicts 所有元素值写入 CSV 文件，每一行对应 rowdicts 中一个字典元素的所有值，不写入键。rowditcts 一般嵌套了字典的列表或元组。

例如，将多个字典写入 CSV 文件：

行号	代码
1	# 程序名 pupils2.py
2	import csv
3	datas = [{'name': ' 石华强 ', 'sex': ' 女 ', 'age': 10}, {'name': ' 赵志尚 ', 'sex': ' 男 ', 'age': 12 },
4	{ 'name': ' 卢洪明 ','sex': ' 女 ', 'age': 10}]
5	with open('pupils2.csv', 'w', newline='', encoding='UTF_8') as csvfile:
6	header = datas[0].keys() # 获取列表中第一个元素的所有键
7	writer = csv.DictWriter(csvfile, fieldnames=header)
8	writer.writeheader() #将字典的键名称写入 CVS 文件第一行，作为表头
9	for item in datas:
10	writer.writerow(item) # 将列表中每个字典元素的所有 value 写入 CVS 文件
11	writer. writerows(datas) # 将列表中所有字典值写入 CVS 文件，每个字典的值对应一行

代码执行后，在程序所在目录中生成 pupils2.csv 文件，文件内容如下：

name,sex,age
石华强 , 女 ,10
赵志尚 , 男 ,12
卢洪明 , 女 ,10
石华强 , 女 ,10
赵志尚 , 男 ,12
卢洪明 , 女 ,10

3．读取 CSV 文件数据

csv 模块中的 reader 类和 DictReader 类用于读取 CSV 文件中的数据。

（1）csv.reader()。csv.reader() 可以将从 CSV 文件中读出的数据构成列表，调用语法格式如下：

csv.reader(csvfile, dialect='excel', **fmtparams)

csv.reader() 的三个参数与 writer() 类的三个参数含义一致。csv.reader() 返回一个 reader 对象，通过该对象可以逐行遍历 csvfile。

例如，读出 pupils1.csv 文件的内容存入列表：

```
行号    代码
1       # 读出 pupils1.csv 文件内容，每一行作为列表的一个元素
2       # 程序名称：read_list.py
3       import csv
4       with open('pupils1.csv', 'r', encoding='UTF_8') as csvfile:
5           reader = csv.reader(csvfile)
6           ls = list(reader)
7           print(ls)
```

程序运行结果：

[[' 石华强 ',' 女 ','10'], [' 赵志尚 ',' 男 ','12'], [' 卢洪明 ',' 女 ','10']]

（2）csv.DictReader()。DictReader() 可以将从 CSV 文件中读出的数据构成字典形式。csv.DictReader() 的调用方法如下：

csv.DictReader(csvfile, fieldnames, dialect='excel',**fmtparams)

csv.DictReader() 的三个参数与 DictWrite() 的三个参数含义一致，fieldnames 的默认值为 csvfile 文件中第一行数据，即将 csvfile 第一行数据作为生成字典的各键名。csv.DictReader() 的返回值是一个 csv.DictReader 对象，通过该对象可以逐行遍历 csvfile 内容。

例如，读出 pupils2.csv 文件的内容并存入列表，文件中每一行数据构造成字典。字典的三个的键分别为 name、sex、age。

```
行号    代码
1       # 程序名称：readDict.py
2       import csv
3       with open('pupils2.csv', 'r', encoding='UTF_8') as csvfile:
4           reader = csv.DictReader(csvfile)
5           ls = list(reader)
6           print(ls)
```

程序运行结果：

[{'name': ' 石华强 ', 'sex': ' 女 ', 'age': '10'}, {'name': ' 赵志尚 ', 'sex': ' 男 ', 'age': '12'}, {'name': ' 卢洪明 ', 'sex': ' 女 ', 'age': '10'}, {'name': ' 石华强 ', 'sex': ' 女 ', 'age': '10'}, {'name': ' 赵志尚 ', 'sex': ' 男 ', 'age': '12'}, {'name': ' 卢洪明 ', 'sex': ' 女 ', 'age': '10'}]

6.2.4 拓展任务——学生数据存入 CSV 文件

编程实现：将学生信息管理程序 students.py 学生数据存储到文件 data1.csv 中，每个学生数据占一行，各个数据间用英文逗号分隔。

6.2.5 任务评价表

学号及姓名			日期	
任务编号	6-2		任务名称	处理"score.csv"文件
项目		自评	小组评价	教师评价
课堂表现	学习态度（15%）			
	沟通合作（10%）			
	课堂参与（15%）			
技能操作	程序编写（30%）			
	程序调试（30%）			
总分				
评价标准				
项目	90～100分	75～89分	60～74分	0～59分
学习态度	学习主动性、积极性、专注度和认真度优秀	学习主动性、积极性、专注度和认真度良好	学习主动性、积极性、专注度和认真度一般	学习主动性、积极性、专注度和认真度都需要加强
沟通合作	与同学、教师沟通能力优秀，有优秀的团队合作能力	与同学、教师沟通能力良好，有良好的团队合作能力	能与同学、教师沟通，参与团队活动	不能与同学、教师沟通，不参与团队活动
课堂参与	积极提问，大胆表达自己的看法，回答问题准确	敢于提问，能提出自己不同的看法，回答问题基本正确	很少提问，很少表达自己的想法，能回答教师的问题，但准确度需提升	不敢提问，不表达自己的想法，不回答教师的提问
程序编写	能熟练完成文件的打开、读取，能实现程序的所有功能，代码结构清晰	能较顺利完成文件的打开、读取，能实现学生总成绩的计算，能较好完成程序功能，代码结构较好	能在他人的帮助下实现打开文件和读取文件内容，能完成程序基本功能	不能打开文件，不能读取文件内容
程序调试	能顺利调试程序，能熟练使用互联网查找帮助	能较顺利调试程序，能较熟练使用互联网查找帮助	能在他人的帮助下调试程序和查找帮助	不会调试程序，不会查找帮助

匠心铸魂领航——计算技术领域院士高庆狮

高庆狮，1957 年毕业于北大数力系，后入中国科学院计算技术研究所。1980 年他当选为中国科学院院士，是计算技术领域最早的两位院士之一。他参与了我国首颗人造卫星地面计算控制中心、首台大型通用电子管计算机、首台大型晶体管计算机、首台超大型向量计算机等重要项目的设计。

匠心铸魂领航——高庆狮院士

高庆狮原本喜欢抽象数学，但为响应国家需要，两次改行，最终与计算机结缘。在 60 年代，他承担了多种计算机任务，虽无经费，但始终专心完成任务。回首峰回路转的桩桩往事，高庆狮深有感触地说："改行对个人而言，接受起来有难度，但国家和人民的需要是锻炼和发挥个人能力的难逢机会。"他认为，寻找有价值的课题需要独立思考，不人云亦云，独立判断是非曲直、经济效益、社会效益和理论价值。他鼓励青年科研人员要具备跨学科知识，有决心和条件去探索未知领域。

练 习 题

一、单项选择题

1. Python 中读取文件中一行的方法是（　　）。

   A．read()　　　　B．readlines()　　　　C．readline()　　　　D．readrow()

2. 下列关于 Python 文件打开模式的描述中，错误的是（　　）。

   A．只读模式 r　　　　　　　　　　B．覆盖写模式 w

   C．追加写模式 a　　　　　　　　　D．创建写模式 n

3. 在 Python 程序中，使用 open() 打开 Windows 系统 D: 盘下的文件，下列路径名错误的是（　　）。

   A．D:\new\a.txt　　B．D:\\new\\a.txt　　C．D:/new/a.txt　　D．D://new//a.txt

4. 下列关于文件读写的描述中，错误的是（　　）。

   A．对文件进行读写操作之后必须关闭文件以防止文件数据丢失

   B．以追加模式打开的文件，文件存在则在原文件最后追加内容，不存在则创建

   C．文件对象的 seek() 方法用来返回文件指针的当前位置

   D．文件对象的 readlines() 方法用来读取文件所有内容，以文件中每行为一个元素形成一个列表

5. 运行下列代码后，文件 lianxi.txt 的内容是（　　）。

   ```
   f1 = open('lianxi.txt', 'w', encoding='utf-8')
   ls = ['大学',' 道德经 ',' 易经 ']
   f1.write(','.join(ls))
   f1.close()
   ```

   A．大学道德经易经　　　　　　　　B．大学 道德经 易经

   C．['大学',' 道德经 ',' 易经 ']　　　　D．大学 , 道德经 , 易经

6. 下列代码的输出结果是（   ）。

   d = {"MM": 1001, "GG": 1003}
   print(len(d), end=' ')
   d['GG'] = 1002
   print(d.get('GG', 1004))

   A．2 1002　　　　B．2 1003　　　　C．4 1004　　　　D．4 1002

7. 下列关于文件的描述中，错误的是（   ）。

   A．以读方式打开一个文件，读完文件内容后能对文件进行写操作
   B．当文件以文本方式打开时，读/写按照字符串形式进行
   C．以文本方式打开一个空文件，追加方式写文件，打开模式使用 'a+'
   D．以写模式打开一个文本文件，不能对文件进行读操作

8. 下列关于文件的描述中，正确的是（   ）。

   A．使用 open() 打开文件时，必须要用 r 或 w 指定打开方式，不能省略
   B．采用 readlines() 可以读入文件中的全部文本，返回一个列表
   C．文件打开后，可以用 write() 控制文件内容的读写位置
   D．如果没有采用 close() 关闭文件，Python 程序退出时文件将不会自动关闭

9. f=open() 可以打开一个文件，关于 f 的描述错误的是（   ）。

   A．执行 m=f 后，m 和 f 同时表示所打开文件
   B．f 是一个文件对象的引用，在程序中表示文件
   C．f 是一种特殊的 Python 变量，执行 print(f) 时会报错
   D．f.read() 可以一次性读入文件全部信息

10. 下列不是文件读写方法的是（   ）。

    A．readline()　　B．readlines()　　C．wirteline()　　D．write()

二、编程题

已知有一个字典 prov，该字典存储一些省的信息，如下：

prov = {'广东':'广州','广西':'南宁','河南':'郑州','河北':'石家庄','山东':'济南'}

编程实现将字典的键、值及键值对以图 6-5 所示的形式存到 prov.txt 文件中。

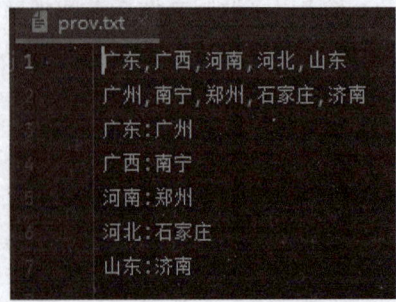

图 6-5　prov.txt 文件内容

模块 7 函数和模块

学习目标

- ★ 理解函数,掌握函数的定义和调用方式
- ★ 掌握局部变量和全局变量的使用
- ★ 掌握函数的几种形参和实参以及参数的传递方法
- ★ 掌握函数的返回值
- ★ 能熟练应用 lambda 函数和递归函数
- ★ 掌握导入模块、导入模块中的类、变量和函数的方法

函数是一段具有特定功能的、可重用的语句块,也可称为带名称的代码块。在程序中,当需要多次执行同一项功能时,无须重复编写该功能代码,而是可以将这一功能代码定义为函数。需使用此功能时,只需调用相应的函数即可。使用函数,能提高代码的重用性,降低代码冗余,使程序更加模块化、结构更清晰。同时,它也使得程序的编写、修改、阅读、理解和测试等变得更加轻松,从而降低了软件开发和维护的成本。函数是实现功能封装的重要手段。函数只有被调用时,函数内的代码才会被执行。

任务 7-1 输出习近平总书记对青年的寄语

7.1.1 任务单

学号及姓名		小组成员	
任务编号	7-1	任务名称	输出习近平总书记对青年的寄语
指导教师		日期	
任务描述	(1) 录入下面程序并调试,程序命名为 sendWord.py,理解程序的功能,掌握函数的定义方法。 行号　代码 1　　""" 程序名:sendWord.py """ 2　　def send_word(): 3　　　　""" 输出习近平总书记对青年的寄语 """		

续表

任务描述	4　　　　word = '奋斗是青春最亮丽的底色，行动是青年最有效的磨砺。'\\ 5　　　　　　　'有责任有担当，青春才会闪光。' 6　　　　print(word) 7 8　　send_word()
	（2）编程求出算式 2!+4!+5! 的值，要求使用函数实现求每个数的阶乘，程序名为 fact.py
任务要求	（1）函数名、变量、形参命名都要见名知意； （2）适当给程序代码添加注释； （3）录入代码要遵守 Python 代码编写规范
心得与困惑	

7.1.2　任务实施

1. 程序 sendWord.py 的功能

程序中 send_word() 是一个函数，其功能是实现打印习近平总书记对青年的寄语。send_word() 没有参数，即调用该函数时不需要向该函数传递任何信息。直接使用 send_word() 就是调用该函数。程序运行结果如下：

奋斗是青春最亮丽的底色，行动是青年最有效的磨砺。有责任有担当，青春才会闪光。

2. 第二个任务编程思路

将求一个数 n 的阶乘定义为函数，函数名为 fact()。该函数有一个形式参数（简称形参），数 n 即为该函数的形参，函数的返回值就是函数中求出的 n 的阶乘。n!=1×2×…×n，程序设计将 n 的阶乘计算称为累乘，用于保存 n 阶乘值的变量初值需设置为 1，可以使用遍历循环或 while 循环来实现求累乘。

在程序主模块调用这个函数三次，分别求出 2、4 和 5 的阶乘，最后输出这三个阶乘的和。

3. 编写代码

行号	代码
1	`""" 求三个数阶乘的和，程序名为：fact.py """`
2	
3	`def fact(n):`
4	`    f = 1    # 变量 f 用于保存 n 的阶乘，其初始值为 1`
5	`    for m in range(1, n+1):`
6	`        f *= m`
7	`    return f`
8	
9	`if __name__ == '__main__':`
10	`    s = fact(2) + fact(4) + fact(5)`
11	`    print('2!+4!+5!=%d' % s)`

4. 代码运行结果

2!+4!+5!=146

7.1.3 相关知识

1. 函数的定义

Python 自带很多函数,用户根据需要可以调用系统提供的函数,也可以根据需要自己定义函数。函数定义使用 def 语句,函数定义语句结构如下:

```
def 函数名 ([ 形参 1, 形参 2, 形参 3,...]):
    [""" 函数说明文本 """]
    语句块
    [return 返回值 ]
```

函数定义说明:

(1) 函数定义首行。该行包括关键字 def、函数名、圆括号、形参和冒号。函数名要符合标识符的命名规则。def 与函数名之间有一个空格间隔。形参之间用逗号分隔,形参可以省略但圆括号不能省。特别注意,本行结尾必须有一个冒号。

(2) 第二行通常是函数的说明文本,也称为文档字符串。它用于描述函数的功能及形参说明等,使用三对双引号括起来。Python 使用这些文本生成函数对应的说明文档。这部分和下面语句块及 return 行称为函数体。

(3) 语句块可以由一行或多行代码组成,是实现函数功能的代码,也是函数每次被调用时要执行的代码。

(4) return 语句将函数返回值返回到调用函数的代码行。函数返回的值即称为返回值。函数也可以没有返回值和 return 语句,这样系统会自动给调用代码返回一个 None。return 语句可以出现在函数体中任何位置。函数体中可以有多个 return 语句。

函数名称和它接受的参数列表的组合称为函数的签名,也可称为方法的签名(Method Signature)。

Python 中的函数可以放在脚本的任何位置。但是,为了能够正确调用函数,定义函数时需要遵循:

(1) 函数定义在脚本的顶部。这样使代码更加清晰和易读。

(2) 函数定义在需要调用的代码之前。

例如,闰年分为普通闰年和世纪闰年。普通闰年是指能被 4 整除但不能被 100 整除的年份,世纪闰年是指能被 400 整除的年份。编写一个函数,能够实现下列功能:能够判断这一年份是否为闰年,并输出判断结果。

行号	代码
1	`""" judgeYear.py """`
2	`def leap_year(year):`
3	`    """ 判断年份 year 是否为闰年 """`
4	`    if (year % 4 == 0 and year % 100 != 0 ) or year % 400 == 0:`
5	`        print(f'{year} 是闰年 ')`

```
6        else:
7            print(f'{year} 不是闰年')
8
9    if __name__ == '__main__':
10       year = eval(input(' 请输入一个年份：'))
11       leap_year(year)
```

2. 函数的调用

使用函数，就是调用函数。函数被调用时，其内的代码才会被 Python 执行。函数调用格式如下：

函数名 (参数列表)

调用函数时，如果不需要参数，则可以省略，但圆括号不可以省略。调用函数时，所使用的参数为实参。实参可以是常量、变量、表达式、函数等。

调用函数的执行过程如下：

（1）程序执行到调用函数语句时，转向该函数定义部分执行代码。

（2）将实参传递给函数相应的形参。

（3）运行函数体部分。

（4）当执行到 return 语句时，则返回到程序调用函数的语句位置。程序接收函数的返回值，然后继续执行后续的代码。如果函数中无 return 语句，则当函数体执行结束后，返回程序调用函数语句处，继续执行后续的代码。

例如，求出半径为 5 的圆的面积。将求圆面积功能定义为函数，形参为圆的半径。

```
行号    代码
1      """ circleArea.py，程序功能：根据半径求圆面积 """
2      import math
3      def circle_area(r):              # r 为形参
4          """ 计算半径为 r 的圆面积 """
5          p = math.pi                   # 使用 math 模块中的 pi
6          s = round(p * r * r, 2)       # 使用 round 函数将圆面积保留小数点后两位
7          return s
8
9      cs = circle_area(5)              # 调用函数 circle_area()，并将函数返回值赋值给变量 cs
10     print(" 该圆面积为：{}".format(cs))
```

该程序当执行到 circle_area(5) 时，程序转到 def circle_area(r) 处执行，并将 5 传递给形参 r，然后开始执行函数体中的代码。当执行到 return s 时，返回到调用函数 circle_area(5) 处，程序接收 circle_area(5) 的返回值也即函数中计算出的 s 的值，将 s 的值赋值给变量 cs，最后输出 cs 的值。

3. 形参

函数定义时，函数名右侧圆括号中定义的参数称为形参，如上述中的 r 为形参。函数形参可以没有，也可以有一个或多个。形参是函数体内代码完成功能所需要的数据。在函数被调用时，函数名右侧圆括号中的参数为实参。实参向函数内传送信息，

如 area_circle(5) 中的 5 即为实参，这个值会传给形参 r。

Python 函数的形参主要包括无默认值形参（也称必选形参）、有默认值形参（也称可选形参）、可变形参。无默认值形参即在声明函数时，这个形参只是一个变量名；有默认值形参即该参数形式为"变量名 = 值"；可变形参是变量名前有一个 * 或 **，如 *args、**kwargs。以 * 开头的形参可以收集多余的位置实参，收集的位置实参形成一个各元素位置与位置实参顺序一致的元组。以 ** 开头的形参可以收集多余的关键字实参，收集的关键字实参形成一个字典，其中字典的键是关键字实参的名称，值就是对应关键字的参数值。

注意： 这几种形参的顺序，从左到右必须是无默认值形参、有默认值形参、* 开头的形参、** 开头的形参。

行号	代码
1	"""demo711.py 演示函数形式参数的应用 """
2	
3	def demo1(a, b=90, *args, **kwargs):
4	""" 演示形式参数的种类及顺序 """
5	m = a + b
6	print(f'a={a},b={b}')
7	print('*args 收集的数据：', args)
8	print('**kwargs 收集的数据：', kwargs)
9	
10	demo1(3, 4, 50, 60, 70, n=10, m=20)
11	print()
12	print(" 第二次调用函数 ")
13	demo1(100)

该程序的运行结果是：

```
a=3,b=4
*args 收集的数据：  (50, 60, 70)
**kwargs 收集的数据：  {'n': 10, 'm': 20}

 第二次调用函数 
a=100,b=90
*args 收集的数据：  ()
**kwargs 收集的数据：  {}
```

上述例子中，a 为无默认值形参，b 为有默认值形参。第二次调用函数 demo1 时，只有一个实参 100，但因定义时形参 b 有默认值 90，所以输出时 b=90。args 没有收集到数据，其值为空元组；kwargs 也没有收集到数据，其值为空字典。

4. 函数的返回值

函数返回的值称为返回值。函数可以有返回值，也可以没有返回值。函数可以返回一个值或一组值，在函数中使用 return 语句返回函数的值。return 语句可出现在函数体的任何位置，其功能是终止当前函数，将程序流程返回到调用函数的位置，并将函数的返回值带回到调用函数语句处。return 语句格式如下：

return [value]

return 语句中的 value 是可以省略的。

5. 变量的作用域

变量的作用域

程序创建、访问、改变一个变量时，都是在一个保存该变量的空间内进行的，这个空间为命名空间，即作用域，也就是变量的作用范围。变量被赋值、创建的位置决定了其被访问的范围。在 Python 程序中，给变量赋了值即定义了变量。根据作用域的不同，Python 中的变量分为局部变量和全局变量。

（1）局部变量。在函数内定义的变量，其有效范围是该函数内部，称为局部变量。

局部变量只能在它定义所在的函数内部使用。当局部变量与全局变量同名时，在函数内部，优先使用局部变量，在函数外，使用的是全局变量。示例如下：

```
行号    代码
1      """ 程序名：demo712.py """
2
3      def test():
4          s1 = '奋斗是青春最亮丽的底色，行动是青年最有效的磨砺。'
5          s2 = '有责任有担当，青春才会闪光。'
6          print(s1, s2)
7
8      s1 = '青年是常为新的，最具创新热情，最具创新动力。'
9      test()
10     print(s1)
11     print(s2)
```

运行程序，程序的运行结果如下：

```
奋斗是青春最亮丽的底色，行动是青年最有效的磨砺。有责任有担当，青春才会闪光。
青年是常为新的，最具创新热情，最具创新动力。
Traceback (most recent call last):
    File "E:\2023python 录课\文件 2\test712.py", line 11, in <module>
        print(s2)
NameError: name 's2' is not defined
```

上面代码中有全局变量 s1 和局部变量 s1。在 test() 函数内部，使用局部变量 s1。在 test() 函数外部，使用的是全局变量 s1。

程序运行 test() 语句时，执行了 test() 函数中的语句，输出了该函数中的变量 s1 和 s2 的值。运行第 10 行代码时输出了全局变量 s1 的值"青年是常为新的，最具创新热情，最具创新动力。"运行第 11 行代码时系统提示出错了，因为 s2 是 test() 函数内部的局部变量，在该函数外无法使用该变量，所以系统显示 NameError 错误：name 's2' is not defined，即 s2 没有定义。

（2）全局变量。在函数外定义的变量，其有效范围为整个 Python 程序文件，称为全局变量。

全局变量在它所在的整个 Python 程序文件都可以使用。默认情况下，函数内部只可以使用全局变量的值，不能重新给全局变量赋值。在函数内部，若要给全局变量赋新的值，需要在该函数体内先使用保留字 global 进行声明，语句格式如下：

global 全局变量

示例如下：

行号	代码
1	""" 程序名：demo713.py """
2	
3	def test():
4	global s1
5	print(s1)
6	s1 = '奋斗是青春最亮丽的底色，行动是青年最有效的磨砺。'
7	s2 = '有责任有担当，青春才会闪光。'
8	print(s1, s2)
9	
10	s1 = '青年是常为新的，最具创新热情，最具创新动力。'
11	test()
11	print(s1)

在 test() 函数体内，先使用 global s1 声明了变量 s1 是全局变量，再给 s1 赋了新值。运行该程序，结果如下：

青年是常为新的，最具创新热情，最具创新动力。
奋斗是青春最亮丽的底色，行动是青年最有效的磨砺。有责任有担当，青春才会闪光。
奋斗是青春最亮丽的底色，行动是青年最有效的磨砺。

示例如下：

行号	代码
1	""" 程序名：demo714.py """
2	
3	def test():
4	ls1.append('爱集体')
5	ls2 = ['笃学', '求实', '上进']
6	print(ls1, ls2)
7	
8	ls1 = ['爱党', '爱国']
9	ls2 = ['精益求精', '诚实守信']
10	test()
11	print(ls1, ls2)

运行结果如下：

['爱党', '爱国', '爱集体'] ['笃学', '求实', '上进']
['爱党', '爱国', '爱集体'] ['精益求精', '诚实守信']

对于局部变量和全局变量，说明如下：

1）局部变量仅在其所在函数的内部可以使用，函数执行结束后，局部变量会被释放。如果全局变量与局部变量名一致，全局变量不受影响。

2）可改变的数据类型作为全局变量时，如果函数中没有创建同名的局部变量，则在函数内部可以直接使用该全局变量,并且可以修改全局变量的值,如添加元素、移除元素等。

3)不可改变的数据类型作为全局变量时,如果函数中没有创建同名的局部变量,则在函数内部可以使用该全局变量,但不能改变其值。

4)可以使用 global 关键字将局部变量转换为全局变量,此变量能够同步改变同名的全局变量值。

(3) LEGB 法则。Python 的变量名解析机制也称为 LEGB 法则。当在函数中使用未确定的变量名时,Python 会依照优先次序搜索 4 个作用域。首先是本地作用域(L);其次是上一层嵌套结构中 def 或 lambda 的本地作用域(E);再次是全局作用域(G);最后是内置作用域(B)。按这个原则查找变量,当找到了变量停止搜索。如果没有找到,Python 会显示 NameError 错误。

LEGB 法则各项含义如下:

1)Local(本地)为函数内部。

2)Enclosed(嵌套)为外部嵌套函数。

3)Global(全局)为 Python 当前程序文件。

4)Built-in(内置)为 Python 内置模块。

6. __name__

Python 中的模块(.py 文件)在创建时,系统会自动加载一些内建属性和函数,这些内建属性和函数相当于模块中的内置功能,提供了一种机制,用于在模块级别执行特定的功能或提供模块的相关信息。例如 __name__ 就是一个内建属性。

直接运行 Python 某个程序时,这个程序的 __name__ 值为 __main__,如果在其他程序中导入该程序(.py)文件运行时,__name__ 的值为文件主名,即模块名。依据该特性,常用 __name__ 值来区分 py 文件直接被运行,还是被引入其他程序中。

在编写 Python 代码时,人们常常使用 if __name__ == '__main__': 语句来包含测试代码或主程序入口。这样做的目的是让模块在被直接运行时执行测试代码或主程序入口,而在被其他模块导入时不执行这些代码。

例如,下面有两份代码文件 testA.py 和 testB.py,两个文件在同一目录中。在 testB.py 中调用了 testA.py 中的函数。

行号	代码
1	""" 程序名:testA.py """
2	def test():
3	if __name__ == '__main__':
4	print('testA.py 代码直接运行 ')
5	print('__name__ 值为:', __name__)
6	else:
7	print("testA.py 被其他程序调用 ")
8	print(" 它的 __name__ 值为:", __name__)
9	
10	test() # 调用函数 test()

该代码运行结果如下：

```
testA.py 代码直接运行
__name__ 值为：__main__
```

程序 testB.py 代码如下：

行号	代码
1	""" 程序名：testB.py """
2	import testA # 导入 testA 模块
3	
4	testA.test() # 调用 testA 模块中的 test() 函数

该代码的运行结果如下：

```
testA.py 被其他程序调用
它的 __name__ 值为：testA
```

7.1.4 拓展任务——使用函数显示学生信息管理程序主界面

完善上述编写的 students.py 程序，用函数来实现显示主界面的功能。参考代码如下：

行号	代码
1	def show():
2	""" 显示程序主菜单 """
3	print(' 学生信息管理系统 '.center(40,' '))
4	print('{:=^42}'.format(' 功能菜单 '))
5	print('1 添加学生信息 ')
6	print('2 查看所有学生信息 ')
7	print('3 根据学生姓名修改学生成绩 ')
8	print('4 根据学生姓名删除学生信息 ')
9	print('5 保存学生信息到 student.csv')
10	print('0 退出 ')
11	print('=' * 44)
12	print(" 说明：通过数字键选择菜单项 ")
13	
14	if __name__ == '__main__':
15	show()

7.1.5 任务评价表

学号及姓名		日期		
任务编号	7-1	任务名称	输出习近平总书记对青年的寄语	
项目		自评	小组评价	教师评价
课堂表现	学习态度（15%）			
	沟通合作（10%）			
	课堂参与（15%）			

续表

技能操作	程序 1 录入与调试（30%）			
	程序 2 编写与调试（30%）			
	总分			

评价标准				
项目	90～100 分	75～89 分	60～74 分	0～59 分
学习态度	学习主动性、积极性、专注度和认真度优秀	学习主动性、积极性、专注度和认真度良好	学习主动性、积极性、专注度和认真度一般	学习主动性、积极性、专注度和认真度都需要加强
沟通合作	与同学、教师沟通能力优秀，有优秀的团队合作能力	与同学、教师沟通能力良好，有良好的团队合作能力	能与同学、教师沟通，参与团队活动	不能与同学、教师沟通，不参与团队活动
课堂参与	积极提问，大胆表达自己的看法，回答问题准确	敢于提问，能提出自己不同的看法，回答问题基本正确	很少提问，很少表达自己的想法，能回答教师问题，但准确度需提升	不敢提问，不表达自己的想法，不回答教师的提问
程序 1 录入与调试	能熟练创建程序，录入程序速度快且准确，程序结构正确，程序注释完善且易读，代码可读性和可维护性好	能创建程序，录入程序速度较快，程序结构正确，程序注释正确，代码可读性和可维护性良好	能创建程序，录入程序速度正常，程序结构基本正确，程序注释基本正确	能创建程序，录入程序速度较慢，程序结构基本正确，程序注释准确性有待提升
程序 2 编写与调试	能熟练创建函数与调用函数，代码风格好、可读性和可维护性好，程序功能完善，会解决常见错误	能创建函数与调用函数，代码风格较好、可读性和可维护性较好，程序功能完善，会较快解决常见错误	能在他人的帮助下创建函数与调用函数，代码风格基本符合要求，有一定可读性和可维护性较好，程序功能基本实现，解决常见错误能力需提升	函数的创建与调用不熟练，代码风格还需加强，程序的可读性及可维护还需加强，需要在他人的帮助下解决常见问题

任务 7-2　输出手机相关信息

定义函数时，其形参可以没有也可以是多个，所以调用函数时可能没有实参，也可能有多个实参。Python 提供了多种实参传递给形参的方式，如位置实参，即实参顺序与形参的顺序一一对应；关键字实参即每个实参都是由参数名赋值运算符和值组成，即一个赋值表达式。

7.2.1 任务单

学号及姓名		小组成员	
任务编号	7-2	任务名称	输出手机相关信息
指导教师		日期	
任务描述	调试并运行下列代码，理解代码含义，区分位置实参、关键字实参、包裹传递实参等。 行号　代码 1　　""" 函数参数传递 , describe_mobile.py """ 2 3　　def mobile(brand, model, *args, **kwargs): 4　　　　print(" 手机品牌：{:<6s} 手机型号：{:<s}".format(brand, model)) 5　　　　print(f" 手机其他信息：{args}") 6　　　　print(kwargs) 7 8　　def user(name, age=18, **user_info): 9　　　　user_info['name'] = name 10　　　user_info['age'] = age 11　　　return user_info 12 13　if __name__ == '__main__': 14　　　username = 'rose' 15　　　age = 28 16　　　user_info = user(username, age, sex=' 女 ', occupation='teacher') 17　　　print(" 用户信息：") 18　　　for k, v in user_info.items(): 19　　　　　print(f"{k} {v}") 20　　　print() 21　　　print(" 手机信息：") 22　　　mobile(' 华为 ', 'Mate60', ' 黑色 ', 'HarmonyOs', total='256G', year='2023')			
任务要求	（1）区分位置实参、关键字实参，以及包裹传递； （2）适当给程序代码添加注释； （3）录入代码要遵守 Python 代码编写规范			
心得与困惑			

7.2.2 任务实施

1. 代码分析

函数参数的传递

mobile() 函数的 brand、model 分别为接收手机的品牌和型号的实参，还接收任意数量的位置参数（对应形参 *args）以及任意数量的关键值参数（对应形参 *kwagrs）。形参 *args 中 * 的作用是让 Python 创建了一个名为 args 的空元组，系统会将函数接收到的多余的位置参数都放到这个元组中。形参 **kwagrs 中 ** 的作用是让 Python 创建了一个名为 kwargs 的空字典，系统会将函数接收到的多余的关键字参数都放到这个字典中，关键字参数的名和值分别为字典元素的键和值。在这个函数中可以访问元组 args 及字典 kwargs。

形参 *args 和 **kwagrs 都可以接收多个实参，这种称为包裹传递。

user() 函数接收 name、age 以及任意数量的关键字参数。age 的默认值为 18。形参 **user_info 中 ** 的功能是让 Python 创建了一个名为 user_info 的空字典，系统会将接收到的多余的关键字参数都放到这个字典中，在 user() 函数中可以访问字典 user_info。这个函数中行号为 9 和 10 的代码分别是将 name 及 age 两项信息以键值对的形式加入到字典 user_info 字典中。行号 11 的代码表示 user() 函数的返回值为字典 user_info。

行号 16 的代码中调用 user() 函数，向函数的 name 传递 'rose'，向 age 传递 18，两个键值对将由字典 user_info 收集。

行号 18、19 的代码是实现遍历字典 user_info 的键值对信息，将其键和值分别输出。

行号 22 的代码是调用 mobile() 函数，并向参数 brand 传送实参为 ' 华为 '，向参数 model 传送实参为 'Mate60'，参数 ' 黑色 ' 及 'HarmonyOs' 将由元组 args 收集，两项关键字参数 total='256G' 和 year='2023' 由字典 kwargs 收集。

2. 程序运行结果

```
用户信息：
sex 女
occupation teacher
name rose
age 28

手机信息：
手机品牌：华为    手机型号：Mate60
手机其他信息：(' 黑色 ', 'HarmonyOs')
{'total': '256G', 'year': '2023'}
```

7.2.3 相关知识

1. 位置实参

在 Python 中调用函数时，必须将函数调用时用到的每个实参都关联到函数定义的一个形参。最简单的关联方式是基于参数的位置顺序,这种关联方式称为位置实参。位置实参的顺序很重要,如果顺序出错了,可能结果会大相径庭。

行号	代码
1	""" friends.py """
2	def describe_friend(name, sex, age):
3	""" 显示朋友信息 """
4	print(f" 我的朋友叫 {name},性别是 {sex},今年 {age} 岁。")
5	
6	describe_friend('Rose', ' 女 ', 18)
7	describe_friend(' 男 ', 'Tom', 20)

上述程序的运行结果如下:

我的朋友叫 Rose,性别是女,今年 18 岁。
我的朋友叫男,性别是 Tom,今年 20 岁。

上述程序中的实参传递就是使用的位置实参。第一次调用 describe_friend() 时函数,'Rose' 传给了形参 name,' 女 ' 传给了形参 sex,18 传给了形参 age,对应的显示结果正确;第二次调用 describe_friend() 函数时,因实参的顺序出错了,' 男 ' 传给了形参 name,'Tom' 传给了形参 sex,导致运行结果出错了。

2. 关键字实参

关键字实参采用名称值对来给函数传递参数,是将形参名称与值关联起来,能清楚指出各个值的用途,这种方式向函数传递实参时不易混淆。使用关键字实参时可以不考虑函数实参的顺序。

利用关键字实参来完成上述的程序,friends.py 代码调整如下:

行号	代码
1	def describe_friend(name, sex, age):
2	""" 显示朋友信息 """
3	print(f" 我的朋友叫 {name},性别是 {sex},今年 {age} 岁。")
4	
5	describe_friend(name='Rose', age=18, sex=' 女 ')

函数调用 describe_friend(name='Rose', age=18, sex=' 女 ') 语句时,向 Python 明确说明各个实参对应的形参。在执行该语句时,Python 知道将 'Rose' 赋值给形参 name,将 18 赋值给形参 age,将 ' 女 ' 赋值给形参 sex。

使用关键字实参时,Python 知道各个实参值该赋值给哪个形参,所以参数顺序无关紧要。上述的调用语句也可以改为下列形式:

describe_friend(age=18, sex=' 女 ', name='Rose')
describe_friend(sex=' 女 ', name='Rose', age=18)

3. 有默认值的参数

在声明函数时,可根据需要给形参指定默认值。在调用函数时,如果用户省略了给已有默认值的形参传递值，则使用形参的默认值；如果给该形参传递了值，就使用传递的值。例如 describe_friend()，如果朋友主要是女性朋友，则可将 sex 默认值设置为'女'，这时调用 describe_friend() 函数时，可省略给 sex 传递实参。示例如下：

行号	代码
1	def describe_friend(name, age, sex='女'):
2	""" 显示朋友信息 """
3	print(f" 我的朋友叫 {name}，性别是 {sex}，今年 {age} 岁。")
4	
5	describe_friend(age=18, name='Rose')
6	describe_friend('Lisa', 21)
7	def describe_friend(name, age, sex='女'):

注意：Python 中规定，无默认值形参必须在有默认值形参的左边，所以上述 describe_friend() 函数的声明中，将 sex='女' 放在了形参列表的最后面。函数调用分别使用了关键字实参和位置实参，Python 执行 describe_friend('Lisa', 21) 时，将两个实参按位置顺序分别关联了形参 name 和 age。

代码的执行结果如下：

我的朋友叫 Rose，性别是女，今年 18 岁。
我的朋友叫 Lisa，性别是女，今年 21 岁。

4. 传递任意数量的位置实参

编程时，如果预先不知道函数需要接受多少个位置实参，可以使用形参名前带一个 * 的形参来收集多个位置实参，这种称为包裹传递。例如，顾客点了一碗米粉，他会点一些调料，但预先不知道顾客会点多少种调料。下列 rice_noodles() 函数使用形参 *seasoning 来收集多个位置实参：

行号	代码
1	""" noodles.py """
2	
3	def rice_noodles(*seasoning):
4	""" 打印顾客点的所有调料 """
5	print(seasoning)
6	
7	rice_noodles('醋','沙茶酱','小葱','香菜','辣椒酱')

执行 rice_noodles() 函数时，Python 遇到前面有一个星号的 *seasoning 形参，就会创建一个名为 seasoning 的空元组，收集所有实参的值并添加到该元组中。

程序的运行结果如下：

('醋','沙茶酱','小葱','香菜','辣椒酱')

Python 中收集任意数量的位置实参的形参是 *args，在很多函数中常见到该形参。

5. 传递任意数量的关键字实参

编程时，如果预先不知道函数接受的关键字实参有多少个以及有哪些方面的信息，这时可使用形参名前带两个 * 的形参来收集多个关键字实参,这种也称为包裹传递。例如,程序将接收电影信息,除了电影名和导演,不知还要接收哪些方面的信息,此时可以使用下列方法实现:

行号	代码
1	""" film.py """
2	
3	def desc_film(title, director,**film_info):
4	film_info['title'] = title
5	film_info['director'] = director
6	return film_info
7	
8	film = desc_film(' 花海 ',' 张三 ', actor=' 李四、王五 ', date='2025/6/1')
9	print(film)

desc_film() 函数共有三个形参,title 和 director 为无默认值形参,**film_info 是可以收集多个关键字实参的形参,该形参的两个 ** 可以让 Python 创建一个名为 film_info 的空字典,并将函数调用时接收到的多余的关键字实参对应的键值对收集到该字典中。

程序的运行结果如下:

{'actor': ' 李四、王五 ', 'date': '2025/6/1', 'title': ' 花海 ', 'director': ' 张三 '}

如果将上面行 8 语句改为如下形式,程序的运行结果还是一样的:

film = desc_film(title=' 花海 ', director=' 张三 ', actor=' 李四、王五 ', date='2025/6/1')

6. 解包裹传递

在函数调用时,若实参是元组、列表、集合,可以使用 * 对函数实参解包裹传递;如果是字典,则可以使用 ** 对实参解包裹传递。这样可将一个实际参数分解为多个值,并根据位置传递方式或关键词传递方式将各值传递给各参数。例如下列程序,程序名为 unpack.py,示例如下:

行号	代码	
1	def func(x, y, z):	
2	print(x, y, z)	
3		
4	ls = [20, 30, 40]	# ls 为列表
5	tt = (' 热心 ',' 细心 ',' 用心 ')	# tt 为元组
6	ss = {22, 33, 44}	# ss 为集合
7	dt = {'x': 200, 'y': 300, 'z': 400}	# dt 为字典
8	func(*ls)	# 列表解包裹
9	func(*tt)	# 元组解包裹
10	func(*ss)	# 集合解包裹
11	func(**dt)	# 字典解包裹

程序的运行结果如下：

20 30 40
热心 细心 用心
33 44 22
200 300 400

7. 参数的混合传递

函数调用时，参数的各种参数可以混合使用，但一定要注意这些实参的前后顺序。

这些参数的前后顺序：位置实参、关键字实参、对应一个 * 形参的多个位置实参、对应两个 * 形参的多个关键字参数。例如程序 demo721.py，示例如下：

行号	代码
1	def fun_demo(x, y, z=10, *args, **kwargs):
2	print(f'x={x} ,y={y}, z={z}, args={args}')
3	print(f'kwargs={kwargs}')
4	
5	fun_demo(20, 30) # 位置实参 20 传给 x, 30 传给 y, z 是默认值 10，args 和 kwargs 均为空
6	fun_demo(20, 30, z=40) # 位置实参 20，30，40 分别对应 x,y,z，args 和 kwargs 均为空
7	fun_demo(x=20, y=30, z=40)
8	fun_demo(20, 30, 50, 100, 200, 300, a=1, b=2, c=3)

代码的运行结果如下：

x=20, y=30, z=10, args=()
kwargs={}
x=20, y=30, z=40, args=()
kwargs={}
x=20, y=30, z=40, args=()
kwargs={}
x=20, y=30, z=50, args=(100, 200, 300)
kwargs={'a': 1, 'b': 2, 'c': 3}

注意： 函数调用时，关键字实参一定是书写在位置实参后面。如果使用下列语句来调用 fun_demo() 函数是不正确的，因为关键字参数"x=20, y=30, z=50"写在了位置参数"100, 200, 300"的前面。

fun_demo(x=20, y=30, z=50, 100, 200, 300, a=1, b=2, c=3)

8. 参数传递的两种模式

Python 中参数的传递模式可分为两种。第一种是传值方式，当实参值为数值、字符串、元组等不可改变的数据类型时，传的只是值。在函数体内该值发生改变，对该值对应的原来变量值无影响。第二种传递的是引用，也称为传地址方式。如果实参是可变类型的变量，如列表、字典、集合等，在函数内更改了其对应的值，调用者中相应的原始对象也将随之改变。

例如值传递，程序名 demo722.py。示例如下：

行号	代码
1	def value_demo(num):
2	num += 100
3	print(f'num={num}')
4	
5	x = 200
6	value_demo(x)　　# 将 x 变量的值 200 传给了形参 num
7	print(f'x={x}')

程序的运行结果如下：

```
num=300
x=200
```

例如地址传递，程序名 demo723.py，示例如下：

行号	代码
1	def address_demo(ls2):
2	ls2 += [200, 300]
3	print(f'ls2={ls2}')
4	
5	ls1=[10, 20, 30]
6	address_demo(ls1)　　# 将列表 ls1 的引用传给了形参 ls2
7	print(f'ls1={ls1}')

程序的运行结果如下：

```
ls2=[10, 20, 30, 200, 300]
ls1=[10, 20, 30, 200, 300]
```

如果不希望可变数据类型的参数随着函数内的更改而更改，则在传递参数时，可以将其副本传入，这样不会影响原来的列表、字典等。如上述的 address_demo(ls1) 可更改为 address_demo(ls1[:])，或更改为 address_demo(list(ls1))，再执行程序 address.py，则运行结果如下：

```
ls2=[10, 20, 30, 200, 300]
ls1=[10, 20, 30]
```

7.2.4　拓展任务——利用函数判定水仙花数

任务 1：找出所有的三位水仙花数。水仙花数是指一个数的每个位上的数字的三次幂之和等于它本身，如 1^3+5^3+3^3=153。判定一个数是否为水仙花数的功能用函数来实现。

任务 2：找出 1～100 中所有的质数。质数是大于 1 的自然数，且是只能被 1 和它自身整除的数。判定一个数是否为质数的功能用函数来实现。

7.2.5 任务评价表

学号及姓名			日期	
任务编号	7-2		任务名称	输出手机相关信息
项目		自评	小组评价	教师评价
课堂表现	学习态度（15%）			
	沟通合作（10%）			
	课堂参与（15%）			
技能操作	程序录入（30%）			
	程序调试（30%）			
总分				
评价标准				
项目	90～100分	75～89分	60～74分	0～59分
学习态度	学习主动性、积极性、专注度和认真度优秀	学习主动性、积极性、专注度和认真度良好	学习主动性、积极性、专注度和认真度一般	学习主动性、积极性、专注度和认真度都需要加强
沟通合作	与同学、教师沟通能力优秀，有优秀的团队合作能力	与同学、教师沟通能力良好，有良好的团队合作能力	能与同学、教师沟通，参与团队活动	不能与同学、教师沟通，不参与团队活动
课堂参与	积极提问，大胆表达自己的看法，回答问题准确	敢于提问，能提出自己不同的看法，回答问题基本正确	很少提问，很少表达自己的想法，能回答教师的问题，但准确度需提升	不敢提问，不表达自己的想法，不回答教师的提问
程序录入	能熟练创建程序，录入程序速度快且准确，程序结构正确，程序注释完善且易读，代码可读性和可维护性好	能创建程序，录入程序速度较快，程序结构正确，程序注释正确，代码可读性和可维护性良好	能创建程序，录入程序速度正常，程序结构基本正确，程序注释基本正确	能创建程序，录入程序速度较慢，程序结构基本正确，程序注释准确性有待提升
程序调试	能顺利调试程序，能熟练使用互联网查找帮助	能较顺利调试程序，能较熟练使用互联网查找帮助	能在他人的帮助下调试程序和查找帮助	不会调试程序，不会查找帮助

任务 7-3　排序学生成绩

7.3.1　任务单

学号及姓名		小组成员	
任务编号	7-3	任务名称	排序学生成绩
指导教师		日期	
任务描述	现有文本文件 score.csv，存储了一个班的学生成绩信息，该文件数据格式如图 7-1 所示。读取该文件数据并创建一个具有嵌套列表的列表 score_list，该列表中每个元素对应一个学生相关信息列表。对 score_list 列表数据依照每个学生总成绩进行从高到低排序，然后输出排序后的数据。 　　　　　　　　学号,姓名,总成绩 　　　　　　　　202501,张明亮,290 　　　　　　　　202502,李好学,286 　　　　　　　　202503,曾强强,297 　　　　　　　　202504,赵宏胜,257 　　　　　　　　202505,石志红,253 　　　　　　　　202506,张利文,265 　　　　　　　图 7-1　score.csv 文件部分数据		
任务要求	（1）区分位置实参、关键字实参，以及包裹传递； （2）适当给程序代码添加注释； （3）录入代码要遵守 Python 代码编写规范		
心得与困惑			

7.3.2　任务实施

1. 编程思路分析

程序的编程思路：使用 csv 模块中的 reader() 方法读取文本文件内容，将读取的内容转换为列表 score_list。列表中第一个元素内容为各数据的列名，其他各元素对应为学生成绩信息。

将列表 score_list 中第一个元素删除，然后对剩下的学生信息使用 sort() 方法排序。排序是按照每个元素的最后一个子元素总分降序排序，这时排序关键字 key 需使用匿名函数。sort() 的 key 参数值为 lambda x: eval(x[-1])，该 key 值表示是对 score_list 列表排序时使用它每个元素的最后一个元素为排序关键字。其中 x 表示列表 score_list 中的每个元素，x 本身也是一列表，该列表中每个元素都是字符串。x[-1] 表示 x 列表的最后一个元素，即学生总成绩。eval() 函数将 x[-1] 的值转换为数字类型。

2. 程序代码

行号	代码
1	`""" sort_score.py """`
2	`import csv`
3	`with open('score.csv', 'r', encoding='utf-8') as f:`
4	`    reader = csv.reader(f)`
5	`    score_list = list(reader)` # 将 reader 转换为列表
6	`    # print(score_list)`
7	`del score_list[0]` # 删除列表 score_list 中第一个元素
8	`# 使用 sort 方法的排序列表 score_list，reverse 值为 True 表示以降序排序`
9	`score_list.sort(key=lambda x: eval(x[-1]), reverse=True)`
10	`print(' 学生成绩排序结果为： ')`
11	`print(22 * '*')`
12	`print('{:^6}{:^8}{:^8}'.format(' 学号 ',' 姓名 ',' 总成绩 '))` # 输出列名
13	`for item in score_list:`
14	`    for v in item:`
15	`        print('{:^8}'.format(v), end='')` # 输出每个学生信息
16	`    print()`

7.3.3 相关知识

1. 匿名函数 lambda

匿名函数 lambda 是函数的一种简洁形式，是一种以表达式形式创建函数的方法，用于创建简单函数，不需要定义函数名，可以在程序的任何位置使用。lambda 函数在定义时必须是单一表达式，使用关键字 lambda 定义匿名函数，语法格式如下：

lambda＜形式参数列表＞:＜表达式＞

表达式的值就是匿名函数的返回值。lambda 函数可以赋值给一个变量，也可以以参数形式出现在一些函数的调用中。普通函数定义中的位置参数、关键字参数、参数收集等参数传递方法，也适用于匿名函数。可以将匿名函数赋值给一个变量，通过这个变量可以调用匿名函数，特别注意在调用匿名函数时也需要传递参数。示例如下：

```
>>> add = lambda x, y: x + y
>>> add(100, 20)
    120
>>> add(8, -10)
    -2
```

lambda 常作为函数的参数来实现一些功能，如嵌套列表排序数据时，常会用到 lambda 函数。

```
>>> ls =[[' 黄红 ', 10], [' 李明 ', 30], [' 赵江 ', 16], [' 张涛 ', 22]]
>>> ls.sort()      # 默认是每个列表元素的第一个元素升序排序
>>> ls
    [[' 张涛 ', 22], [' 李明 ', 30], [' 赵江 ', 16], [' 黄红 ', 10]]
>>> ls.sort(key=lambda x: x[1])    # 使用 lambda 函数设置排序关键字为列表元素的第二个元素
>>> ls
```

```
    [[' 黄红 ', 10], [' 赵江 ', 16], [' 张涛 ', 22], [' 李明 ', 30]]
>>> ls_dt= [{'name': ' 黄红 ', 'age': 10}, {'name': ' 李明 ', 'age': 30}, {'name':' 赵江 ', 'age': 16}]
>>> ls_dt.sort(key=lambda x:x['age'], reverse=True)    # 使用 lambda 函数设置排序关键字为年龄值，排序方式为降序
>>> ls_dt
    [{'name': ' 李明 ', 'age': 30}, {'name': ' 赵江 ', 'age': 16}, {'name': ' 黄红 ', 'age': 10}]
```

2. 递归函数

函数直接或间接调用函数本身，则该函数称为递归函数。递归函数通常把一个大型复杂的问题层层转化为一个与原问题相似的规模较小的问题来求解。递归策略只需要少量的程序就可描述出解题过程中需要的多次重复计算，可极大减少程序的代码量。

递归程序的执行过程可以分为两大阶段：

（1）递推阶段。把复杂问题的求解推到比原问题简单一些的问题求解。

（2）回溯阶段。获得最简单的情况（也即遇到终止条件）后，逐步返回，依次得到复杂的解。

数学中一个数的阶乘是递归中最经典的例子，示例如下：

$$fac(n) = 1\times 2\times 3\times \cdots \times (n-1)\times n = fac(n-1)\times n, \ f(1) = 1$$

使用递归函数实现求一个数的阶乘程序如下：

```
行号    代码
1       """ 使用递归函数求一个数的阶乘 """
2
3       def fac(n):
4           if n == 1:        # 最简单情况，也即终止条件
5               return 1
6           else:
7               return fac(n - 1) * n
8
9       n = 4
10      print(fac(4))         # 调用递归函数
```

fac(n) 是一个递归函数，当 n 值大于 1 时，fac() 函数调用 fac(n-1) 函数，直到 n 为 1 时，得到 f(1) 的值为 1，调用结束。接着开始回溯依次得到 f(2)、f(3)、f(4)，该递归函数的执行过程如图 7-2 所示。

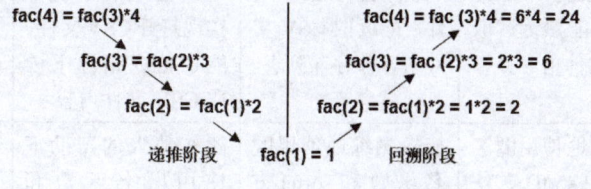

图 7-2　递归执行过程示意图

7.3.4　拓展任务——使用递归函数求解斐波那契数列

斐波那契数列（Fibonacci Sequence），又称黄金分割数列，因数学家莱昂纳多·斐

波那契(Leonardo Fibonacci)以兔子繁殖为例子而引入,故又称"兔子数列"。其数值为1、1、2、3、5、8、13、21、34、…在数学上,这一数列以如下递推的方法定义:

$$F(0)=1,F(1)=1,F(n)=F(n-1)+F(n-2) \quad (n \geqslant 2, n \in N^*)$$

使用递归函数,编程实现:接收用户的一个n值,求出对应的F(n)值。

7.3.5 任务评价表

学号及姓名		日期		
任务编号	7-3	任务名称	排序学生成绩	
项目		自评	小组评价	教师评价
课堂表现	学习态度(15%)			
	沟通合作(10%)			
	课堂参与(15%)			
技能操作	读取CSV文件(20%)			
	排序列表(20%)			
	输出结果(20%)			
总分				
评价标准				
项目	90～100分	75～89分	60～74分	0～59分
学习态度	学习主动性、积极性、专注度和认真度优秀	学习主动性、积极性、专注度和认真度良好	学习主动性、积极性、专注度和认真度一般	学习主动性、积极性、专注度和认真度都需要加强
沟通合作	与同学、教师沟通能力优秀,有优秀的团队合作能力	与同学、教师沟通能力良好,有良好的团队合作能力	能与同学、教师沟通,参与团队活动	不能与同学、教师沟通,不参与团队活动
课堂参与	积极提问,大胆表达自己的看法,回答问题准确	敢于提问,能提出自己不同的看法,回答问题基本正确	很少提问,很少表达自己的想法,能回答教师的问题,但准确度需提升	不敢提问,不表达自己的想法,不回答教师的提问
读CSV文件	能熟练打开CSV文件,能熟练读取CSV文件内容并存入列表	能较顺打开CSV文件,能读取CSV文件内容并存入列表	能在他人的帮助下实现打开CSV文件,能在他人指导下读取CSV文件内容	不能正确打开CSV文件,不能读出CSV文件内容
排序列表	能熟练地使用匿名函数和sort()方法排序列表	能较熟练地使用匿名函数和sort()方法排序列表	能在他人的帮助下使用匿名函数和sort()方法排序列表	不会排序列表,不会使用匿名函数
输出结果	能熟练输出排序结果,输出结果格式美观、清晰易读	能较顺利输出排序结果,输出结果格式基本符合要求	能在他人的帮助下完成排序结果的输出,输出结果基本正确	不会输出排序结果

任务 7-4　绘制政府报告词云图

模块（module）是 Python 程序的顶层结构，用于实现数据和代码的封装，是程序组织的高级单位。Python 将实现某类功能的代码组织在一起称为模块。一个 Python 文件就可以看作是一个模块。

7.4.1　任务单

学号及姓名		小组成员	
任务编号	7-4	任务名称	绘制政府报告词云图
指导教师		日期	
任务描述	（1）下列程序 myWordCloud.py 的功能是绘制政府报告词云图，理解程序各语句，请录入并调试；			
	行号	代码		
	1	""" 绘制政府报告词云图 """		
	2	import jieba		
	3	import matplotlib.pyplot as plt		
	4	import numpy as np		
	5	from PIL import Image		
	6	from wordcloud import WordCloud, ImageColorGenerator		
	7			
	8	with open('2023 政府工作报告 .txt', 'r', encoding='UTF-8') as f:		
	9	ls = f.readlines()		
	10	result = []　　　# 列表 result 用于保存 2023 政府工作报告中所有的词		
	11	for i in ls:		
	12	line_ls = list(jieba.cut(i))　　　# 将列表中每个元素进行分词处理		
	13	result.extend(line_ls)　　　# 将每行分词结果加入列表 result		
	14	result_dict = {}　　　　　　# result_dict 用于保存词频统计结果		
	15	for i in result:		
	16	if len(i)>=2:　　　　　　# 只统计两个字以上的词		
	17	result_dict[i] = result_dict.get(i, 0) + 1		
	18	print(result_dict)		
	19	# 导入词云图蒙版，读取词云图蒙版并转换为 numpy 数据		
	20	mask = np.array(Image.open('fenghuang.jpg'))		
	21	# 设置词云图上的停用词		
	22	stopwords = { ' 各位 ',' 亿辆 ',' 上线 ',' 实物 ',' 功能 ',' 限制 ',' 在城镇 '}		
	23	# ImageColorGenerator() 返回一个颜色生成器		
	24	image_colors = ImageColorGenerator(mask)		
	25	wc = WordCloud(font_path='HGFSH_CNKI.TTF',　# 设置词云图中字体路径		
	26	# 词云图默认不支持汉字，对于汉字一定要设置所使用的字体		
	27	max_font_size=800,　　　# 设置词云图中最大字号		
	28	mask=mask,　　　　　　# 设置词云图的模板		

任务描述	29 collocations=False, # 设置去掉两个词搭配的词 30 mode='RGBA', # PIL Image 读图三种 mode: 'P', 'RGBA', 'RGB' 31 background_color='white', # 设置词云图背景颜色 32 stopwords=stopwords, # 设置停用词 33 margin=5, # 设置词间的间隔 34 color_func= image_colors # 设置词云图使用的颜色 35) 36 wc.fit_words(result_dict) # 依据词频统计结果创建词云图 37 plt.axis('off') # 关闭画布上的坐标轴 38 plt.imshow(wc) # plt.imshow() 函数负责对图像进行处理 39 # 将词云图为保存，文件主名为政府报告词云图，默认扩展名是 .png 40 plt.savefig(' 政府报告词云图 ') 41 plt.show() （2）更改上述代码中词云图蒙版图片，更改 PIL Image 读图 mode 的值，词云图文本字体，生成不同风格的词云图； （3）将程序打包并生成可执行文件 myWordCloud.exe
任务要求	（1）理解常用导入模块的方法； （2）适当给程序代码添加注释； （3）录入代码请遵守 Python 代码编写规范
心得与困惑	

7.4.2 任务实施

1. 程序功能分析

程序行 1 ～ 6 是导入所需的库、模块等。

行 8 ～ 9 是将 "2023 政府工作报告 .txt" 的内容读入一个列表 ls，文件中每一行为列表中的一个元素。

行 10 ～ 13 是将列表 ls 的每个元素都分词并构成一个新列表 result。

行 14 ～ 18 是统计列表 result 中元素长度大于等于 2 的词的个数，将统计结果以词为键、个数为值生成一个字典 result_dict。

行 19 ～ 36 是依据词频统计结果字典 result_dict 数据创建词云图，首先设置词云蒙版图片，蒙版图片决定词云形状；然后设置词云图参数，再使用字典 result_dict 数据创建词云图。

行 37 ～ 41 绘制及保存词云图。

2. 程序运行结果

词云图蒙版图片如图 7-3 所示，词云图如图 7-4 所示。

图 7-3 词云图蒙版图片

图 7-4 词云图

3. 更改参数

试着将代码 30 行中 mode 的值分别改 'P' 和 'RGB',再执行代码,查看运行结果。从 Windows 系统的字体文件夹(C:\Windows\Fonts)中,复制中文字体文件(本任务复制 simkai.ttf 至当前程序所在项目文件中,然后将程序代码第 25 行中 font_path='HGFSH_CNKI.TTF' 语句中的 HGFSH_CNKI.TTF 字体文件名更改为新复制的中文字体文件名即可,即 font_path='simkai.ttf'。再次运行代码,观察运行结果。

4. 生成可执行文件

方法 1: 在 PyCharm 的终端(Terminal)窗口,在命令行输入下列命令,然后按 Enter 键,生成可执行文件:

```
pyinstaller -w myWordCloud.py
```

方法 2: 打 Windows 文件资源管理,找到 myWordCloud.py 所在文件夹,并进入该文件夹。然后在 Windows 文件资源管理窗口的地址栏上输入 cmd,按 Enter 键,进入 Windows 命令行窗口。在当前的命令行下输入命令 pyinstaller -w myWordCloud.py,按 Enter 键执行该命令。

当命令执行成功后，在当前目录下会生成一个名为 dist 的目录。在该目录下有名为 myWordCloud 的目录，在此目录就有生成的可执行文件 myWordCloud.exe。

注意： 系统中安装了 pyinstaller 模块才可以使用 pyinstaller 命令。

7.4.3 相关知识

1. 初识模块

Python 中的模块分为三种：内置模块、自定义模块和第三方模块。内置模块是安装完 Python 解释器之后，系统本身所提供的模块；自定义模块是程序员自己写的模块；第三方模块是别人写好的，具有特定功能的模块。这些模块经过 Python 官方审核通过，就可以被 Python 开发者使用了。这种模块并未随 Python 解释器安装而安装到电脑上，当用户要用时，需要安装相应的模块。

安装第三方模块语法格式：

pip install 模块名

例如，安装中文信息处理工具 jieba。

pip install jieba

为了加快安装速度，可以设置 pip 使用我国的镜像源，则语法格式如下：

pip install 模块名 --index-url 镜像源网址

例如，使用清华大学的源安装 pyqt6 的工具包。

pip install pyqt6-tools --index-url https://pypi.tuna.tsinghua.edu.cn/simple

例如，指定安装的版本号为 1.8 的 wordcloud 模块。

pip install wordcloud==1.8

Python 所有发布的模块（包括第三方模块）均在 Python 包索引（the Python Package Index，PyPI）网站上维护，PyPI 网站首页如图 7-5 所示。

图 7-5　PyPI 网站首页

2. 导入模块

编程时，根据需要导入其他模块中的类、函数等。常用的导入语句有以下几种：

（1）导入整个模块，语句格式如下：

```
import 模块名1, 模块名2, ...
```

使用这种方法导入后，如需使用该模块中的类、函数或变量，可以使用下列语句：

```
模块名.类
模块名.函数(参数)
模块名.变量
```

示例如下：

```
import turtle            # 导入 turtle 模块
import random, time      # 导入两个模块
turtle.circle(200)       # 调用 turtle 模块中绘制圆函数
```

（2）导入整个模块并指定别名，语句格式如下：

```
import 模块名 as 模块别名
```

使用这种方法导入后，如需使用该模块中的类、函数或变量，且使用点(.)的方法来引用。这时就只能使用别名，不能使用模块名，语句格式如下：

```
模块别名.类
模块别名.函数(参数)
模块别名.变量
```

示例如下：

```
import turtle as tu      # 导 turtle 模块，并起别名为 tu
tu.circle(200)           # 调用 turtle 模块中绘制圆函数
```

（3）导入模块中指定的函数、类，语句格式如下：

```
from 模块名 import 函数名,类名,变量名
```

可以同时导入一个模块中的多个函数、类或变量等对象。这时各个函数名、类名、变量名间要用逗号分隔。在程序中要使用这些相应的函数、类名等时，直接用这些函数名、类名即可，不需要使用模块名加点的方法。

示例如下：

```
from PyQt6 import QtGui
from PyQt6.QtMultimedia import QMediaPlayer, QAudioOutput
```

（4）导入模块中的函数或类，并指定别名，语句格式如下：

```
from 模块名 import 函数名（或类名） as 别名
```

这样，在程序要使用相应的函数或类时，直接使用其别名即可，示例如下：

```
from turtle import circle as cl
cl(100)
```

（5）导入模块中所有的函数、类和变量，语句格式如下：

```
from 模块名 import *
```

使用 * 号可让 Python 导入模块中所有的函数、类和变量。导入后，需使用相应的类、函数等时，可以直接使用相应名称，示例如下：

```
from turtle import *
circle(300)
forward(100)
```

使用 from 方法导入可以简化模块中类、函数和变量等的引用。但在导入多个模块时，可能出现因类、函数或变量名一样，而导致覆盖函数、类或变量的情况。因此，使用 import 语句导入模块更为安全，且调用函数、类或变量时，易明确看出程序使用了哪个模块的类、函数或变量，便于程序员间的交流和学习。

（6）使用相对导入（仅限于包内部），语句格式如下：

```
from . import 模块名
from . 模块名 import 函数名（或类名、变量名）
from .. 子包 import 模块名
```

相对导入用于包内部的模块导入，使用点（.）表示当前包或父包。

1）.（一个点）表示当前包。如果代码位于一个包的内部，使用单个点进行导入指的是当前包内的其他模块或子包。

2）..（两个点）表示当前包的父包。如果代码位于一个子包中，使用两个点可以引用上一层包中的模块或子包。

3）...（三个点）表示当前包的父包的父包，以此类推。每个额外的点代表向上移动一层包的层级。

3. pyinstaller 模块

pyinstaller 可将 Python 程序打包成可直接运行的程序，这个程序就可以被分发到 Windows、Linux 或 Mac OS X 平台上运行。Python 默认并不包含 pyinstaller 模块，因此需要自行安装 pyinstaller 模块。安装 pyinstaller 模块命令如下：

```
pip install pyinstaller
```

在 pyinstaller 模块安装成功之后，在 Python 的安装目录下的 Scripts 目录下会增加一个 pyinstaller.exe 程序，用户就可以使用该工具将 Python 程序生成 EXE 程序了。

pyinstaller 工具命令语法如下：

```
pyinstaller 选项 py 源文件
```

例如，本节程序 myWordCloud.py 保存在 D:\example 目录中，用户进入该目录中，然后执行以下命令：

```
D:\example> pyinstaller myWordCloud.py
```

命令运行成功后，在当前目录下会生成三个文件夹：__pycache__、build 和 dist，还会生成一个与 .py 文件主名一样、扩展名为 .spec 的文件。

- __pycache__ 文件夹：包含 Python 解释器生成的编译字节码文件（.pyc），可删除，但通常对性能影响较小。
- build 文件夹：包含 pyinstaller 的临时文件，用于构建过程，可以安全删除。

- dist 文件夹：包含 pyinstaller 生成的可执行文件（如 .exe）及其依赖项（如 .dll 文件）。
- .spec 文件：是一个 Python 脚本，用于配置打包过程，指定如何处理源代码、依赖项、资源文件等。

pyinstaller 命令常用选项及功能见表 7-1。

表 7-1　pyinstaller 命令常用选项

选项	功能说明	举例
-h	显示 pyinstaller 常用参数及功能说明	pyinstaller -h
-F	只生成一个可执行文件	pyinstaller -F demo.py
-w	隐藏控制台窗口	pyinstaller -w demo.py
-i	为生成的可执行程序指定一个图标	pyinstaller -i .\fenghuang.jpg demo.py
-n NAME	该选项用于指定生成的可执行文件的主文件名（不包括文件扩展名）。生成的可执行文件将以指定的 NAME 作为主文件名，.spec 文件通常会以相同的主名命名。如果省略该选项，PyInstaller 将默认使用第一个脚本文件的名称作为这些文件的主文件名	pyinstaller -n mydemo demo.py

注意：根据需要可以同时使用多个选项。

4. 中文分词模块 jieba

中文分词主要是为了进行文本挖掘、情感分析、关键词提取等任务。jieba 库提供了丰富的功能，包括不同模式的分词、词性标注、关键词提取等，使中文文本处理更加高效和便捷。在搜索引擎优化、社交媒体分析以及构建自然语言处理模型中，jieba 库都是处理中文文本不可或缺的利器。

在开始使用 jieba 库之前，首先需要进行安装。安装 jieba 库语句如下：

pip install jieba

jieba.cut() 是 jieba 库中最基本的分词函数，用于将中文文本进行分词，返回的是一个生成器。用户可以通过将生成器转换为列表来查看分词结果。jieba.cut() 函数的语句格式如下：

jieba.cut(sentence, cut_all)

sentence 即要分词的语句字符串。cut_all 设置分词的模式，值为 True，则为全模式分词，即把可能成词的都列出来；cut_all 值为 False 是默认模式，为精确分词模式，即最大可能精确分出句子中的词语。jieba.cut_for_search() 函数是在精确模式的基础上，对长词再次进行切分，适用于搜索引擎查询。

应用示例如下：

>>> import jieba
>>> jieba.cut('勤劳勇敢的中国老百姓，日子一定会越过越红火！')

```
<generator object Tokenizer.cut at 0x0000024D8737A890>
>>> '/'.join(jieba.cut(' 勤劳勇敢的中国老百姓，日子一定会越过越红火！'))
Building prefix dict from the default dictionary ...
Loading model from cache C:\Users\SHILIP~1\AppData\Local\Temp\jieba.cache
Loading model cost 1.437 seconds.
Prefix dict has been built successfully.
' 勤劳勇敢 / 的 / 中国 / 老百姓 / , / 日子 / 一定 / 会 / 越过 / 越 / 红火 / ！'
>>> '/'.join(jieba.cut(' 勤劳勇敢的中国老百姓，日子一定会越过越红火！', cut_all = True))
' 勤劳 / 勤劳勇敢 / 勇敢 / 的 / 中国 / 老百姓 / 百姓 / , / 日子 / 一定 / 定会 / 越过 / 越 / 红火 / ！'
>>> jieba.lcut(' 勤劳勇敢的中国老百姓，日子一定会越过越红火！')
[' 勤劳勇敢 ',' 的 ',' 中国 ',' 老百姓 ',' , ',' 日子 ',' 一定 ',' 会 ',' 越过 ',' 越 ',' 红火 ',' ！ ']
>>> jieba.lcut(' 勤劳勇敢的中国老百姓，日子一定会越过越红火！', cut_all = True)
[' 勤劳 ',' 勤劳勇敢 ',' 勇敢 ',' 的 ',' 中国 ',' 老百姓 ',' 百姓 ',' , ',' 日子 ',' 一定 ',' 定会 ',' 越过 ',' 越 ',' 红火 ',' ！ ']
>>> jieba.lcut_for_search(' 勤劳勇敢的中国老百姓，日子一定会越过越红火！')
[' 勤劳 ',' 勇敢 ',' 勤劳勇敢 ',' 的 ',' 中国 ',' 百姓 ',' 老百姓 ',' , ',' 日子 ',' 一定 ',' 会 ',' 越过 ',' 越 ',' 红火 ',' ！ ']
```

jieba.lcut() 函数是 jieba.cut() 函数的简化版本，直接返回一个列表，方便实际应用。

jieba.lcut_for_search() 函数是 jieba.cut_for_search() 函数的简化版本，也是返回一个列表。

5. 词云生成模块 Wordcloud

词云，也称为文字云或标签云，是一种数据可视化的形式，它通过将文本数据中提取的词汇组成某种彩色图形，以视觉方式突出出现频率较高的关键词，使浏览者快速领略文本的主旨。词云图的核心价值在于以高频关键词的可视化表达，来传达大量文本数据背后的有价值信息。每个词的重要性通常以字体大小或颜色来显示，使得读者能够快速感知最突出的文字。

wordcloud 是优秀的词云展示第三方库，使用 pip install wordcloud 命令可安装该模块。

wordcloud 中主要的函数如下：

（1）wordcloud.WordCloud() 函数用于设置生成词云图的参数，主要参数见表 7-2。

表 7-2　wordcloud.WordCloud() 函数常用参数

参数	功能说明	举例
font_path	设置词云图所使用字体的路径	font_path='FZYTK.TTF'
stopwords	设置词云图中要屏蔽的词，类型为列表	stopwords = [' 的 ',' 我 ',' 他 ']
width	输出画布的宽度，默认是 400px	width=800
height	输出画布的高度，默认是 200px	height=400
color_func	设置生成词云图的颜色函数	color_func= ImageColorGenerator(mask) 其中 mask=np.array(Image.open('fenghuang.jpg'))
colormap	设置给词随机分配的颜色，如果设置了 color_func，则忽略该参数	

（2）wc.fit_words(frequencies) 函数根据 frequencies 来生成词云图，其中 frequencies 是一字典，键为词语，值为词语出现的次数。

（3）wc.generate(text) 函数根据文本 text 生成词云图。对于英文文档可以使用模块中的 generate() 方法来自动分词，然后生成词云图。

（4）wordcloud.ImageColorGenerator(image, default color=None) 函数返回一个颜色生成器，把这个值赋值给 WordCloud() 中的 color_func 参数，则单词的颜色和蒙版图像中对应位置的色彩是一样，如本节任务中词云图。也可以使用 colormap 参数手动设置需要使用的颜色，colormap 参数值需要使用 matplotlib 的 colors 库中的 ListedColormap 方法。请注意 colorfunc 参数与 colormap 参数不能同时使用。

例如，生成一篇英文文档的词云图，并使用 colormap 参数设置词的颜色，程序名为 fenghuang.py。

行号	代码
1	""" 绘制词云图 """
2	import matplotlib.pyplot as plt
3	from matplotlib import colors
4	from wordcloud import WordCloud
5	import numpy as np
6	from PIL import Image
7	
8	with open('WriteYourFuture.txt', 'r', encoding='utf-8') as f:
9	text = f.read()
10	mask = np.array(Image.open('fenghuang.jpg'))
11	colors_list = ['#ee0000', '#aaee00', '#00ee00', '#0000aa'] # 设置颜色列表
12	colormap = colors.ListedColormap(colors_list) # 调用 ListedColormap 生成 colormap 所需数据
13	wc = WordCloud(font_path='HGFSH_CNKI.TTF',
14	mask=mask, # 设置词云图的模板
15	mode='RGBA',
16	background_color='white',
17	margin=5, # 设置词间的间隔
18	colormap=colormap # 设置 colormap
19	)
20	wc.generate(text)
21	plt.axis('off') # 关闭坐标轴
22	plt.imshow(wc) # plt.imshow() 函数负责对图像进行处理，并显示其格式
23	plt.show() # plt.show() 将 plt.imshow() 处理后的函数显示出来

程序运行生成的词云图如图 7-6 所示。

6. 海龟绘图模块 turtle

海龟绘图模块（turtle）是 Python 语言内置的一个标准模块，是一个绘图库，它提供了一个小海龟（turtle）作为画笔，通过模拟一只小海龟在屏幕上爬行来绘制图形。海龟绘图模块提供了创建窗口、设置画布、设置画笔、绘制图形等功能，也提供了绘制线、圆及其他形状的函数。用户通过控制小海龟在平面直角坐标系中的移动来绘制图形。在 turtle 库中，无论是移动海龟（如使用 turtle.forward(distance) 函数）、绘制圆形，还是设置画笔属性等，涉及的长度单位都是像素。

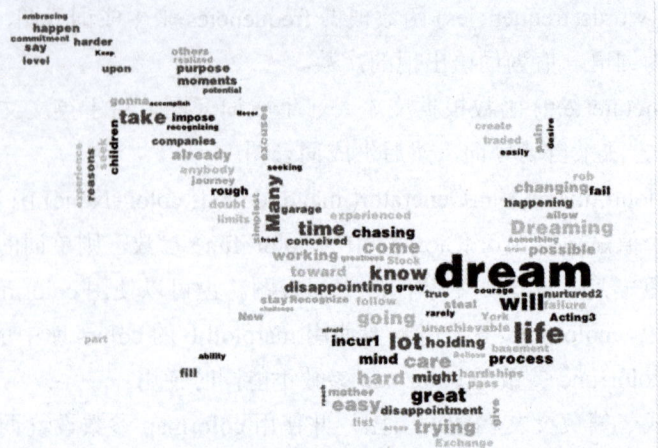

图 7-6　英文文档词云图

海龟绘图（turtle 库）模块是 Python 的内部模块，一定要先导入模块再使用。

（1）turtle 基本概念。

1）绘制窗体。绘制窗体指的是 turtle 的绘图窗口，可以使用 setup() 函数改变绘制窗体的大小。setup() 函数定义窗体的大小和相对位置，并定义了画布的默认位置，setup() 缺省参数或不使用 setup() 设置绘制窗体，turtle 模块默认绘制窗体居中并占整个屏幕的一半，同时定义了画布的默认大小为 400×300 像素。

setup() 函数语句格式如下：

setup(width, height, startx=None, starty=None)

各参数含义如下：

- width，height：窗体的宽和高。如果宽和高的值为整数时，单位为像素；为小数时，表示相对电脑屏幕的比例，如 0.8 则表示 80%。
- startx，starty：这一坐标表示窗体左上角距离窗口左上角顶点的水平与垂直位置，如图 7-7 所示，如果这两个值为空，则窗体位于屏幕中心。

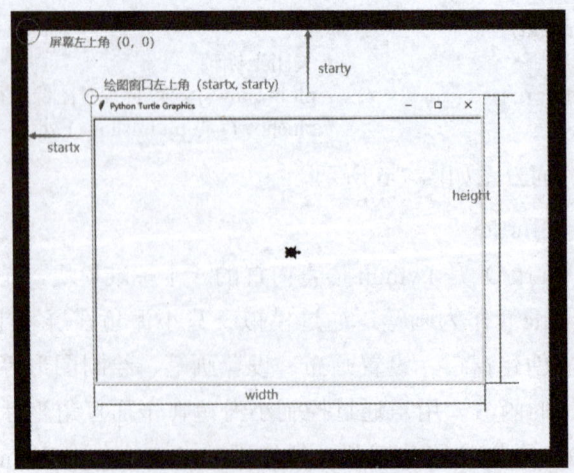

图 7-7　绘图窗口位置示意图

示例如下：

```
>>> import turtle
>>> turtle.setup(300, 0.5)   # 设置 turtle 绘图窗体宽度为 300 像素，高度大小为电脑屏幕高度的 50%
```

2）画布（canvas）。画布是 turtle 的绘图区域，用户可以设置画布的大小和背景颜色。画布的坐标原点在画布的中心。screensize() 函数专门用于调整画布的尺寸，而不会改变整个窗口的大小，其语句格式如下：

```
screensize(canvwidth=None, canvheight=None, bg=None)
```

各参数含义如下：

- canvwidth 和 canvheight：画布的宽和高。
- bg：画布的背景颜色。

不带参数的 screensize() 函数返回当前画布的大小，画布默认值大小是 (400, 300)。调试下面程序，理解画布与绘制窗体。

```
行号   代码
1     """ 程序名：sizetest.py """
2     import turtle
3
4     turtle.setup(300, 300)                      # 设置 turtle 绘图窗体宽度和高度都为 300 像素
5     print(turtle.screensize())
6     turtle.screensize(100, 80, bg='green')      # 设置画布大小，设置画布背景色为绿色
7     print(turtle.screensize())
8     turtle.done()
```

该程序运行后，系统弹出宽度和高度均为 300 像素、背景为绿色的 turtle 的绘图窗口，并显示以下输出结果：

```
(400, 300)
(100, 80)
```

如果画布大于窗体，窗体会出现滚动条；如果画布小于窗体，画布会填充整个窗体。

3）海龟（画笔）。海龟即使用海龟模块绘图时所用的画笔，它是一个 turtle 类所创建的对象。海龟有颜色、画线的宽度、位置和方向等属性。画笔的默认形状是箭头形状，海龟画笔的形状包括 classic（箭头，默认形状 ➤）、arrow（向右的等腰三角形 ▶）、turtle（海龟形状 🐢）、circle（实心圆 ●）、square（实心正方形 ■）和 triangle（向右的正三角形 ▶）等 6 种。

使用 shape() 函数可以改变画笔的形状，其语句格式如下：

```
shape(name=None)
```

参数 name 设置画笔形状，是可选参数。当 name 省略或值为 None 时，shape() 函数返回当前画笔的名称；当 name 赋值为具体的形状值时，则将画笔形状更改为相应的形状。示例如下：

```
>>> import turtle
>>> turtle.shape()         # 获取当前画笔形状名称
```

```
    'classic'
>>> turtle.shape('turtle')  # 设置画笔形状为海龟形状，执行该语句后，画笔显示为海龟形状
>>> turtle.shape()
    'turtle'
```

4）turtle 的空间坐标体系。

- 绝对坐标：这个坐标系是以 turtle 绘图窗口中心也就是小乌龟的原始点 (0,0)，如图 7-8 所示。

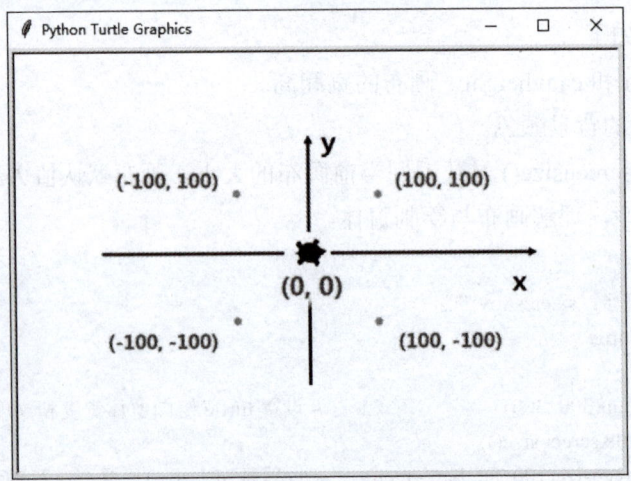

图 7-8　绘图窗口空间坐标系示意图

- 海龟坐标：海龟坐标是从海龟角度来看的，如图 7-9 所示。turtle.forward(distance) 是向海龟的正前方向移动 distance 长度的距离；turtle.backward(distance) 是向海龟的正后方向移动 distance 长度的距离。turtle.circle(radius, extent) 是以海龟的当前位置左侧（radius 值大于 0 时）距离为 radius 的一个点为圆心，绘制半径为 radius 且绘制夹角为 extent 的圆弧。如果不指定 extent，则绘制一个半径为 radius 的圆。如果 radius 值小于 0 时，则在海龟的当前位置右侧绘制圆或圆弧。

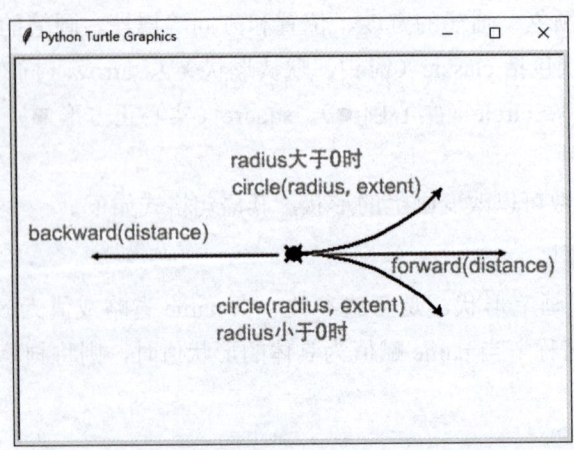

图 7-9　海龟坐标示意图

5) turtle 的角度坐标体系。
- 绝对角度：turtle.seth(angle) 函数是以绝对角度改变海龟行进时的方向，如图 7-10 所示。所谓绝对角度，也就是不论当前画笔方向朝哪，只要是执行了 turtle.seth(angle) 函数，就将画笔方向（海龟头的朝向）调整到如图 7-10 所示坐标系中 angle 角度方向。画笔默认的方向是朝正右方。

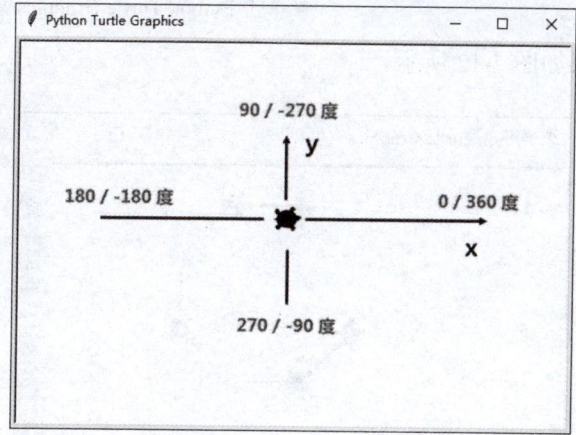

图 7-10　绝对角度坐标示意图

- 海龟角度：从海龟的角度来看，turtle.left(angle) 是将画笔逆时针旋转 angle 度，turtle.right(angle) 画笔顺时针旋转 angle 度，如图 7-11 所示。

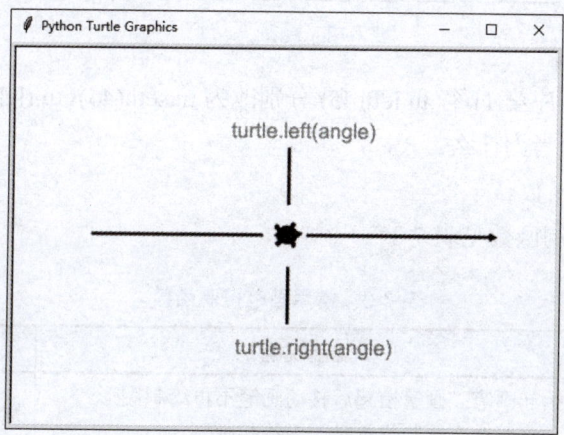

图 7-11　海龟角度示意图

通过下面例子帮助理解 turtle 的角度坐标系：

行号	代码
1	""" 程序名：octagon.py """
2	import random as ra
3	import turtle as tu
4	color_list = ['red', 'pink', 'green','aqua', 'blue', 'orange','yellow', 'black']
5	tu.shape('turtle')　　　　　　　　　　　　# 设置画笔形状为 turtle

6	tu.pensize(2)	# 设置画笔宽度为 2 像素
7	for i in range(8):	# 遍历循环,要循环 8 次
8	tu.color(color_list[i], color_list[i])	# 设置画笔颜色,依次从列表 color_list 中获取颜色
9	tu.stamp()	# 画布上,在海龟当前位置印制一个海龟形状
10	tu.forward(50)	# 画笔向前绘制 50 像素长的直线
11	tu.left(45)	# 画笔逆时针旋转 45 度
12	tu.hideturtle()	# 隐藏画笔
13	tu.exitonclick()	# 单击 Python Turtle Graphics 窗口则关闭该窗口

程序的运行结果如图 7-12 所示。

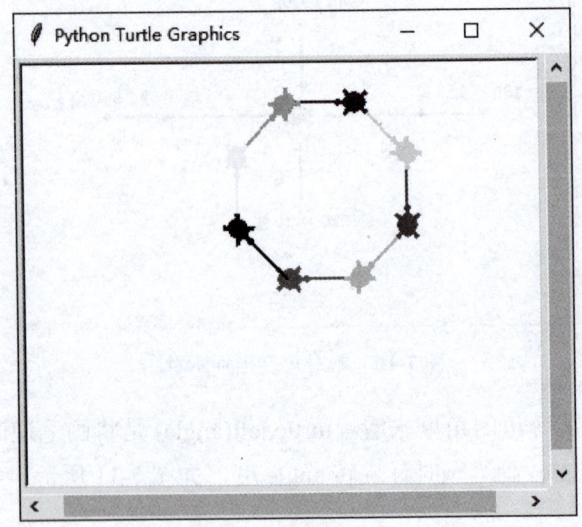

图 7-12 绘制八边形

请尝试将上述程序第 11 行 tu.left(45) 分别改为 tu.seth(45)、tu.right(45),再运行程序,观察绘制结果,并思考为什么。

(2)turtle 常用函数。

1)常用画笔控制函数见表 7-3。

表 7-3 常用画笔控制函数

函数	功能说明	备注
penup()	抬起画笔。画笔抬起后移动画笔不再绘制图形。常是要改变绘制位置时,需抬起画笔	别名 pu(),无参数
pendown()	落下画笔。画笔落下后,移动画笔绘制图形	别名 pd(),无参数
pensize(width)	设置画笔宽度,无参数时返回当前画笔宽度	width 为画笔宽度,函数别名 width()
pencolor(color) 或 pencolor(r, g, b)	设置画笔颜色,无参数时返回当前画笔颜色。color 是 red、white、purple、magenta 等颜色值。r,g,b 为 0 ~ 1 的 float 类型数据	color 可以是颜色名称字符串,也可以是 RGB 值例如,pencolor('red') pencolor (0.63, 0, 0.94)

续表

函数	功能说明	备注
speed(speed)	设置画笔移动速度 速度值范围为 [0，10]，1 最慢，0 最快	当给定的值小于 0 或大于 10 时，速度会被统一设置为 0，即最快速度
fillcolor(color)	设置绘制图形的填充颜色	颜色参数可以是颜色字符串，也可以是 r,g,b，同 pencolor() 函数
bgcolor(color)	设置画布的背景颜色	
color(color1, color2)	同时设置画笔颜色 color1，填充颜色 color2	
begin_fill()	开始以指定的颜色填充图形，在绘制图形之前调用	无参数
end_fill()	结束填充图形，表示填充颜色结束	无参数
hideturtle()	隐藏画笔形状	无参数
showturtle()	显示画笔形状	无参数

部分函数使用示例如下：

```
>>> from turtle import *  # 导入模块 turtle 中所有的函数、类和变量
>>> shape('turtle')  # 设置画笔形状为海龟形状，执行该语句后，画布上的画笔显示为海龟形状
>>> stamp()  # 在画布上，在海龟当前位置印制一个黑色海龟形状，并返回当前该印章 stamp_id
5
>>> pensize(5)        # 设置画笔宽度为 5 像素
>>> color('red', 'red')  # 设置画笔颜色和填充颜色都为红色
>>> forward(100)  # 画笔向前移动 100，屏幕上会绘制一条宽度为 5 像素，长度为 10 像素的直线
>>> stamp()  # 在画布上，在海龟当前位置印制一个红色海龟形状，并返回当前该印章 stamp_id
6
>>> penup()  # 抬起画笔
>>> forward(100)  # 画笔向前移动 100 像素，这次不绘制直线，因为画笔抬起来了
>>> color('blue', 'blue')
>>> stamp()  # 在画布上，在海龟当前位置印制一个蓝色海龟形状
8
>>> hideturtle()  # 隐藏当前画笔形状
```

上述语句执行完成后，turtle 窗口显示图案如图 7-13 所示。

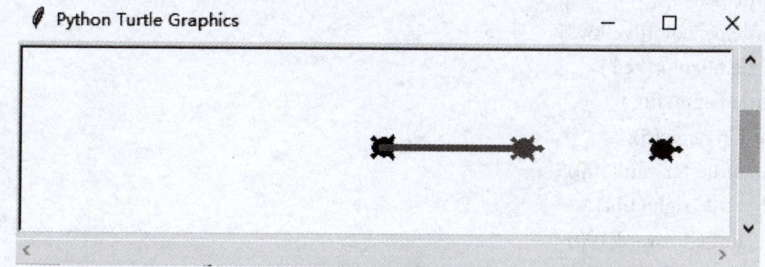

图 7-13　海龟绘图

2）常用画笔运动函数见表 7-4。

表 7-4 常用画笔运动函数

函数	功能说明	备注
forward(distance)	向当前画笔方向移动 distance 像素	别名 fd()
backward(distance)	向当前画笔相反方向移动 distance 像素	别名 bk()、back()
right(angle)	顺时针旋转 angle 度	别名 rt()
left(angle)	逆时针旋转 angle 度	别名 lt()
circle(radius, extent=None, steps=None)	绘制半径为 radius 像素，夹角为 extent 度的圆。半径为正，在画笔左侧绘制；半径为负，则在画笔右侧绘制 如果设置了 steps 的值，绘制半径为 radius 的圆夹角为 extent 的内切正多边形，多边形边数为 steps	circle(30) 绘制一个半径为 30 像素的圆 circle(200, steps=5) 绘制一个半径为 200 像素的圆的内切正五边形
home()	使画笔返回原点，画笔朝向正右方	初始时，画笔朝向正右方
goto(x, y)	移动画笔到绝对坐标位置（x, y）处	
setheading(angle)	设置画笔朝向为 angle 度	别名 seth()
setx()	设置海龟的当前 x 坐标位置	x 是一个数值（整型或浮点型）
sety()	设置海龟的当前 y 坐标位置	y 是一个数值（整型或浮点型）
dot(size=None, *color)	画一个直径为 size、颜色为 color 的点	size 是一个数值（整型或浮点型），省略或为 None，则表示使用海龟的 pensize()（或称为 linewidth）的值作为默认大小。 color 一个或多个表示颜色的参数。可以是颜色的名称（如 "red" 等），也可以是 RGB 三元组，如 (0.5, 0.2, 0.8) 表示一种颜色

例如，使用 turtle 模块绘制一个五角星。示例如下：

```
行号    代码
1       """ 程序名：fivePointedStart.py """
2       import turtle
3
4       turtle.pensize(5)
5       turtle.pencolor('yellow')
6       turtle.fillcolor('red')
7       turtle.begin_fill()
8       for i in range(5):
9           turtle.forward(100)
10          turtle.right(144)
11          turtle.forward(100)
12          turtle.left(72)
13      turtle.end_fill()
14      turtle.hideturtle()    # 隐藏画笔形状
15      turtle.done()
```

上述程序的运行结果如图 7-14 所示。

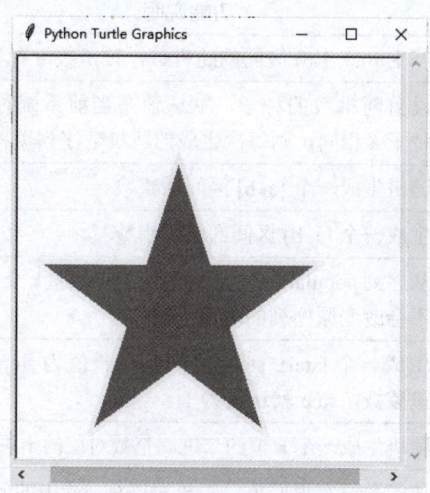

图 7-14　海龟绘图

3）常用全局函数见表 7-5。

表 7-5　turtle 模块常用全局函数

函数	功能说明	举例
clear()	清空当前窗口，但不改变当前画笔的位置	turtle.clear()
reset()	清空当前窗口，并把所有状态重置为默认值	turtle.roset()
stamp()	在海龟当前位置印制一个画笔形状，并返回该印章的 stamp_id	turtle.stamp()
clearstamp(stamp_id)	删除 stamp_id 对应的画笔形状	turtle.clearstamp(5)
undo()	删除上一个 turtle 操作	turtle.undo()
done()	停止画笔绘制，但绘图窗体不关闭，直到用户手动关闭窗口	turtle.done()
isvisible()	返回当前画笔的可见性，如果值为 True，表示可见；如果为 False，表示不可见	turtle.isvisible()
turtle.write(s [,font=("font-name", font_size, "font_type")])	写文本，s 为文本内容，font 是字体的参数，分别为字体名称、字号和类型；font 为可选项，font 参数也是可选项	turtle.write("Done", font=('Arial', 40, 'normal'))

7. random 模块

random 模块是 Python 标准库中用于生成伪随机数的模块。伪随机数是通过算法生成的数列，在一定范围内表现出随机性。伪随机数在一定程度上是可预测的，但对于大多数应用来说已经足够。随机数在计算机科学中有着广泛的应用，如机器学习、随机抽样、加密和游戏开发等。

random 模块提供了很多函数，使用 random 模块时，一定要先导入。random 模块中常用函数见表 7-6。

表 7-6 random 模块常用函数

函数	功能说明	备注
random()	产生 [0.0, 1.0) 区间的随机数，该函数没有参数	[0.0, 1.0) 是左闭右开
seed(a)	设置随机数的种子，默认值是当前系统时间。种子 a 相同，则每次生成的随机数序列也相同	
randint(a, b)	随机生成一个 [a, b] 区间的整数	[a, b] 左右都是闭区间
uniform(a, b)	生成一个 [a, b) 区间的随机小数	
sample(population, k)	从序列 population 中随机抽取指定数量 k 个元素，不会改变原序列的顺序	
randrange(start, stop[, step])	生成一个 [start, stop] 之间且步长值为 step 的随机整数，step 默认值为 1	
getrandbits(k)	随机生成一个 k 位的二进制整数对应的十进制数	
shuffle(seq)	该函数没有返回值，随机对序列 seq 中的元素排序，序列 seq 的值变为随机排序后的序列	
choice(seq)	从序列中随机返回一个元素	

random 模块中常用函数使用示例如下：

```
>>> ra.random()
    0.11033244008213827
>>> import random as ra
>>> for i in range(5):
        print(ra.randint(1, 6), end=' ')


    6 5 4 1 6
>>> ra.seed(100)
>>> ra.getrandbits(4)
    7
>>> ra.uniform(2, 5)
    4.163876028064595
>>> ra.sample([10, 20, 30, 5, 100, 11], 3)
    [20, 100, 30]
>>> ra.randrange(100, 200, 20)
    140
>>> ls = [ m for m in range(10, 30, 5)]
>>> ls
    [10, 15, 20, 25]
>>> ra.shuffle(ls)
>>> print(ls)
    [20, 25, 10, 15]
>>> ra.choice(ls)
    20
```

实例：已知一个列表 ls 中存储 10 个样本数据，请从列表中随机抽取 5 个样本数据并输出。

行号	代码
1	""" 程序名：ra_sample.py """
2	import random
3	# 定义列表 ls
4	ls = [23.4, 45.7, 76, 89.45, 30.01, 18.54, 33.1, 23.2, 53.5, 66.3]
5	sample = random.sample(ls, 5) # 从列表中随机抽取 5 个元素
6	print(sample) # 打印随机抽样数据

8. time 模块

time 模块是 Python 中处理时间相关操作的核心工具。time 模块提供了处理时间和日期的多项功能，包括时间获取、格式化、转换、延迟以及计时等。time 模块支持三种时间格式：时间戳（Timestamp）、结构化时间（Struct Time）和格式化时间（Formatted Time）。

时间戳表示从 1970 年 1 月 1 日 00:00:00（UTC）开始至特定时间的秒数。在 Python 中，可以使用 time.time() 函数获取当前的时间戳，该函数返回一个浮点数，表示从 1970 年 1 月 1 日 00:00:00（UTC）到当前时间的秒数。世界协调时（Coordinated Universal Time，UTC）亦是格林威治天文时间、世界标准时间。我国时间为 UTC+8。

结构化时间使用 time.struct_time 对象表示，它是一个包含 9 个元素的元组，分别代表年、月、日、时、分、秒、一周中的第几天、一年中的第几天以及是否为夏令时。可以使用 time.localtime() 函数和 time.gmtime() 函数获取当前的时间或特定时间的时间结构。例如，time.localtime() 函数返回本地时间的时间结构，time.gmtime() 函数返回格林威治标准时间的时间结构。

格式化时间是将时间信息按照特定的格式进行排列。time.strftime() 函数可将结构化时间转换为格式化的字符串。

time 模块中常用的时间处理函数见表 7-7。

表 7-7 time 模块中常用的时间处理函数

函数	功能说明
time()	获取当前时间戳，没有参数，返回值是一个浮点型数据
sleep(seconds)	使程序暂停指定的秒数，参数 seconds 单位为秒
gmtime([seconds])	获给定的时间戳 seconds 对应的 struct_time，如果 seconds 省略，将获取系统当前时间对应的 struct_time。struct_time 对象的元素组成见表 7-8
ctime([seconds])	将时间戳 seconds 转换为可读的时间字符串并作为函数返回值。如果省略参数，则返回将当前系统时间戳对应的时间字符串
asctime([tuple])	将 struct_time 对象转换为可读的时间字符串
localtime([seconds])	将给定的时间戳 seconds 转换为本地时间格式字符串。如果省略时间戳 seconds，将转换系统当前时间

续表

函数	功能说明
strftime(format[, tuple])	使用给定的格式字符串 format 格式化时间元组 tuple。tuple 必须是一个 struct_time 格式的时间元组。如果省略 tuple，则默认使用 localtime() 函数获取当前时间戳对应的 struct_time

time 模块中常用的时间处理函数示例如下：

```
>>> from time import *
>>> time()
    1726281560.3355138
>>> ctime(1726281560.3355138)
    'Sat Sep 14 10:39:20 2024'
>>> gmtime()
    time.struct_time(tm_year=2024, tm_mon=9, tm_mday=14, tm_hour=2, tm_min=43, tm_sec=50, tm_wday=5, tm_yday=258, tm_isdst=0)
>>> localtime()
    time.struct_time(tm_year=2024, tm_mon=9, tm_mday=14, tm_hour=11, tm_min=16, tm_sec=9, tm_wday=5, tm_yday=258, tm_isdst=0)
>>> strftime('%Y-%m-%d %H:%M:%S')
    '2024-09-14 11:17:00'
```

struct_time 对象的元素构成见表 7-8。

表 7-8 struct_time 对象的元素构成

索引	属性名称	值	索引	属性名称	值
0	tm_year	年份	5	tm_sec	秒 [0, 59]
1	tm_mon	月份 [1, 12]	6	tm_wday	星期 [0, 6]，0 表示星期一
2	tm_mday	日期 [1, 31]	7	tm_yday	该年中的第几天 [1, 366]
3	tm_hour	小时 [0, 23]	8	tm_isdst	是否为夏令时，1 表示是，0 表示否，-1 表示未知 DST(Daylight Saving Time) 即夏令时
4	tm_min	分钟 [0, 59]			

strftime() 函数的格式化控制符见表 7-9。

表 7-9 strftime() 函数的格式化控制符

格式化控制符	描述	格式化控制符	描述
%Y	四位数的年份	%y	两位的年份
%M	分钟 [00, 59]	%m	月份 [01, 12]
%d	月份中的第几天 [01, 31]	%S	秒 [00, 61]
%H	小时（24 小时制）[00,23]	%I	小时（12 小时制时钟）[01, 12]
%W	一年的星期数（00～53），以星期一为星期的开始	%w	星期（0～6），星期天为星期的开始

续表

格式化控制符	描述	格式化控制符	描述
%A	完整星期名称 Monday～Sunday	%a	缩写的星期名称 Mon～Sun
%B	完整月份名称 January～December	%b	缩写的月份名称 Jan～Dec
%c	当地适当的日期和时间表示	%z	UTC 时区偏移
%X	本地相应时间表示	%x	本地相应日期表标
%p	AM 或 PM	%%	% 本身
%j	一年中的一天	%U	一年的星期数（00～53），以星期天为星期的开始

7.4.4 拓展任务——使用 turtle 绘制太极标志和太阳花

使用 turtle 模块绘制太极标志（图 7-15）和太阳花（图 7-16）。

图 7-15　太极标志

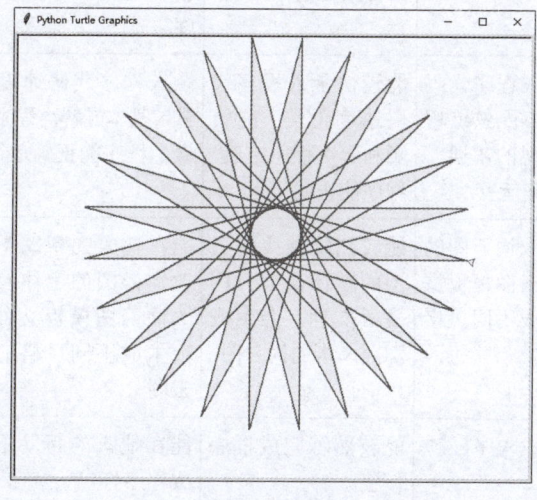

图 7-16　太阳花

7.4.5 任务评价表

学号及姓名			日期	
任务编号	7-4		任务名称	绘制政府报告词云图
项目		自评	小组评价	教师评价
课堂表现	学习态度（15%）			
	沟通合作（10%）			
	课堂参与（15%）			
技能操作	程序调试（30%）			
	程序录入（10%）			
	打包文件（20%）			
总分				
评价标准				
项目	90～100分	75～89分	60～74分	0～59分
学习态度	学习主动性、积极性、专注度和认真度优秀	学习主动性、积极性、专注度和认真度良好	学习主动性、积极性、专注度和认真度一般	学习主动性、积极性、专注度和认真度都需要加强
沟通合作	与同学、教师沟通能力优秀，有优秀的团队合作能力	与同学、教师沟通能力良好，有良好的团队合作能力	能与同学、教师沟通，参与团队活动	不能与同学、教师沟通，不参与团队活动
课堂参与	积极提问，大胆表达自己的看法，回答问题准确	敢于提问，能提出自己不同的看法，回答问题基本正确	很少提问，很少表达自己的想法，能回答教师的问题，但准确度需提升	不敢提问，不表达自己的想法，不回答教师的提问
调试程序	能熟练录入程序代码速度正常，能熟练程序调试出现的错误，程序能正确运行	能较快录入程序代码速度正常，能较顺利解决程序错误，程序能正确运行	录入程序代码速度正常，基本能解决程序错误，程序能正确运行	录入程序代码速度较慢，能在他人的帮助下完成代码调试
修改参数	能熟练修改词云图的字体及词云图模板文件，会生成不同风格的词云图	能较熟练修改词云图的字体及词云图模板文件，会生成不同风格的词云图	能在他人的帮助下修改词云图的字体及修改词云图模板文件，会生成不同风格的词云图	不能修改词云图的字体，不能修改词云图模板文件
程序打包	能熟练完成程序打包	能较熟练完成程序打包	能在他人的帮助下完成程序打包	不能正确打包程序

匠心铸魂领航——让人工智能领域的中国声音愈发响亮！

2021年11月25日，侯洵、郑南宁、范代娣三位科学家荣获2020年度陕西省最高科学技术奖。郑南宁说："此次获奖不仅是对我个人的肯定，更是对我们整个科研团队的肯定。我们将继续攻坚克难，让人工智能领域的中国声音愈发响亮！"

匠心铸魂领航——郑南宁院士

郑南宁勤奋努力，攻坚克难，主持研制出我国第一颗宇航级视觉信息和图像处理芯片，带领团队解决了一系列重大工程中视觉芯片与系统的关键问题，推动了我国计算机视觉核心技术的自主创新。同时，他还带领团队设计完成了"嫦娥五号"月壤表面采样机械臂视觉系统，为我国航天事业作出了重要贡献。

练 习 题

一、单项选择题

1. 下列关于Python语言return语句的描述中，正确的是（   ）。
   A．return语句只能返回一个值　　B．函数必须有return语句
   C．函数可以没有return语句　　　D．函数最多只有一个return语句

2. 下列关于Python函数的说法中，错误的是（   ）。
   A．函数的形参不需要声明其类型
   B．函数没有接收参数时，括号可以省略
   C．函数体部分的代码要和关键字def保持一定的缩进
   D．函数可以有return返回，也可以没有return返回

3. Python中定义函数的关键字是（   ）。
   A．class　　　　B．defun　　　　C．function　　　　D．def

4. 下列关于函数优点的描述中，正确的是（   ）。
   A．函数可以表现程序的复杂度　　B．函数可以使程序更加模块化
   C．函数可以减少代码多次使用　　D．函数便于书写

5. 下列关于局部变量和全局变量的描述中，正确的是（   ）。
   A．全局变量可以定义在函数中
   B．全局变量在使用后立即被释放
   C．局部变量在所在函数调用结束后立即被释放
   D．局部变量不可以和全局变量的命名相同

6. 下列代码的输出结果是（   ）。
```
ls = ['apple', 'red', 'orange']
def color(a):
    ls.append(a)
    return
color('yellow')
print(ls)
```

A．['apple', 'red', 'orange', 'yellow']　　　B．['apple', 'red', 'orange']
C．['yellow']　　　　　　　　　　　　　　D．[];

7．函数中定义了三个参数，其中两个参数都指定了默认值，调用函数时参数个数最少是（　　）。

A．0　　　　　　B．1　　　　　　C．2　　　　　　D．3

8．下列代码的输出结果是（　　）。

```
def func(n):
    n = n + 2
    return
a = 10
func(a)
print(a)
```

A．10　　　　　B．12　　　　　C．2　　　　　　D．0

9．在 Python 中，属于网络爬虫领域的第三方库的是（　　）。

A．wordcloud　　B．NumPy　　　C．PyQt6　　　　D．Scrapy

10．在 Python 中，不属于机器学习领域的第三方库是（　　）。

A．TensorFlow　　B．PyTorch　　C．MXNet　　　　D．turtle

二、编程题

1．编写函数，实现以下功能：输入一个年份，能判断该年份是否为闰年，并将判断结果输出。

2．接收用户输入的一个自然数，如果 n 为奇数，输出表达式 1+1/3+1/5+…+1/n 的值；如果 n 为偶数，输出表达式 1/2+1/4+…+1/n 的值。输出结果保留两位小数，计算表达式值请使用函数实现。

3．编写函数，其功能是对一篇中文文本文件进行词频统计。该函数将统计结果以词为键、频次为值存入一个字典中，函数的返回值为该字典。

4．使用 turtle 库的 turtle.right() 函数和 turtle.fd() 函数绘制一个五角星，边长为 200 像素，5 个内角度数均为 36 度，效果如图 7-17 所示。

图 7-17　五角星

5．随机生成一个长度为 8 的字符串，字符串中可以有大写字母、小写字母、数字和特殊字符。随机生成字符串的功能请以函数实现，函数的参数为字符串的长度。

模块 8 面向对象基础

学习目标

★ 理解面向对象的基本概念
★ 掌握 Python 中定义类的方法及类的调用
★ 掌握类的构造函数的作用及定义方法
★ 能够区分类属性和实例属性

面向对象（Object Oriented，OO）是一种重要的程序设计思想。它的核心概念是"对象"，是将程序划分成若干个对象，提供了一种灵活、简洁、可扩展的编程方式。"对象"是指具有特定属性和行为的实体，能够接收消息、处理消息并返回结果。面向对象编程（Object Oriented Programming，OOP）是使用面向对象思想进行程序设计的一种方法。在面向对象的编程中，用户首先编写表示现实世界中的事物和情景的类，然后再基于这些类来创建具体的对象。目前，支持面向对象编程的编程语言有很多，如 Python、Java、C#、C++ 等。

任务 8-1 创建与使用类

8.1.1 任务单

学号及姓名		小组成员	
任务编号	8-1	任务名称	创建与使用类
指导教师		日期	
任务概述	定义一个学生类 Student，在类的构造方法中初始化实例的 sid、name、gender 和 age 4 个属性。定义 Student 类的方法 motto(座右铭)，参数为学生的座右铭，其功能是显示学生姓名及其座右铭；定义 Student 类的 introduce 方法，无参数，其功能是显示学生的学号、姓名、性别及年龄。Student 类有一个名为 school 的类属性，该值为自己的学校。 调用 Student 类创建一个实例对象 stud1，该实例对象的 sid 值为 2024020104，name 值为张华，gender 为女，年龄为 18，该学生的座右铭为"天道酬勤，志存高远。"。调用方法 introduce，显示学生相关信息		

任务要求	（1）理解代码含义； （2）记录程序调试中出现的错误及解决方法
心得与困惑	

8.1.2 任务实施

1. 编程思路

首先创建类 Student，类属性 SCHOOL 定义在类方法之外；定义类的构造方法 __init__ 时，需要定义 4 个实例属性，分别为 sid、name、gender 和 age，这 4 个属性值由该方法的参数传入；再创建两个实例方法 motto 和 introduce，两个方法的功能分别是输出学生的座右铭、学生的个人信息。

2. 编写代码

行号	代码
1	''' 程序名 student8_1_1.py'''
2	class Student:
3	SCHOOL = ' 广东女子职业技术学院 '
4	
5	def __init__(self, sid, name, gender, age) :
6	self.sid = sid
7	self.name = name
8	self.gender = gender
9	self.age = age
10	
11	def motto(self, word) :
12	print(f'{self.name} 的座右铭：{word}')
13	
14	def introduce(self):
15	print(f' 我叫 {self.name}，今年 {self.age} 岁 ')
16	print(f' 我的学号：{self.sid}')
17	
18	
19	stud1 = Student(name=' 张华 ', sid='2024020104', age=18, gender=' 女 ')
20	stud1.introduce()
21	print(f' 我在 {stud1.SCHOOL} 读书 ')
22	stud1.motto(" 天道酬勤，志存高远。")
23	Student.motto(stud1, ' 天道酬勤，志存高远。')

3. 代码运行结果

我叫张华，今年 18 岁
我的学号：2024020104
我在广东女子职业技术学院读书

> 张华的座右铭：天道酬勤，志存高远。
> 张华的座右铭：天道酬勤，志存高远。

8.1.3 相关知识

1. 面向对象相关基本概念

类（Class）是面向对象编程的基础，是对某种类型的对象定义变量和方法的原型。它表示对现实生活中一类具有共同特征的事物的抽象，是对这组对象的概括、归纳和描述表达。类可以被认为是一种模板，定义了本类对象所拥有的属性集和行为集，描述了如何创建对象。例如人是一种类，汽车也可以是一种类。

对象（Object）是类的实例，现实世界中的各种事物都可以看作是对象。对象是程序中的用来描述客观事物的实体，是有特定属性和行为(方法)的基本运行单位。对象可以是一个实体、一个名词、一个可以想象为有自己标识的任何东西，可以说万物皆对象。程序中的对象的属性和行为必须在类中定义。

面向对象程序设计的特点主要有封装性、继承性和多态性。

（1）封装性是面向对象编程中的三大特征之一。封装性就是把对象的成员属性和成员方法结合成一个独立的相同单位，并尽可能隐蔽对象的内部细节，即用户使用对象的属性和方法，不需要知道这些属性和方法是如何实现的。例如人们日常生活中只需知道洗衣机是如何使用的，但不需知道它的内部是如何工作的。

（2）继承性是发生在两个类之间。如果一个类是另一个类的子类，这个类可以具有父类的所有属性和方法或是部分属性和方法，同时它还能创建自己特有的方法和属性。

（3）多态性是指在父类中定义的属性和方法被子类继承后，可以具有不同的数据类型和展示出不同的行为。

2. 类的创建

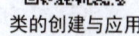

类的创建与应用

在语法上，Python 的类由两部分组成，即类声明和类体。类声明部分包括关键字 class、类名称和冒号。类名称首字母一般大写。类体由统一缩进的部分组成，包括成员变量和成员方法。

类定义的基本格式如下：

> class 类名 (父类名 1, 父类名 2, ...):
>   """ 类的说明 """
>   零个或多个成员变量
>   零个或多个成员方法

如果没有父类，则类名右侧的一对圆括号可以省略。

示例如下：

> 行号　代码
> 1　　""" 程序名：myCircle.py"""
> 2　　class Circle:
> 3　　　　""" 创建名为 Circle 类 """
> 4　　　　PI = 3.14

```
5
6        def __init__(self, radius):
7            self.r = radius
8
9        def area(self):
10           return Circle.PI * self.r * self.r
```

上述类定义中的 Circle 类包括包含一个成员变量 PI、一个构造方法 __init__() 和一个成员方法 area()。类成员的定义顺序对代码无影响，成员间可以调用。

变量 r 前面有前缀 self，r 是实例变量。以 self 为前缀的变量可供类中所有的方法使用，可以通过类的实例来访问，称为实例变量。self.r = radius 是将形参 radius 的值赋值给 self.r，这样 r 会被关联到当前创建的类的实例，r 称为实例的属性。

3. 对象的创建和使用

类的实例即对象。创建类的对象也称为类的实例化。创建对象的语法格式如下：

对象名 = 类名(参数1, 参数2, …)

对象创建后，可以通过圆点表示法访问对象的成员，即通过圆点表示法访问成员变量或调用实例方法。访问成员变量的语法格式如下：

对象名.变量

调用实例方法的语法格式如下：

对象名.方法(参数)

例如，调用上述的 Circle 类，接着在 myCircle.py 程序中继续录入以下代码，注意代码的缩进不要出错，这几行代码前无缩进。请执行程序，理解代码。

```
行号    代码
11      # 为了程序结构清晰、易读，这里空一行
12      c1 = Circle(10)         # 创建类的实例 c1，并给 radius 传给为 10
13      print(c1.area())        # 调用方法 area()，并输出其返回值
14      print(c1.PI)            # 访问成员 PI，并将其值输出
```

程序的执行结果如下：

```
314.0
3.14
```

4. 构造方法

构造方法

每个类都有一个特殊的方法 __init__()，这个方法称为类的构造方法。构造方法被调用来创建类的实例。

类的构造方法可用来初始化类的实例对象的属性、为对象分配内存空间、执行一些必要的操作等。在创建类的实例，即在类实例化时，系统会自动调用该方法。如上述 c1 = Circle(10)，系统执行该语句时，就会调用 Circle 类的构造方法 __init__()，将 10 传给形参 radius，这样实例 self.r 值为 10，即类实例 c1 的属性 r 值为 10。__init__() 方法名是以双下划线开始和结束，这个方法名是固定的，不能改变。示例如下：

行号	代码 程序名：HongQi.py
1	class Car:
2	""" 构造方法定义，初始化 Car 类的实例 """
3	def __init__(self, brand, model, year):
4	self.brand = brand # 汽车品牌
5	self.model = model # 汽车型号
6	self.year = year # 生产年份
7	
8	# 定义一个公共方法来显示汽车的信息
9	def display_car_info(self):
10	print(f" 汽车品牌：{self.brand}, 型号：{self.model}, 年份：{self.year}")
11	
12	# 使用构造方法创建 Car 类的实例
13	my_car = Car(" 红旗 ", "EH7", 2024)
14	# 调用实例的方法显示汽车信息
15	my_car.display_car_info()

该程序的运行结果如下：

汽车品牌：红旗 , 型号：EH7, 年份：2024

在 Python 中，如果一个类没有定义构造方法（即 __init__() 方法），那么 Python 会自动为这个类创建一个默认的构造方法。该构造方法不进行任何操作，只是简单地返回一个实例对象。

5. 析构方法

类的析构方法名为 __del__()，也是由两个下划线开始，然后以两个下划线加圆括号结尾。它的作用是用于释放对象所占的空间和资源，作用与构造方法相反。当一个对象调用结束时，系统会自动执行析构方法。如果用户没有定义类的析构方法，则 Python 将调用默认的析构方法完成释放对象所占的空间和资源。示例如下：

析构方法

行号	代码 程序名：resource.py
1	""" 程序名：resource.py """
2	class Resource:
3	def __init__(self, name):
4	self.name = name
5	print(f" 对象 {self.name} 被创建。")
6	
7	def __del__(self):
8	# 析构方法，当对象被销毁时调用
9	print(f" 对象 {self.name} 正在被销毁。")
10	
11	r = Resource("Resource1") # 创建 Resource 对象
12	del r # 删除对象，触发析构方法

该程序的运行结果如下：

对象 Resource1 被创建。
对象 Resource1 正在被销毁。

在这个例子中，Resource 类有一个构造方法 __init__()，它打印一条消息表示对象被创建。析构方法 __del__() 在对象被删除（del r）时被调用，打印一条消息表示对象正在被销毁。

6. 成员变量

类中的变量可以分为成员变量和非成员变量。在类方法中定义的局部变量和形参是非成员变量。成员变量用于描述类或对象的属性。

成员变量也称为实例变量、实例属性，是属于类的实例的变量，也就是对象的变量。

类变量是属于整个类的变量，所有该类的实例对象共享同一个类变量的值。

类变量用于定义类的属性，位于所有成员方法的外面，一般类变量名全为大写。类变量也称为类属性、静态属性。

实例变量一般在类的构造方法 __init__() 中创建，是通过 self 赋值的变量。实例变量是对象的具体属性，只是属于某个具体的实例，不同实例的同名变量没有任何关联。self 是在实例化类时被创建的，是对类实例自身的引用。实例变量包括类体中的方法内以 "self.变量 = 值" 形式定义的变量，也包括类外面以 "类的实例.变量 = 值" 形式定义的变量。

上述 Circle 类中，PI 就是类变量，radius 是非成员变量，r 是实例变量。

从访问的权限区分，类中的变量又可分为私有变量和公共变量。私有变量名是以双下划线开始，如 __name。私有变量在类的外部不能直接访问，可通过类或对象可访问成员的方法来访问，或者通过 Python 支持的特殊方法来访问。公有变量是可以通过 "类.变量" 或 "对象.变量" 形式来访问。一般类变量采用 "类.变量" 形式来访问。

示例如下：

行号	代码
1	`""" 程序名：myMobile.py """`
2	`class MobilePhone:`
3	`    def __init__(self, color, ram, model='Mate 60 pro'):`
4	`        self.__brand = 'HUAWEI'`
5	`        self.model = model`
6	`        self.color = color`
7	`        self.ram = ram`
8	
9	`mobile1 = MobilePhone(' 宣白 ', '16GB')   # 类的实例化`
10	`print(' 手机型号：', mobile1.model)`
11	`print(' 手机颜色：', mobile1.color)`
12	`print(' 内存容量：', mobile1.ram)`
13	`# print(mobile1.__brand)`

代码的运行结果如下：

```
手机型号：Mate 60 pro
手机颜色：宣白
内存容量：16GB
```

在上述代码中 self.model、self.color、self.ram 为实例变量中的公共变量，可以在类的外部访问。而 __brand 属于实例变量中的私有变量，在类的外部是不可以直接访问它的。如果将行号 13 代码前的 # 去掉，执行代码时，会有下列出错提示：

```
Traceback (most recent call last):
    File "E:\ python\ 类 \mobilePhone.py", line 13, in <module>
        print(mobile1.__brand)
AttributeError: 'MobilePhone' object has no attribute '__brand'
```

7. 实例方法

在类的定义中，至少包括一个 self 参数的方法，称为实例方法。实例方法是用于绑定实例对象的方法，可以被实例对象直接调用。调用形式：实例名 . 实例方法 (参数)。

8.1.4 拓展任务——完善类 MobilePhone

将任务 8-1 中"成员变量"部分中的类 MobilePhone 定义完善，增加方法 show()，该方法可以输出手机的品牌、型号、颜色及内存大小。

8.1.5 任务评价表

学号及姓名			日期		
任务编号	8-1		任务名称	创建与使用类	
	项目		自评	小组评价	教师评价
课堂表现	学习态度（15%）				
	沟通合作（10%）				
	课堂参与（15%）				
技能操作	创建类（20%）				
	使用类（20%）				
	程序调试（20%）				
	总分				
评价标准					
项目	90 ~ 100 分	75 ~ 89 分		60 ~ 74 分	0 ~ 59 分
学习态度	学习主动性、积极性、专注度和认真度优秀	学习主动性、积极性、专注度和认真度良好		学习主动性、积极性、专注度和认真度一般	学习主动性、积极性、专注度和认真度都需要加强
沟通合作	与同学、教师沟通能力优秀，有优秀的团队合作能力	与同学、教师沟通能力良好，有良好的团队合作能力		能与同学、教师沟通，参与团队活动	不能与同学、教师沟通，不参与团队活动
课堂参与	积极提问，大胆表达自己的看法，回答问题准确	敢于提问，能提出自己不同的看法，回答问题基本正确		很少提问，很少表达自己的想法，能回答教师的问题，但准确度需提升	不敢提问，不表达自己的想法，不回答教师的提问

续表

创建类	能熟练创建类，熟练定义类的属性，熟练创建类的方法	能较熟练创建类，能较顺利的定义的属性及方法	会在他人的帮助下定义类及定义类的方法	不会定义类，不会定义的属性和方法
使用类	能熟练创建类的实例，能熟练调用实例方法	能较顺利创建类的实例，能较顺利设计实例方法	能在他人的帮助下创建类的实例及调用实例方法	不会创建类的实例，不会调用实例方法
程序调试	能顺利调试程序，能熟练使用互联网查找帮助	能较顺利调试程序，能较熟练使用互联网查找帮助	能在他人的帮助下调试程序和查找帮助	不会调试程序，不会查找帮助

任务 8-2　方法的创建与调用

在 Python 类中定义的函数称为方法，一般使用关键字 def 来定义方法。在类中定义方法和定义函数基本一样（原理和运行机制一样），但形式上有所不同。

8.2.1　任务单

学号及姓名		小组成员	
任务编号	8-2	任务名称	方法的创建与调用
指导教师		日期	
任务概述	调试并运行下列代码，理解代码含义，区分类方法、静态方法、成员方法，理解什么装饰器等。 行号　　代码（程序名：student8_2_1.py） 1　　　class Student: 2　　　　　num = 0 3 4　　　　　def __init__(self, name, sex): 5　　　　　　　self.name = name 6　　　　　　　self.sex = sex 7　　　　　　　Student.num += 1 8 9　　　　　@classmethod 10　　　　def student_num(cls): 11　　　　　　print(' 学生人数：', cls.num) 12 13　　　　def say(self): 14　　　　　　print(f' 我叫 {self.name}') 15 16　　　　@staticmethod 17　　　　def calculate(num1, num2): 18　　　　　　print(f'{num1}+{num2}={num1+num2}') 19			

续表

任务概述	20　　stu1 = Student(' 李华 ',' 女 ')　　　　# 实例对象 = 类 (参数) 创建类的实例 21　　stu2 = Student(' 张明 ',' 男 ') 22　　stu3 = Student(' 曾强 ',' 男 ') 23　　stu2.student_num()　　　　# 使用实例对象 . 类方法 () 调用类的方法 24　　stu3.say() 25　　Student.student_num()　　# 使用类 . 类方法 () 调用类的方法 26　　stu2.calculate(20, 30)　　　# 使用实例对象 . 实例方法调用实例的方法
任务要求	（1）理解代码含义，为程序添加适当的注释； （2）记录程序调试中出现的错误及解决方法
心得与困惑	

8.2.2　任务实施

1. 代码分析

上述代码中先定义了类 Student，该类中定义有一个构造方法 __init__()、一个类方法 student_num()、一个静态方法 calculate() 和一个成员方法 say()。装饰器 @staticmethod 标识的是静态方法，装饰器 @classmethod 标识的是类方法，第一个参数名为 self 的方法是成员方法。

程序中创建了类的 3 个实例对象 stu1、stu2 和 stu3，类变量 num 的值就变为了 3。在类方法 student_num() 中使用 cls.number 方式访问类变量 number。cls 表示类本身，也可以使用类名取代 cls。

2. 程序运行结果

学生人数：3
我叫曾强
学生人数：3
20+30=50

8.2.3　相关知识

1. 方法概述

Python 类中的方法有很多种，常见的有静态方法、类方法、抽象方法、成员方法（也称为实例方法）等。静态方法是以装饰器 @staticmethod 标识的方法；类方法是以装饰器 @classmethod 标识的方法；抽象方法是以装饰器 @abstractmethod 标识的方法。成员方法通过将第一个参数命名为 self，来表示调用该方法的实例对象本身。通过成员方法，可以实现类的行为和功能。

根据访问权限，类中的方法又可分为公共方法和私有方法。

(1)公共方法是指那些可以被类的外部访问的方法。它们遵循一定的命名约定，即方法名以字母开头，没有下划线。公共方法可以被任何使用这个类的代码调用。

(2)私有方法的方法名以两个下划线开头。私有方法是指那些仅供类内部使用的，不应该被类的外部直接访问的方法。私有方法的命名约定是在方法名前加双下划线（__），这会触发 Python 的名称改写（name mangling）机制，从而使得外部代码难以直接访问这些方法，如构造方法 __init__() 和析构方法 __del__()。

2. 类方法

在类中定义类方法时，需要通过装饰器 @classmethod 进行定义。定义类方法的语法格式如下：

```
class 类名:
    @classmethod
    def 类方法名 (cls, 参数 , ...):
        语句
```

类方法的第一个参数是 cls。cls 表示类本身，通过它可以访问类的相关变量和方法，但不可以访问实例变量。

类方法的调用可以用类名，也可以使用实例对象，调用格式如下：

```
类名 . 类方法名 ( 参数 , ...)
```

或

```
实例对象 . 类方法名 ( 参数 , ...)
```

3. 静态方法

通过装饰器 @staticmethod 定义的方法，称为静态方法。静态方法主要用来存放逻辑性的代码。静态方法逻辑上属于类，但和类本身没有关系，即在静态方法中不会涉及类中的属性和方法的操作。静态方法与类本身没有交互，即它们不会修改类或实例状态。静态方法的参数不需要写 self，也不需要写 cls。静态方法可以通过类名或实例名进行调用。静态方法常用于编写测试代码，因为它们与类的其余部分完全独立，测试起来更加容易。

定义静态方法的语法格式如下：

```
class 类名:
    @staticmethod
    def 类方法名 ( 参数 , ...):
        语句
```

注意：静态方法可以访问类变量，但不可以访问实例变量。如果在上述 calculate() 方法中增加下面两条语句，则下面第二条语句会出错。

```
print(Student.num)
print(self.name)
```

4. 抽象方法

通过装饰器 @abstractmethod 定义的方法，称为抽象方法。抽象方法是一种特殊类型的方法，它在类中被声明，但没有具体实现。也就说，当定义一个抽象方法时，只是在声明这个方法的名字、返回类型（如果语言支持的话）以及它可能接受的参数类型，但没有提供方法的实际代码。抽象方法需要在所在类的子类中实现。

抽象方法的主要目的是在类的层次结构中提供一个框架，允许子类根据需要提供具体的实现。通过这种方式，抽象方法提升了代码的重用和扩展性，因为它们允许开发者定义通用的接口，而不必关心这些接口在特定子类中的具体实现。

在下列例子中，定义了一个抽象基类 Vehicle，它包含了一个抽象方法 drive。程序中创建了两个继承 Vehicle 的具体子类 Car 和 Bicycle，并实现了各自的 drive 方法。

行号	代码
1	from abc import ABC, abstractmethod
2	
3	# 定义一个抽象基类 Vehicle
4	class Vehicle(ABC):
5	# 定义一个抽象方法 drive
6	@abstractmethod
7	def drive(self):
8	pass
9	
10	
11	# 定义一个具体子类 Car，继承自 Vehicle
12	class Car(Vehicle):
13	# 实现抽象方法 drive
14	def drive(self):
15	return "Driving a car!"
16	
17	
18	# 定义一个具体子类 Bicycle，继承自 Vehicle
19	class Bicycle(Vehicle):
20	# 实现抽象方法 drive
21	def drive(self):
22	return "Pedaling a bicycle!"
23	
24	
25	# 实例化具体子类 Car 和 Bicycle
26	car = Car()
27	bicycle = Bicycle()
28	# 调用具体子类的 drive 方法
29	# 调用具体子类的 drive 方法
30	print(car.drive()) # 输出：Driving a car!
31	print(bicycle.drive()) # 输出：Pedaling a bicycle!

在上述例子中，Vehicle 类是一个抽象基类，因为它包含了一个抽象方法。因为 Vehicle 是一个抽象基类，所以不能直接实例化它。对于抽象基类，必须创建继承该基类的具体子类，并在这些子类中实现基类中所有的抽象方法。在上述例子中，Car 和 Bicycle 类都实现了 drive 方法，因此它们可以被实例化，并且可以调用它们的 drive 方法。

第 1 行代码 from abc import ABC, abstractmethod 这行代码的意思是从 Python 的标准库即抽象基类（Abstract Base Classes，abc）中导入两个重要的组件：ABC 类和 abstractmethod 装饰器。

ABC 类是一个用于创建抽象基类的基类。当要定义一个包含抽象方法且不能被实例化的类时，这个类需继承自 ABC。ABC 的子类如果包含未实现的抽象方法，当实例化该子类时将会引发 TypeError 异常。

abstractmethod 装饰器是用于标记方法为抽象方法的装饰器。抽象方法是在类中声明但没有具体实现的方法。它们的存在是为了在类的继承体系中定义一个接口，要求所有子类都必须实现这些方法。

8.2.4 拓展任务——创建与使用班级类

自定义一个班级类 MyClass，并实例化 c1 对象，完成下列要求：

（1）MyClass 类包含构造方法和 add() 方法。

（2）MyClass 类包含一个实例属性 name、实例属性班级人数 number 和类属性班级个数 count（初始值为 0）。

（3）构造方法中对班级名 name 赋值，name 值和 number 在实例化类时传入。

（4）add() 实例方法实现增加班级人数，每调用一次班级人数增加 1。

（5）每产生一个 MyClass 的实例对象，班级个数 count 就增加 1。

（6）调用 c1 的 add() 方法，输出当前班级个数、对象 c1 的名称和班级人数。

8.2.5 任务评价表

学号及姓名		日期		
任务编号	8-2	任务名称	方法的创建与调用	
项目		自评	小组评价	教师评价
课堂表现	学习态度（15%）			
	沟通合作（10%）			
	课堂参与（15%）			
技能操作	程序录入（30%）			
	程序调试（30%）			
总分				
评价标准				
项目	90～100 分	75～89 分	60～74 分	0～59 分
学习态度	学习主动性、积极性、专注度和认真度优秀	学习主动性、积极性、专注度和认真度良好	学习主动性、积极性、专注度和认真度一般	学习主动性、积极性、专注度和认真度都需要加强

续表

沟通合作	与同学、教师沟通能力优秀，有优秀的团队合作能力	与同学、教师沟通能力良好，有良好的团队合作能力	能与同学、教师沟通，参与团队活动	不能与同学、教师沟通，不参与团队活动
课堂参与	积极提问，大胆表达自己的看法，回答问题准确	敢于提问，能提出自己不同的看法，回答问题基本正确	很少提问，很少表达自己的想法，能回答教师的问题，但准确度需提升	不敢提问，不表达自己的想法，不回答教师的提问
程序录入	录入程序速度快，程序结构好，注释清晰、准确	录入程序速度较快，程序结构正确，注释较好	录入程序速度基本达标，程序结构正确，注释还需进一点完善	录入程序较慢，程序结构基本正确
程序调试	能顺利调试程序，能熟练使用互联网查找帮助	能较顺利调试程序，能较熟练使用互联网查找帮助	能在他人的帮助下调试程序和查找帮助	不会调试程序，不会查找帮助

匠心铸魂领航——信息技术从业人员职业道德规范

勇于探究，不断学习；尊重事实，客观公正；信息通畅，优质高效；用户至上，热情周到；明辨是非，自尊自律；维护安全，保障秩序；信息共享，互利合作；尊重他人，保守秘密。

信息技术职业道德规范

练 习 题

一、单项选择题

1. 在 Python 中，类的构造方法是使用（　　）关键字定义的。

　　A．def　　　　　　B．class　　　　　　C．init　　　　　　D．constructor

2. 在 Python 中，下列关于 self 的描述中，正确的是（　　）。

　　A．self 是指向类本身的指针

　　B．self 会自动引用实例对象本身

　　C．self 是用来调用其他对象的方法

　　D．self 是 Python 的保留字

3. 下列关于 Python 类的构造方法的说法中，正确的是（　　）。

　　A．进行类的初始化　　　　　　　　B．类实例对象的初始化

　　C．创建类　　　　　　　　　　　　D．创建类的实例

4. 类方法的第一个参数名称是（　　）。

　　A．self　　　　　　B．cls　　　　　　C．my　　　　　　D．类名称

二、编程题

设计一个 Notebook_Computer 类,包括内存大小、显示器大小、硬盘大小、颜色、重量等属性,创建 Notebook_Computer 类的实例对象,传入内存大小、显示器大小、硬盘大小、颜色、重量等属性,输出相应属性信息。

附录　PyCharm 中常用的快捷键

序号	快捷键	功能
1	Shift+F10	运行当前程序文件
2	Shift+F9	调试当前程序
3	Alt+Enter	预览警告并应用快速修复代码功能
4	Ctrl+Shift+U	切换字母大小写
5	按两次 Shift	打开随处搜索对话框
6	Ctrl+Shift+A	打开随处搜索对话框
7	Ctrl+W	扩展选区，第一次按此快捷键选择光标位置的一个单词，按的次数越多，选择范围越大
8	Ctrl+Shift+W	收缩选区
9	Ctrl+/	注释代码行或取消注释
10	Ctrl+D	复制当前代码行或复制选择的代码行
11	Ctrl+Y	删除当前代码行或删除选择的代码行
12	Alt+Shift+↑	向上拉取一行
13	Alt+Shift+↓	向下拉取一行
14	Ctrl+Shift+↑	将当前整个方法向上移 光标应位于方法名的开始处
15	Ctrl+Shift+↓	将当前整个方法向下移 光标应位于方法名的开始处
16	Ctrl+-	折叠代码（或收起代码）
17	Ctrl++	展开代码
18	Ctrl+Alt+T	使用一些模板代码包围所选的代码 模板代码：如 if、while、try/except、try/finally
19	Ctrl+Shift+Delete	解包包围操作返回到先前的状态
20	Alt+J	可选择光标处的符号，再按一次选择该符号的下一个匹配项
21	Alt+Shift+J	取消选择的上一个匹配项
22	Ctrl+Alt+Shift+J	选择当前文件中所有的匹配项
23	Ctrl+ 空格	使用基本补全
24	Ctrl+Shift+ 空格	调用智能补全
25	Ctrl+Alt+Shift+T	列出当前上下文可用的所有重构

续表

序号	快捷键	功能
26	Shift+F6	打开重命名重构对话框，可对当前选中的变量重命名
27	Ctrl+Alt+M	将当前选中的代码块提取到方法
28	Ctrl+Alt+L	重新设置所选代码段的格式，利用此方法可帮助更正代码格式设置
29	Ctrl+Alt+Shift+L	显示重新设置格式的设置
30	Ctrl+P	查看方法的签名
31	Ctrl+Q	可查看光标处符号的文档，按 Esc 键退出查看
32	F2	转到文件中下一个高亮显示的错误
33	Ctrl+F1	展开警告说明
34	Alt+Delete	安全删除。它允许用户在删除项目中的文件或代码时，能够更安全、更全面地考虑到删除操作可能带来的影响
35	Ctrl+Shift+F7	可高亮显示文件中光标处符号的所有用法
36	Ctrl+Q	可以预览所选类的文档
37	Ctrl+Shift+F	全局搜索。按 Ctrl+Shift+F 快捷键可打开"在文件中查找…"窗口。如果查找出来的匹配项有比较长的单词，可以单击 W 或按 Alt+W 快捷键将搜索范围缩小到一个完整的单词
38	Ctrl+Shift+R	可打开"在文件中替换…"窗口
39	Ctrl+B	跳转到方法（或函数）的声明处
40	Ctrl+F12	大型源文件可能难以读取和浏览。有时只需要预览此类文件。按 Ctrl+F12 快捷键可打开文件结构
41	Ctrl+E	显示最近打开的文件
42	Ctrl+F8	添加断点

参 考 文 献

[1] （美）埃里克·马瑟斯. Python 编程从入门到实践 [M]. 2 版. 袁国忠，译. 北京：人民邮电出版社，2020.
[2] 李启龙. Python 基础案例教程：基于计算思维 [M]. 周春元，李宁，译. 北京：中国水利水电出版社，2019.
[3] 王桂芝. Python 程序设计基础与实战 [M]. 北京：人民邮电出版社，2022.
[4] 黑马程序员. Python 程序设计现代方法 [M]. 北京：人民邮电出版社，2019.
[5] 吴仁群. Python 基础教程 [M]. 北京：中国水利水电出版社，2019.
[6] 秦颖. Python 基础实例教程 [M]. 北京：中国水利水电出版社，2019.